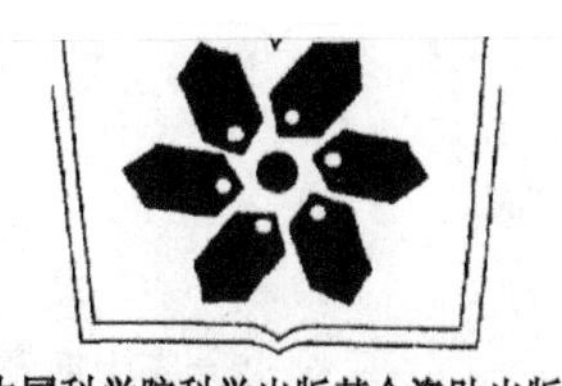

中国科学院科学出版基金资助出版

光力学原理及测试技术

佟景伟　主编

李鸿琦　副主编

科 学 出 版 社

北　京

内 容 简 介

全书分成十四章和两个附录，内容包括：二维和三维光弹性、光弹性贴片法、光弹性散光法、云纹法、模型相似律、全息干涉法、散斑干涉法；电子散斑干涉法、数字散斑相关法、云纹干涉法、光力学图像的采集与处理技术、动态光力学方法等；在附录中还包括了光学基础与Jones向量和Jones矩阵等内容.

本书可作为高等院校、科研院所从事力学、航空航天、材料科学、机械和土木等专业的教师、科研人员和研究生的参考书或教材.

图书在版编目(CIP)数据

光力学原理及测试技术/佟景伟主编，李鸿琦副主编. —北京：科学出版社，2009

ISBN 978-7-03-023678-4

Ⅰ.光… Ⅱ.①佟… ②李… Ⅲ.实验应力分析-光测法 Ⅳ.O348.1

中国版本图书馆CIP数据核字(2008)第206497号

责任编辑：胡 凯 刘凤娟 鄢德平/责任校对：包志虹
责任印制：徐晓晨/封面设计：王 浩

科 学 出 版 社 出版
北京东黄城根北街16号
邮政编码：100717
http://www.sciencep.com

北京虎彩文化传播有限公司 印刷

科学出版社发行 各地新华书店经销
*
2009年3月第 一 版 开本：B5(720×1000)
2018年6月第二次印刷 印张：16 3/4
字数：326 000

定价：118.00元

(如有印装质量问题，我社负责调换)

前　　言

本书是根据高等理科教育深化教学改革的需要而编写的, 可作为高等院校固体力学、机械强度、土木工程和材料科学等工科专业的本科生和研究生有关固体实验力学课程的教材, 还可作为科研机构研究人员的参考书.

书中内容重视物理概念的阐述, 力求由浅入深, 层次分明, 具有系统性和先进性, 并注重理论联系实际. 希望读者通过自学就可以掌握本书的主要内容, 并能较容易地进行光力学实验. 书中还介绍了近些年来光力学发展中出现的新方法和实验技术.

本书是在多年教学实践、总结科研成果和参考国内、外知名著作的基础上编写而成的. 由于著者水平有限, 书中可能尚有不当之处, 欢迎广大读者批评指正. 本书第 4、5、6、11、12 和 14 章由佟景伟编写; 第 1、2、3、10 章和附录 B 由李鸿琦编写; 第 9 章和附录 A 由王世斌编写; 第 7 和 8 章由李林安编写; 第 13 章由唐晨编写.

编著者

2005 年于天津

目　录

第 1 章　光弹性原理与数据测定

1.1　概　　述

光弹性与其他学科一样, 它的出现和发展一开始就与生产密切相关, 1816 年 D. Brewster 发现透明介质在应力作用下具有暂时双折射现象, 1852 年 C. Maxwell 确定了应力–光性定律, 直到 19 世纪由于光学仪器发展和光弹性材料的出现才使这一方法得以应用, 逐渐形成一门独立的学科 —— 光弹性. 它是利用光学原理解决弹性力学问题的一种实验方法. 1931 年 E.G.Coker 和 L.N.G.Filon 出版了 *A Treatise on Photo-elasticity* 一书[1], 1941 年和 1948 年 M.M.Frocht 出版了 *Photoelasticity* 的第 I 卷和第 II 卷[2], 1949 年 H.T.Jessop 和 F.C.Harris 出版了 *Photoelasticity Principles and Methods* 一书[3], 这些著作为光弹性的发展做出了重要贡献. 在这段时间里, 光弹性法解决了一些平面弹性力学难题. 20 世纪 50 年代先后制造出福斯特和环氧树脂塑料, 它们适合于光弹性冻结应力法, 从而使用光弹性法解决三维弹性力学成为可能, 在优化工程构件设计中发挥了重要作用.

1.2　光弹性中的应力–光性定律

1. 暂时双折射现象

各向同性透明的非晶体材料, 例如聚碳酸酯或环氧树脂等材料, 在无应力状态下没有双折射性质. 当这种材料产生应力后, 它们的性质如同各向异性晶体一样, 产生双折射现象. 当应力解除后, 这种双折射效应会消失, 故称为暂时双折射或人工双折射, 它是光弹性实验的基础.

2. 平面应力 – 光性定律

实验证明：对于透明非晶体材料, 由于应力引起了双折射效应, 其主折射率 N_1, N_2, N_3 和主应力 $\sigma_1, \sigma_2, \sigma_3$ 的方向是重合的 (究竟是 N_1 与 σ_1, N_2 与 σ_2, N_3 与 σ_3 重合, 还是 N_1 与 σ_3, N_2 与 σ_2, N_3 与 σ_1 重合, 视不同材料的性质而定), 在数值上存在如下关系：

$$\left.\begin{aligned} N_1 - N_0 &= A\sigma_1 + B(\sigma_2 + \sigma_3), \\ N_2 - N_0 &= A\sigma_2 + B(\sigma_3 + \sigma_1), \\ N_3 - N_0 &= A\sigma_3 + B(\sigma_1 + \sigma_2), \end{aligned}\right\} \tag{1.1a}$$

式中, N_0 表示应力为零时, 各向同性材料的折射率值. A,B 为材料的应力–光性常数, 该式称为三向应力状态下的应力–光性定律. 它说明材料受力时, 一点应力状态和该点所产生暂时双折射光学性质的关系.

对于平面应力状态, 设 $\sigma_3=0$, 则 (1.1a) 式可写为

$$\left.\begin{aligned} N_1-N_0&=A\sigma_1+B\sigma_2,\\ N_2-N_0&=A\sigma_2+B\sigma_1,\\ N_3-N_0&=B(\sigma_1+\sigma_2),\end{aligned}\right\} \tag{1.1b}$$

其中第 1 式减第 2 式得

$$N_1-N_2=c(\sigma_1-\sigma_2), \tag{1.2}$$

式中, $c=A-B$ 为材料常数. (1.2) 式称为平面应力–光性定律.

假设有一个厚度为 d 的平面应力光弹性模型, 如图 1.1 所示, 平面偏振光 E_p 垂直射入光弹性模型时, 由于双折射效应 E_p 在模型表面上任一点 A 沿该点主应力 σ_1 和 σ_2 方向分解为两束平面偏振光 E_1 和 E_2, 由物理学知:

$$N_1=\frac{v_0}{v_1},\quad N_2=\frac{v_0}{v_2}, \tag{1.3}$$

其中 v_1 和 v_2 分别表示两束平面偏振光 E_1 和 E_2 在光弹性模型中的传播速度, v_0 为 E_p 在空气中的传播速度.

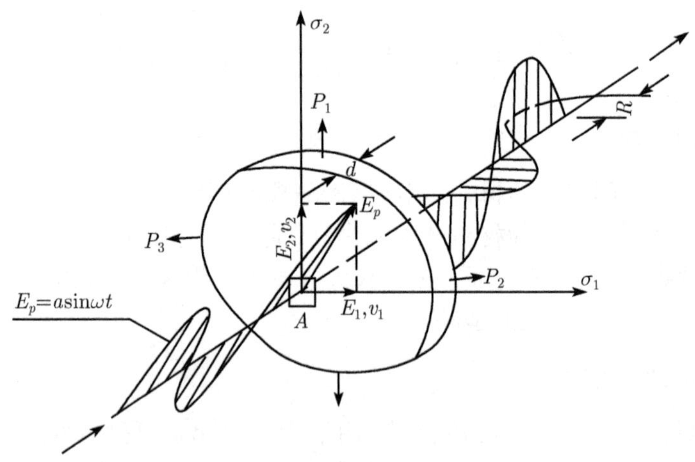

图 1.1　光弹性模型的双折射效应

假设 $v_1>v_2$, 则 E_1 先通过模型, E_2 后通过模型. 当 E_2 刚刚通过模型时, E_1 已在空气中以 v_0 的速度走过 $\left(\dfrac{d}{v_2}-\dfrac{d}{v_1}\right)$ 的时间, 于是 E_1 和 E_2 光产生了光程差:

$$R=\left(\frac{d}{v_2}-\frac{d}{v_1}\right)v_0=\left(\frac{v_0}{v_2}-\frac{v_0}{v_1}\right)d,$$

将 (1.3) 式代入上式得

$$R=(N_2-N_1)d,$$

将 (1.2) 式代入上式得

$$R=cd(\sigma_1-\sigma_2),\tag{1.4a}$$

对应的相位差为

$$\alpha=\frac{2\pi}{\lambda}R=\frac{2\pi}{\lambda}cd(\sigma_1-\sigma_2),\tag{1.4b}$$

式中, λ 为光的波长. 由 (1.4) 式可知, 如找出模型任一点 A 的光程差 R 或相位差 α, 就可以求出 A 点的主应力差 $(\sigma_1-\sigma_2)$. 利用光的干涉原理可以测量出光程差或相位差.

1.3 平面偏振光通过受力模型后的光效应

见图 1.2(a) 所示, 单色自然光垂直入射到偏振轴为铅垂方向的偏振镜 P_{90°(俗称起偏镜) 后得到平面偏振光, 其振动矢量方程为 $E_p=a\sin\omega t$, E_p 垂直入射到平面应力模型任一点 O 时产生双折射光效应, 沿 O 点主应力方向 X 和 Y 分解为两束平面偏振光 E_1 和 E_2, 见图 1.2(b) 所示. 这两束平面偏振光在模型内的传播速度不等, 通过模型后成为 E_1' 和 E_2', 见图 1.2(c) 所示, 它们之间的光程差为 R(相位差为 α).

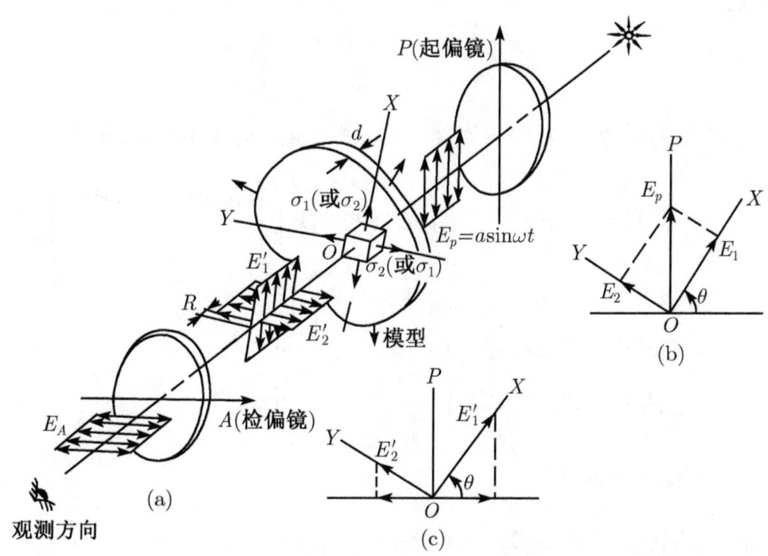

图 1.2 平面偏振光暗场光路布置

这两束平面偏振光垂直入射到偏振轴为水平方向的检偏镜 P_{0° 后, 只有水平方向的平面偏振光才能通过, 其光矢量的复振幅根据 Jones 向量和 Jones 矩阵算法

得到 (参见附录 B)

$$\boldsymbol{E} = P_{0^\circ} J P_{90^\circ} \begin{bmatrix} 1 \\ 1 \end{bmatrix}, \tag{1.5}$$

式中, $\begin{bmatrix} 1 \\ 1 \end{bmatrix}$ 表示自然光的 Jones 向量.

$\boldsymbol{P}_{90^\circ}, \boldsymbol{J}$ 和 $\boldsymbol{P}_{0^\circ}$ 表示起偏镜, 受力模型和检偏镜的 Jones 矩阵, 分别为

$$\boldsymbol{P}_{0^\circ} = \begin{bmatrix} 1 & 0 \\ 0 & 0 \end{bmatrix},$$

$$\boldsymbol{J} = \begin{bmatrix} c & -s \\ s & c \end{bmatrix} \begin{bmatrix} \mathrm{e}^{\mathrm{i}\alpha_1} & 0 \\ 0 & \mathrm{e}^{\mathrm{i}\alpha_2} \end{bmatrix} \begin{bmatrix} c & s \\ -s & c \end{bmatrix},$$

$$\boldsymbol{P}_{90^\circ} = \begin{bmatrix} 0 & 0 \\ 0 & 1 \end{bmatrix},$$

式中, c 和 s 分别表示 $\cos\theta$ 和 $\sin\theta$. 从模型朝光源方向望去, 在第一象限中主应力方向和水平方向的夹角定义为 θ, 其值在 $0^\circ \sim 90^\circ$ 之间. α_1 和 α_2 分别是沿 σ_1 和 σ_2 方向平面偏振光的相位. 将相应的 Jones 向量和 Jones 矩阵代入 (1.5) 式. 在一般情况下矩阵乘法不满足交换律, 所以在 (1.5) 式中矩阵运算的顺序不可颠倒. 出射光的复振幅为

$$\boldsymbol{E} = \begin{bmatrix} cs\mathrm{e}^{\mathrm{i}\alpha_1} - cs\mathrm{e}^{\mathrm{i}\alpha_2} \\ 0 \end{bmatrix}, \tag{1.6}$$

不难看出, 出射光为沿水平方向振动的平面偏振光. 其对应的光强为

$$\begin{aligned} \boldsymbol{I} &= \boldsymbol{E}^*\boldsymbol{E} = \begin{bmatrix} (cs\mathrm{e}^{-\mathrm{i}\alpha_1} - cs\mathrm{e}^{-\mathrm{i}\alpha_2}) & 0 \end{bmatrix} \begin{bmatrix} cs\mathrm{e}^{\mathrm{i}\alpha_1} - cs\mathrm{e}^{\mathrm{i}\alpha_2} \\ 0 \end{bmatrix} \\ &= s^2c^2\left[2 - \mathrm{e}^{\mathrm{i}(\alpha_2-\alpha_1)} - \mathrm{e}^{-\mathrm{i}(\alpha_2-\alpha_1)}\right] \\ &= s^2c^2\left[2 - 2\cos(\alpha_2-\alpha_1)\right] \\ &= 2s^2c^2\left(2s^2\frac{\alpha_2-\alpha_1}{2}\right) \\ &= \sin^2 2\theta \sin^2\frac{\alpha}{2}, \end{aligned} \tag{1.7}$$

式中, $\boldsymbol{E}^*$ 为 $\boldsymbol{E}$ 的转置共轭矩阵. 相位差 $\alpha = \alpha_2 - \alpha_1$.

(1.7) 式表示通过检偏镜后在投影幕上模型各点的光强分布. 其分析如下:

(1) 当相位差 $\alpha = 2n\pi$, 即光程差 $R = \alpha\dfrac{\lambda}{2\pi} = n\lambda(n = 1, 2, 3, \cdots)$ 时, (1.8)
由 (1.7) 式得 $I = 0$.

该点呈现暗色, 诸多暗点构成一条暗线称为等差线, 对于 $n = 0, 1, 2, 3, \cdots$ 一系列暗线, 分别称为零级、1 级、2 级、3 级、$\cdots$ 等差线. 同一等差线上各点的主应力差相等.

将 (1.8) 式代入 (1.4a) 或 (1.4b) 式得

$$\sigma_1 - \sigma_2 = \frac{nf_\sigma}{d}, \tag{1.9}$$

式中, $f_\sigma = \dfrac{\lambda}{c}$ 称为模型材料的条纹值, 它是由模型材料和光源波长决定的常数, 单位是 MPa·cm/条.

显然, 等差线是主应力差相等点的轨迹.

(2) 当 $\theta = 0°$ 或 $90°$ 时, $\sin 2\theta = 0$, 由 (1.7) 式得 $I = 0$.

这就是说, 凡是两个主应力方向 (σ_1, σ_2 或 σ_2, σ_1) 分别与起偏镜、检偏镜的偏振轴重合时 (即与 X, Y 轴重合时), 该点为暗点, 诸多暗点构成一条暗线称为等倾线. 以起偏镜和检偏镜的原始位置 (一为水平, 另一为铅垂方向) 为基准, 称这时的等倾线为零度等倾线. 如果起偏镜和检偏镜同步旋转, 从模型朝向光源望去, 如果逆时针旋转 θ 角, 则原来零度等倾线消失, 又出现新的暗线, 则称其为等倾线参数为 θ 的等倾线.

等差线和等倾线是重叠的, 如使用白光作光源, 等倾线是黑色的, 而等差线呈现彩色条纹, 故等差线也称等色线. 圆环试件对径受集中压力的等差线和 0° 等倾线见图 1.3 所示. 还可利用下述办法区别等差线和等倾线, 当同步旋转起偏镜和检偏镜时, 则对应等倾线的位置要发生改变, 而模型各点的应力无变化, 则各点的相位差也不改变, 所以等差线的位置不改变. 或者改变模型载荷的大小, 则模型各点的主应力差发生改变, 所以等差线的位置要发生移动, 而模型各点的主应力方向不变, 所以等倾线的位置不变动.

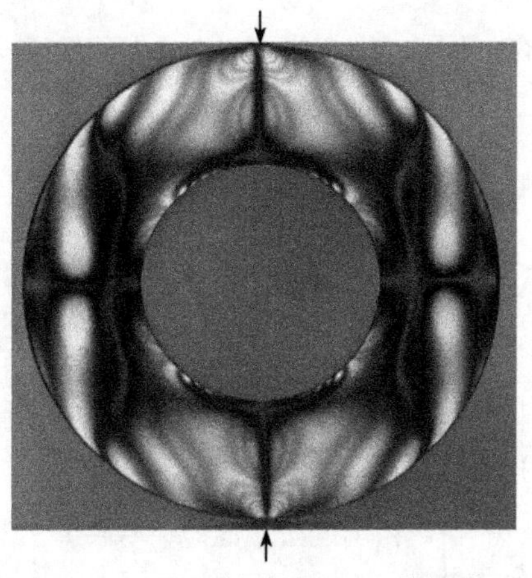

图 1.3 圆环等差线和 0° 等倾线

在一般情况下, 等差线与等倾线重叠的区域等差线模糊不清, 为了准确的观测等差线, 希望把等倾线消除, 其办法是把受力模型放在圆偏振光场中观测, 则等倾线消除了, 只保留了等差线.

1.4　圆偏振光通过受力模型后的光效应

1. 圆偏振光暗场下的光强分布

见图 1.4(a) 所示, 单色自然光垂直入射起偏镜 P 后得到平面偏振光 $E_p = a\sin\omega t$. E_p 垂直入射到 1/4 波片 (其快轴 F_1、慢轴 S_1 与起偏镜的偏振轴成 45°), 沿快、慢轴分解为两支平面偏振光 E_1 和 E_2, 见图 1.4(b) 所示. 这两支平面偏振光在 1/4 波片内产生 1/4 波长的相位差, 成为 E_1' 和 E_2'. 它们垂直入射到模型任一点后, 产生双折射光效应, 沿 O 点主应力方向 X 和 Y 分解, 见图 1.4(c) 所示. 经过模型后成为具有相位差的两支平面偏振光 E_3' 和 E_4'. 它们垂直入射到 1/4 波片 (其快轴 F_2、慢轴 S_2 与起偏镜的偏振轴成 45°), 沿快、慢轴分解为具有相位差的两支平面偏振光, 见图 1.4(d) 所示. 经过 1/4 波片后成为 E_5' 和 E_6'. 这两支平面偏振光垂直入射到检偏镜 A 后, 只有水平方向的平面偏振光才能通过, 见图 1.4(e) 所示, 其光矢量的复振幅为

$$\boldsymbol{E} = \boldsymbol{P}_{0^\circ}\boldsymbol{Q}_{+45^\circ}\boldsymbol{J}\boldsymbol{Q}_{-45^\circ}\boldsymbol{P}_{90^\circ}\begin{bmatrix}1\\1\end{bmatrix}, \tag{1.10}$$

式中, $\begin{bmatrix}1\\1\end{bmatrix}$ 表示自然光的 Jones 向量, $\boldsymbol{Q}_{+45^\circ}$ 和 $\boldsymbol{Q}_{-45^\circ}$ 分别表示不同快、慢轴方向的 1/4 波片 Jones 矩阵, $\boldsymbol{Q}_{\pm45^\circ} = \dfrac{1}{\sqrt{2}}\begin{bmatrix}1 & \pm\mathrm{i}\\ \pm\mathrm{i} & 1\end{bmatrix}$, $\boldsymbol{P}_{0^\circ}, \boldsymbol{J}$ 和 $\boldsymbol{P}_{90^\circ}$ 分别为起偏镜、模型和检偏镜的 Jones 矩阵. 分别为

$$\boldsymbol{P}_{0^\circ} = \begin{bmatrix}1 & 0\\0 & 0\end{bmatrix},$$

$$\boldsymbol{J} = \begin{bmatrix}c & -s\\s & c\end{bmatrix}\begin{bmatrix}\mathrm{e}^{\mathrm{i}\alpha_1} & 0\\0 & \mathrm{e}^{\mathrm{i}\alpha_2}\end{bmatrix}\begin{bmatrix}c & s\\-s & c\end{bmatrix},$$

$$\boldsymbol{P}_{90^\circ} = \begin{bmatrix}0 & 0\\0 & 1\end{bmatrix},$$

将相应的矩阵代入 (1.10) 式得

$$\boldsymbol{E} = \begin{bmatrix}\sin\dfrac{\alpha_2-\alpha_1}{2}\mathrm{e}^{\mathrm{i}(2\theta+\frac{\alpha_2+\alpha_1}{2})}\\0\end{bmatrix}, \tag{1.11}$$

对应的光强分布为

$$\begin{aligned}\boldsymbol{I} &= \boldsymbol{E}^* \cdot \boldsymbol{E} \\ &= \begin{bmatrix}\sin\dfrac{\alpha_2-\alpha_1}{2}\mathrm{e}^{-\mathrm{i}(2\theta+\frac{\alpha_2+\alpha_1}{2})} & 0\end{bmatrix}\begin{bmatrix}\sin\dfrac{\alpha_2-\alpha_1}{2}\mathrm{e}^{\mathrm{i}(2\theta+\frac{\alpha_2+\alpha_1}{2})} \\ 0\end{bmatrix} \\ &= \sin^2\frac{\alpha}{2},\end{aligned} \tag{1.12}$$

式中, 相位差 $\alpha = \alpha_2 - \alpha_1$.

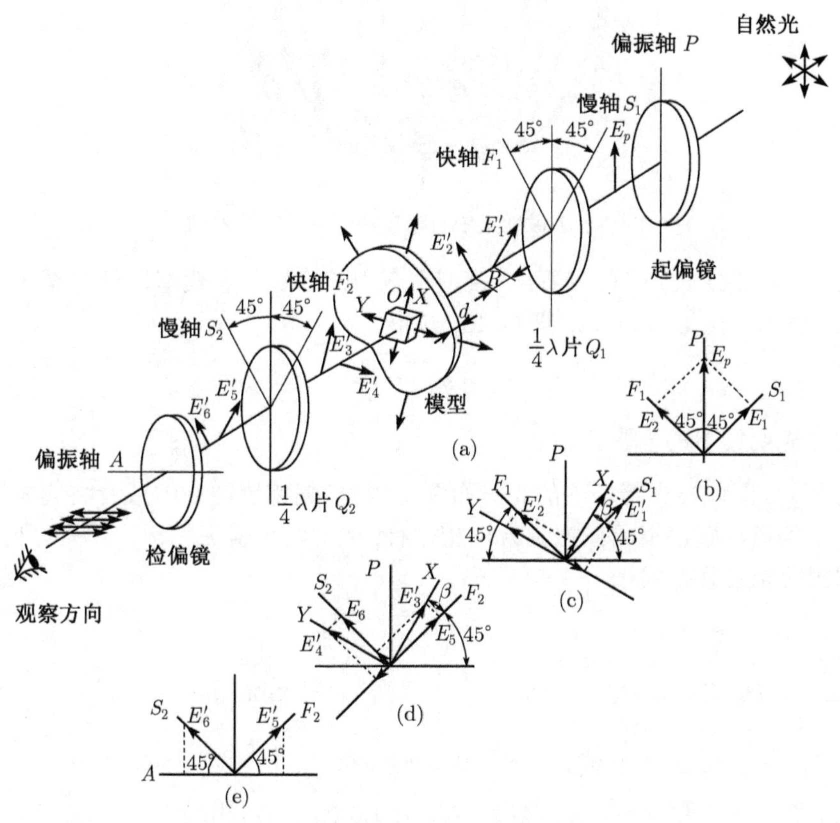

图 1.4　圆偏振光暗场光路布置

将 (1.12) 式与 (1.7) 式比较可知, (1.12) 式不包括 $\sin 2\theta$ 项, 也就是说把等倾线参数项消除了, 只保留与 (1.7) 式相同的等差线参数项.

则当 $\alpha = 2n\pi(n = 0, 1, 2, \cdots)$, 即光程差 $R = \dfrac{\alpha}{2\pi}\lambda = n\lambda$ 时, (1.13)

由 (1.12) 式得

$$I = 0.$$

该点呈现暗点, 对应于 $n = 0, 1, 2, 3, \cdots$ 的暗线称为零级, 1 级、2 级、$\cdots$ 等差线. 圆盘对径受集中力暗场下整数级次等差线见图 1.5 的上半圆所示.

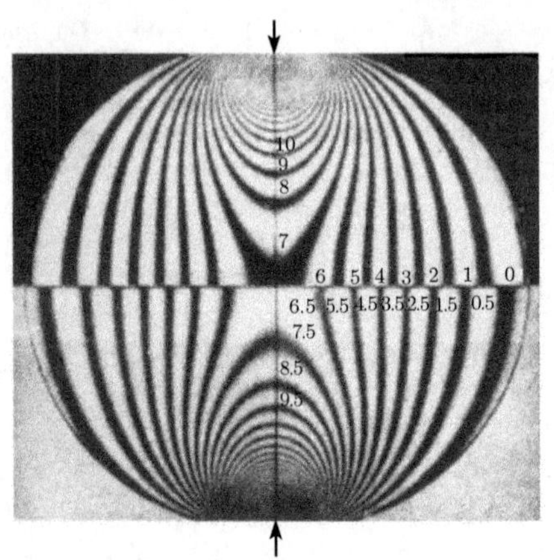

图 1.5　圆盘受集中力暗场和明场下的等差线

由 (1.9) 和 (1.12) 式可以看出, 模型主应力差为零处和模型以外背景区呈现为暗点. 将 (1.13) 式代入 (1.4a) 或 (1.4b) 式得

$$\sigma_1 - \sigma_2 = \frac{nf_\sigma}{d}. \tag{1.14}$$

2. 圆偏振光明场下的光强分布

在图 1.4 圆偏振光暗场下的光路布置中, 将检偏镜旋转 90°(或者将起偏镜旋转 90°) 使检偏镜与起偏镜的偏振幅方向相平行, 例如两个偏振轴都为铅垂方向, 同理可得对应的光强分布式

$$\boldsymbol{I} = \boldsymbol{E}^*\boldsymbol{E} = \cos^2\frac{\alpha}{2}, \tag{1.15}$$

式中, $\boldsymbol{E} = \boldsymbol{P}_{0^\circ}\boldsymbol{Q}_{+45^\circ}\boldsymbol{J}\boldsymbol{Q}_{-45^\circ}\boldsymbol{P}_{0^\circ}\begin{bmatrix}1\\1\end{bmatrix}$. 当 $\alpha = 2n\pi\left(n = \frac{1}{2}, \frac{3}{2}, \frac{5}{2}, \cdots\right)$ 时, 由 (1.15) 式得 $I = 0$, 该点呈现为暗点, 称对应 $n = \frac{1}{2}, \frac{3}{2}, \frac{5}{2}, \cdots$ 的暗线为半级次等差线 (圆盘受集中力明场下半级次等差线见图 1.5 的下半圆所示).

由 (1.15) 式和图 1.5 可以看出, 模型主应力差为零处和模型以外背景区呈现为亮点.

1.5　整数级等差线的观测

观测等差线条纹图需要确定条纹级次. 由于应力的连续性, 所以相邻的等差线条纹级次也是连续变化的, 它们之间绝不会发生突变. 通常先确定条纹级次为零的点或线的位置. 在加载过程中, 条纹级次为零的点或线的位置基本上是不动的, 而非零级次条纹发生移动. 另外, 使用白光光源时, 零级条纹或点是黑色的, 而非零级条纹是彩色的. 等差线从零级条纹或点开始按顺序可以数出任意点的条纹级次. 在此着重指出, 等差线条纹级次不为负值.

等差线条纹级次为零的点, 包括有以下三种情况.

1. 各向同性点

各向同性点出现在模型内部 $\sigma_1 = \sigma_2$ 的点, 1 级等差线围绕该点形成封闭曲线, 见图 1.6 径向受集中压力圆环水平直径上的两个暗点就是各向同性点.

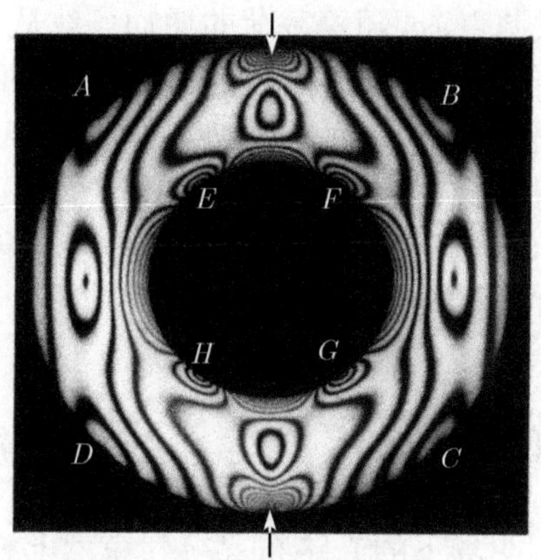

图 1.6 圆环受集中力的等差线

2. 奇点

奇点出现在模型自由边界 (即不受载荷的边界) 上 $\sigma_1 = \sigma_2 = 0$ 的点, 1 级等差线将其包围在边界, 不形成封闭曲线. 与边界相切方向的垂直应力在自由边界奇点两侧发生拉、压变号. 如图 1.6 中外圆上的 A, B, C, D 和内孔上的 E, F, G, H 点就是奇点.

3. 零应力点

零应力点是 $\sigma_1 = \sigma_2 = 0$ 的点, 如模型自由边界直角处两个主应力皆为零. 见图 1.7 所示, 纯弯曲梁的四个自由边界直角处两个主应力为零. 在模型内部也可能出现两个主应力为零的线, 如纯弯曲梁的中性轴就是 0 级等差线.

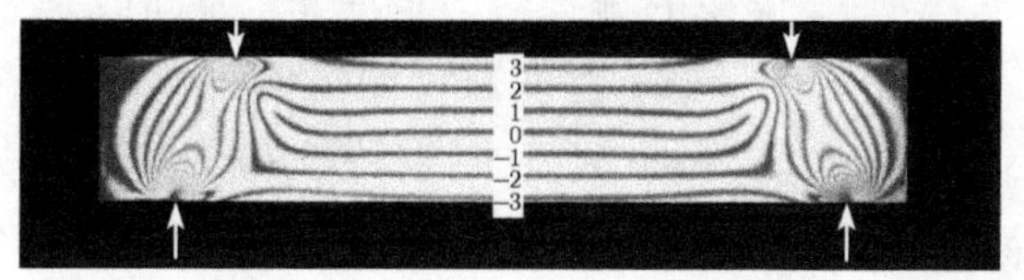

图 1.7 纯弯曲梁的等差线

通常, 我们选择圆偏振光下的暗场光路布置, 使用白光光源. 首先确定出零级等差线, 它是黑色的, 而且模型在加载过程中零级等差线始终是黑色的 (其他条纹级次是彩色的). 然后改用单色光做光源, 这样可使各级次等差线的宽度变窄. 针对模型中的某个被测点, 在模型从零开始加载过程中, 零级等差线的位置不变, 按顺序 1,2,3,··· 级等差线会向被测点靠近, 从而可确定出被测点的等差线条纹级次大约值. 如果使用水银光, 则非零级等差线是由黄、红、绿三种颜色按顺序构成的, 见图 1.3 所示, 从零级黑色等差线开始, 按黄、红、绿的顺序的等差线的条纹级次逐渐增加.

在此应当指出, 在某些受载模型中, 等差线条纹图中会出现一种暂时性 "黑点", 它可能是等差线条纹的发源点 (即随着载荷的增加条纹从该点向外扩展) 或隐没点 (即随着载荷的增加条纹向该点收敛). 因此, 要注意不要把条纹发源点或隐没点错误地判断为各向同性点. 例如, 外径远大于内径的圆环模型, 在径向压力作用下, 圆环模型铅垂直径上邻近内孔上、下就存在两个隐没点, 靠近每个隐没点的左、右就存在两个发源点. 通过仔细观测可以看出, 在载荷改变过程中发源点或隐没点的颜色 "时而是黑, 时而变微亮", 并非是永久性黑点.

1.6 小数级次等差线的观测

根据圆偏振光暗场和明场下的光路布置得到模型上整数级和半数级次等差线条纹图. 对于处于整数和半数级条纹之间被测点的等差线条纹级次, 可以根据条纹分布曲线的内插法和外伸法求得. 为提高测试精度, 一般使用光学元件和专门仪器进行测定, 称之为 "补偿法".

1. 塔迪补偿法

这是一种利用光弹仪的光学元件的补偿法. 其步骤如下.

(1) 用白光做光源, 在平面偏振光暗场下, 根据等倾线参数定出被测的主应力方向.

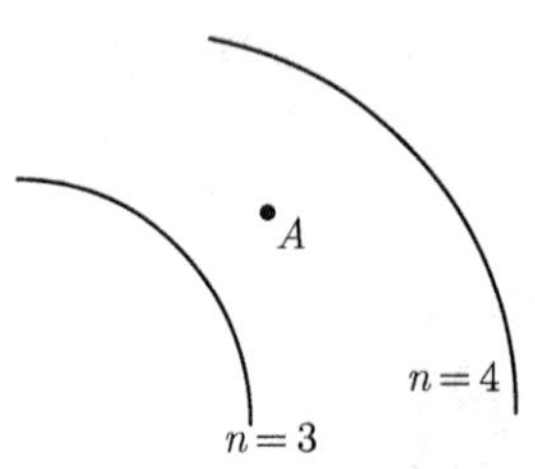

图 1.8 塔迪补偿法

(2) 改用单色光, 在圆偏振光暗场下同步转动起偏镜、检偏镜和两个 $1/4\lambda$ 片, 使起偏镜、检偏镜的偏振轴和被测点的主应力方向重合. 在此指出, 并不限定起偏镜的偏振轴方向是 σ_1 方向或是 σ_2 方向.

(3) 当单独转动检偏镜时, 则可看到各条等差线都在移动. 当检偏镜转动到 180° 时, 则等差线又恢复到原来位置. 见图 1.8 所示, 被测点 A 位于 $n = 3$ 和 4 级等差线之间, 当检偏镜转动 ϕ 角时, 如 3 级等差线移

至 A 点, 则 A 点条纹级次为 $n_A = 3 + \frac{\phi}{180}$. 若检偏镜朝相反的方向转动 ϕ', 则必定 $(n = 4)$ 级等差线移到被测点 A, 则 A 点条纹级次为 $n_A = 4 - \frac{\phi'}{180}$.

塔迪 (Tardy) 补偿法的理论公式推导参看文献 [4].

2. 库克尔补偿器法

根据等倾线参数 θ 值, 可以找出模型内某点的主应力方向, 见图 1.9(a) 所示, 为了测量 A 点等差线条纹级次, 在模型与第 2 个 1/4 波片之间放入一个作补偿用的拉伸试件, 将单向拉伸应力叠加到 A 点上, 其测量原理如下:

将 A 点主应力状态分解为两个应力状态, 见图 1.9(b) 和 (c) 所示, 其中 (b) 对应的等差线条纹级次为零, (c) 水平单向应力产生等差线条纹级次, 把补偿拉伸试件的轴线方向放在 σ_2 方向, 则当拉伸试件的拉伸应力增加时, A 点的条纹级次逐渐减小直至零, 其条纹级次为零, 呈现黑点.

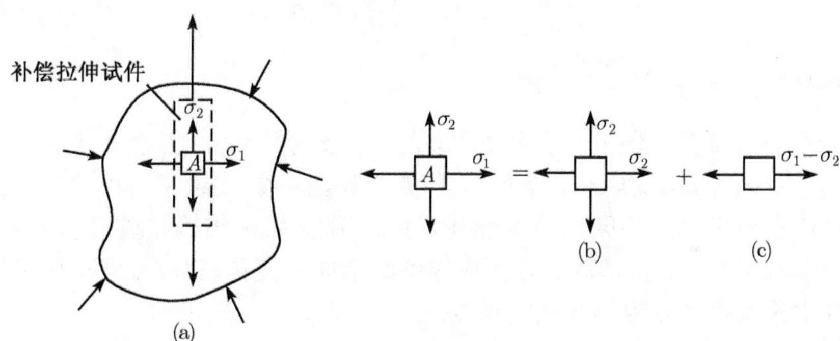

图 1.9 库克尔补偿器法

设模型被测点主应力差对应的光程差为

$$R_p = n\lambda. \tag{a}$$

库克尔补偿器的结构见图 1.10 所示, 施加到补偿拉伸试件上的应力 (或说光程差 R) 与千分表读数成正比:

$$R_c = KM, \tag{b}$$

其中, M 为千分表读数, K 为比例常数.

设拉伸试件的条纹级次产生 1 级时, 对应千分表的读数为 G, 由 (b) 式得

$$K = \frac{\lambda}{G}, \tag{c}$$

如果对补偿拉伸试件施加拉力, 使被测点 A 条纹级次减至零, 即

图 1.10 库克尔补偿器

$$R_c = R_p, \tag{d}$$

将 (a),(b),(c) 代入 (d) 式得

$$n = \frac{M}{G}. \tag{1.16}$$

于是, 被测点 A 的条纹次数被确定.

为了使模型和补偿拉伸试件在投影幕上的成像都清晰, 在补偿拉伸试件的前后各安置一个透镜就可以达到此目的. 模型自由边界点的主应力方向为已知, 分别在边界的法向和切线方向上. 试验光源使用白光为佳.

其他补偿方法参看文献 [4].

1.7 等倾线的观测

1. 等倾线的测定

在白光平面偏振光场下, 等差线呈彩色, 等倾线呈黑色. 等差线与等倾线重叠在一起. 在主应力方向变化不大的区域等倾线比较弥散. 在模型自由边界上由于初应力的存在也会干扰局部区域的等倾线走向. 因此, 在采集等倾线之前, 可同步旋转起偏镜和检偏镜, 反复观察不同参数等倾线走向的变化趋势. 此外, 还可以采用以下两种措施以提高测定等倾线的精度.

(1) *改变载荷法*

等倾线的位置和模型载荷的大小基本无关. 这样, 当模型载荷增加或减小时, 等差线的位置发生改变, 而等倾线的位置不变.

(2) *用有机玻璃制作模型*

这种材料对等差线反应极不灵敏, 而对等倾线特别敏感. 图 1.11 表示出平面偏振光暗场下, 有机玻璃材料三点弯曲梁模型 $10^\circ \sim 75^\circ$ 等倾线条纹图.

2. 等倾线的特征

为了准确的描绘出等倾线, 还需掌握等倾线的一些特征.

(1) *自由边界上的等倾线参数*

自由边界表面上的剪应力和垂直应力皆为零, 所以自由边界上任一点的法线和切线方向即为该点的主应力方向, 由此可以推知下列几种情况下的等倾线特征:

① 自由曲线边界上的等倾线

圆盘模型受集中压力模型见图 1.12 所示, 设圆盘 A 点的法线与水平轴夹角为逆时针 45°, 由于 A 点法线与切线方向为主应力方向, 所以等倾线参数 $\theta=45°$ 的等倾线一定通过 A 点.

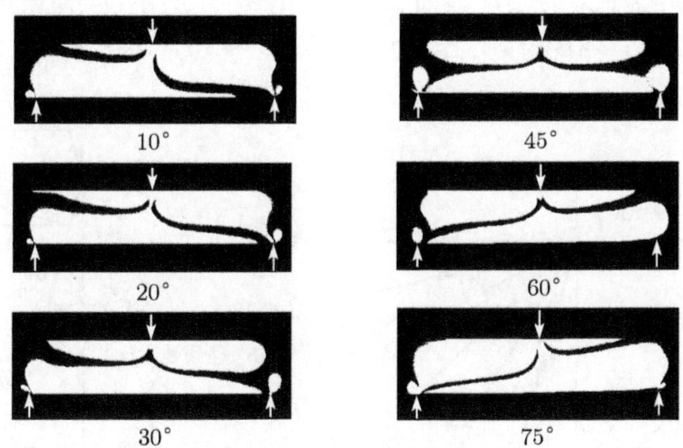

图 1.11　三点弯曲梁的等倾线

② 自由直线边界上的等倾线

正方形对角线受集中压力模型见图 1.13 所示, 在每个自由直边界上点的主应力方向都是相同的, 所以这个自由边界就是一条等倾线, 自由直边界的方向 (或与其垂直方向) 和水平线的夹角就是该等倾线的参数. 正方形的四个自由直边界都是 $\theta=45°$ 的等倾线.

③ 自由角边界

见图 1.14 所示, 在两条相互垂直的直线边界相交处有一个过渡圆弧, 于是在过渡圆弧边界上有 $0\sim90°$ 的等倾线汇集在圆弧部分. 在此指出, 对于边界只受法线载荷而无切向载荷的非自由边界的等倾线分析也正确. 在自由直角边界点 (如图 1.13 方板的左右两个自由直角边界点) 也存在 $0\sim90°$ 等倾线汇集的现象.

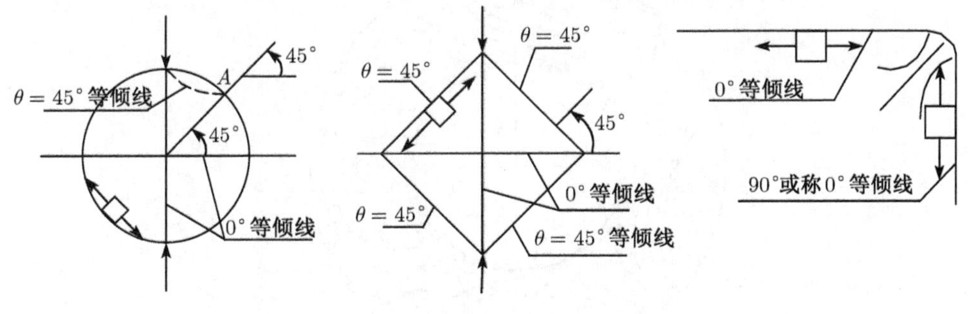

图 1.12　自由曲边界　　图 1.13　自由直边界　　图 1.14　自由角边界

(2) 集中力处的等倾线

见图 1.15(a) 所示, 由弹性力学可知, 在集中力附近的单元体只存在径向应力

σ_r, 所以在集中力作用点 O 处有 0° ~ 90° 的等倾线汇集到 O 点.

同理, 对于受集中力的楔形体而言, 见图 1.15(b) 所示, 楔角附近的单元体也只存在径向应力 σ_r, 所以在集中力作用点处有 15° ~ 75° 等倾线汇集到 O 点.

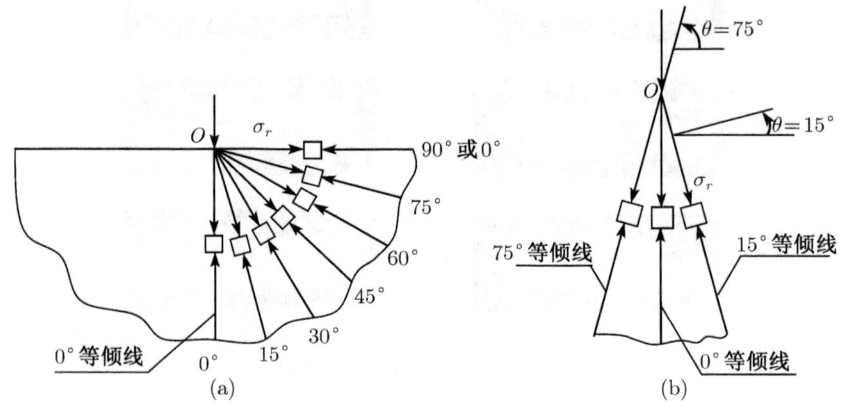

图 1.15 集中力处的等倾线

(3) 模型内部的等倾线

① 对称轴本身就是一条等倾线

当模型有几何形状和载荷的对称轴时, 对称轴上各点无剪应力, 所以, 对称轴本身就是一条等倾线. 图 1.12、图 1.13 和图 1.15(a),(b) 上都有对称轴.

② 各向同性点处的等倾线

各向同性点处 $\sigma_1 = \sigma_2 = 0$, 对应的应力圆为点圆, 则该点处任一方向都是主应力方向, 所以 0° ~ 90° 的等倾线都通过各向同性点, 如图 1.16 圆环受径向压力时

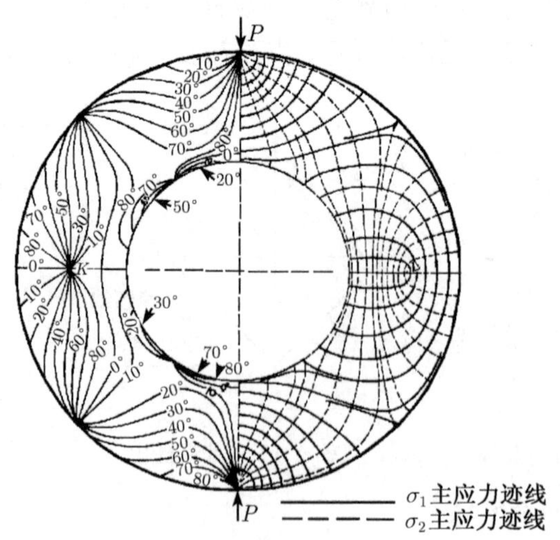

图 1.16 圆环等倾线和主应力迹线

水平直径上的两个各向同性点 (如 K 点) 处的等倾线就是如此, 见图 1.16 左半部所示.

各向同性点处的等倾线参数大小的排列顺序不一定相同. 如图 1.17(a) 所示, 对于逆时针方向为等倾线参数增加的方向, 则称之为正各向同性点. 与此相反, 顺时针方向为等倾线参数增加的方向, 称之为负各向同性点, 如图 1.17(b) 所示.

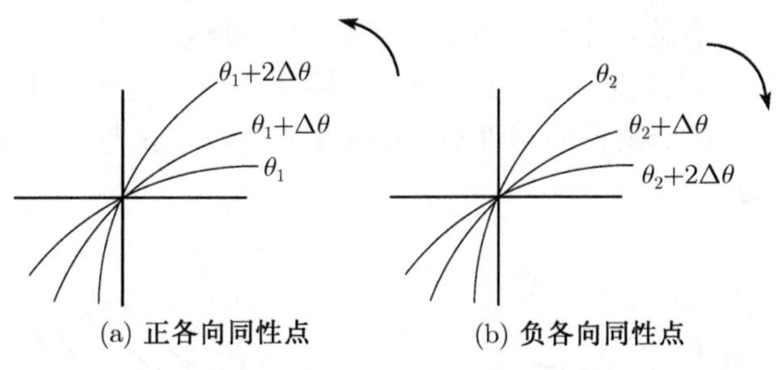

图 1.17　正负各向同性点

1.8　主应力迹线

1. 主应力迹线的绘制

主应力迹线是表示主应力方向的曲线族, 见图 1.18 所示, 实线族和虚线族分别表示 σ_1 和 σ_2 主应力迹线. 这两族曲线相互正交. 沿 σ_1(或 σ_2) 主应力迹线各点切线方向是该点的主应力 σ_1(或 σ_2) 方向.

主应力迹线的绘制方法如图 1.19 所示, 设已知 $\theta = 15°, 30°, 45°, 60°, 75°, \cdots$ 的等倾线, 先画一条水平方向 x 的基准线, 然后在每条等倾线上画上对应不同 θ 值的多条平行短线. 从 k_1 点开始, 用曲线板相继按顺序连接 $15°, 30°, 45°, 60°, 75°, \cdots$ 等倾线上的斜短线, 这条曲线就是主应力迹线之一; 同理, 从 $k_2, k_3, \cdots$ 点开始可以分别得出一系列主应力迹线, 这一族主应力迹线互不相交, 称之为 σ_1(或 σ_2) 主应

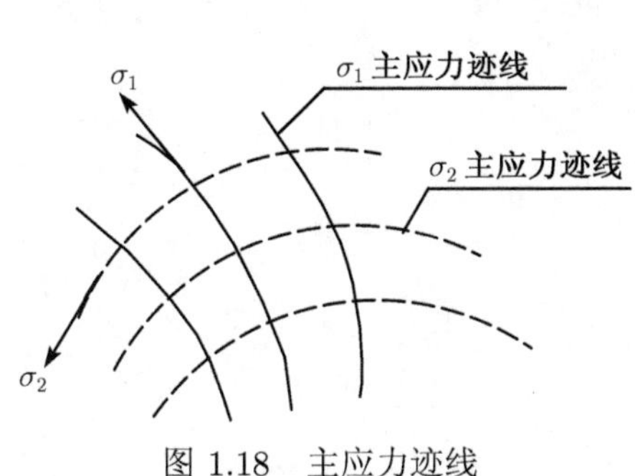

图 1.18　主应力迹线

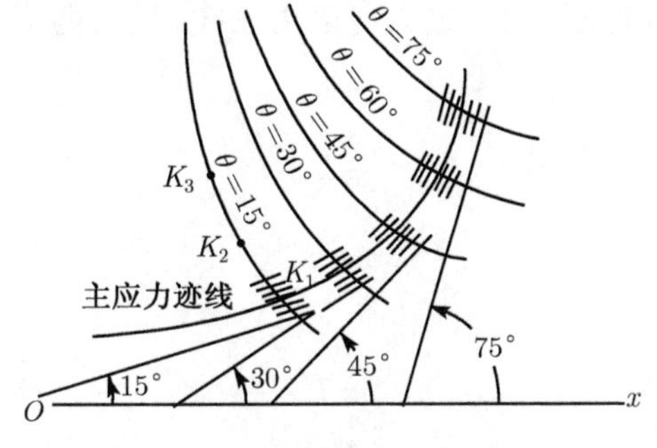

图 1.19　主应力迹线的绘制

力迹线. 另一族主应力迹线可根据 σ_1 和 σ_2 正交特性画出, 两族主应力迹线应该是正交的. 图 1.16 的右半部表示圆环受径向压力的主应力迹线.

2. 主应力迹线的特征

(1) 同族主应力迹线不会相交.

(2) 模型的几何和载荷对称轴就是主应力迹线之一.

(3) 模型上无奇点的自由边界就是一条主应力迹线.

(4) 对于正各向同性点, 如图 1.20 所示, 两族主应力迹线把正各向同性点包围起来, 成为闭合状. 对于负各向同性点, 如图 1.21 所示, 两族主应力迹线在负各向同性点周围不闭合.

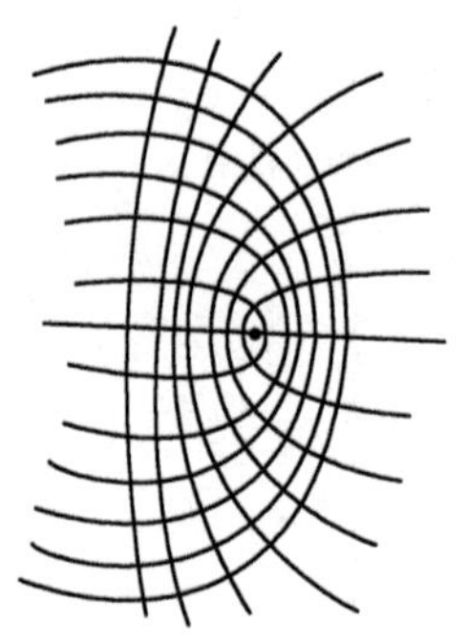

图 1.20　正各向同性点周围的两族主应力迹线

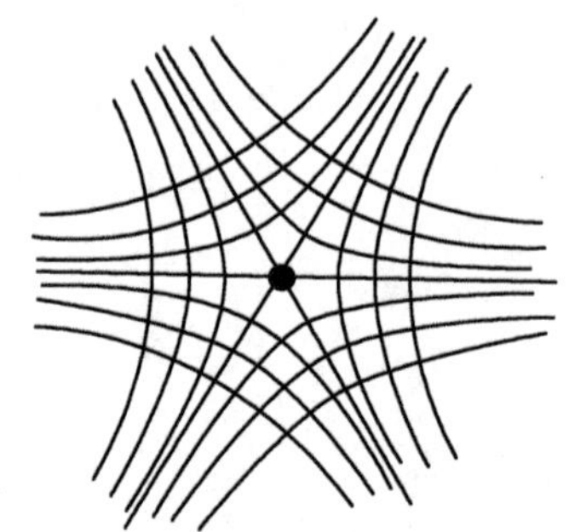

图 1.21　负各向同性点周围的两族主应力迹线

3. 主应力迹线的应用

对于钢筋混凝土构件, 主应力迹线可作为布筋的参考依据.

在金属锻压方面常常要了解锻件的最大剪应力方向, 因此需要知道最大剪应力迹线, 对于最大剪应力迹线上一点的切线方向就是该点的最大剪应力方向, 利用求得的主应力迹线再按 45° 差异便可得到最大剪应力迹线, 或者根据等倾线按 45° 差异直接画出最大剪应力迹线. 最大剪应力迹线也有两族.

第 2 章　平面光弹性

2.1　概　　述

在工程结构中，有些构件的厚度远小于面内其他尺寸，与厚度方向垂直的表面上无载荷作用，而且应力状态沿厚度方向不变，这类问题称为平面应力状态. 这类模型实验属于平面光弹性问题.

在平面光弹性试验中，可以得到两组数据，一组为等差线，另一组为等倾线. 根据这两组数据，可以知道模型中任意一点的主应力差和主应力的方向. 在平面模型自由边界上的点，属于单向应力状态，根据 (1.9) 式可直接得出该点与边界相切方向的主应力值. 而平面模型的内部点，属于二向应力状态，为了求得内部点的主应力的大小，需采用主应力分离的办法. 本章将着重介绍剪应力差法和斜射法.

2.2　边界应力的大小和符号的确定

1. 自由边界点

见图 2.1，平面模型自由边界上的任意一点都是单向应力状态，例如 A, B 点，每个点两个主应力当中有一个为零，另一个主应力与边界相切. 根据 A, B 点的等差线条纹级次 n，由 (1.9) 式可得出与边界相切方向的主应力

$$\sigma_1 \text{ 或 } \sigma_2 = \pm n \cdot \frac{f_\sigma}{d}, \tag{2.1}$$

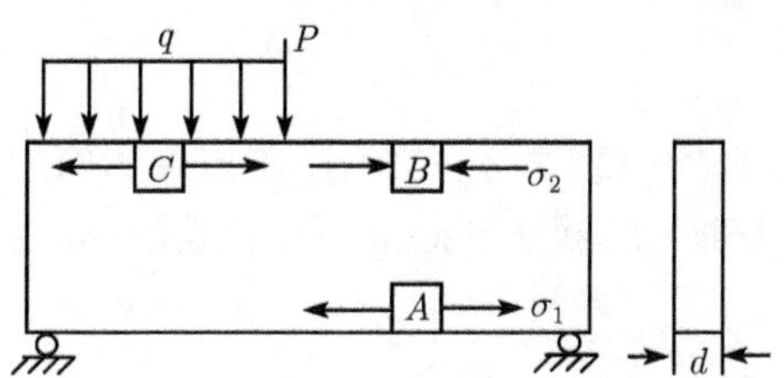

图 2.1　简支梁的平面模型

至于主应力的符号究竟是拉，还是压呢? 下面介绍三种判断方法:

(1) 钉压法

见图 2.2(a) 所示，纯弯梁 A 点与边界相切的主应力为拉应力，另一个主应力为零；B 点与边界相切的主应力为压应力，另一个主应力为零.

当用钉头状的物体轻压被判断点 A 时, 根据 (1.9) 式可以看出, 由于 A 点受到压应力, 相当 σ_2 代数值减小, 则 A 点等差线条纹级次增加, 这说明 A 点边界应力为拉应力. 反之, 如 B 点, 加压点条纹级次减小, 则说明边界应力为压应力. 从图 2.2(a) 可以看到采用钉压法时, 边界上等差线条纹级次大小的变化趋势.

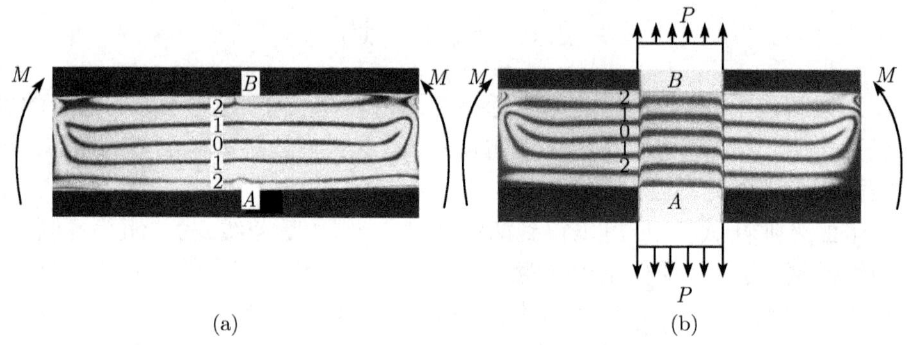

图 2.2　使用钉压法和标准试件法判断边界应力符号

(2) 标准试件法

见图 2.2(b) 所示, 将冻结应力的轴向受拉试件放在与纯弯曲梁上下边界相垂直的方向, 由 (1.9) 式可以看出, 当被判断点 A 的条纹级次减小时, 则说明 A 点与边界相切的应力是拉应力. 当被判断点 B 的条纹级次增加时, 则说明 B 点与边界相切的应力是压应力.

(3) 补偿器法

使用拉伸试件补偿器 (参见图 1.10), 让拉伸试件的轴线方向重合于被测点边界的切线方向, 然后对拉伸试件施加拉力, 如该点条纹级次减小, 则该点的切向正应力为压应力, 反之, 为拉应力.

2. 非自由边界点

如图 2.1 中的 C 点有均布载荷 q 的作用, 在该点的应力状态中, q 是 σ_1 呢? 还是 σ_2 呢? 可以用拉伸试件补偿器法判断 q 是 σ_1 或是 σ_2. 假设

$$\sigma_2 = -|q|,$$

将其代入 (1.9) 式得

$$\sigma_1 = n_c \frac{f_\sigma}{d} + \sigma_2 = n_c \frac{f}{d} - |q|, \tag{2.2}$$

其正值表示拉应力, 负值表示压应力.

2.3 应力集中及应力集中系数的确定

一般工程构件的截面往往有孔或缺口, 造成截面的局部削弱, 在尺寸变化的区域, 引起应力局部的急剧增大, 此现象称为应力集中. 图 2.3(a) 表示具有中心圆孔平面模型在轴向拉力作用下的等差线. 图 2.3(b) 是过孔中心横截面上轴向应力分布.

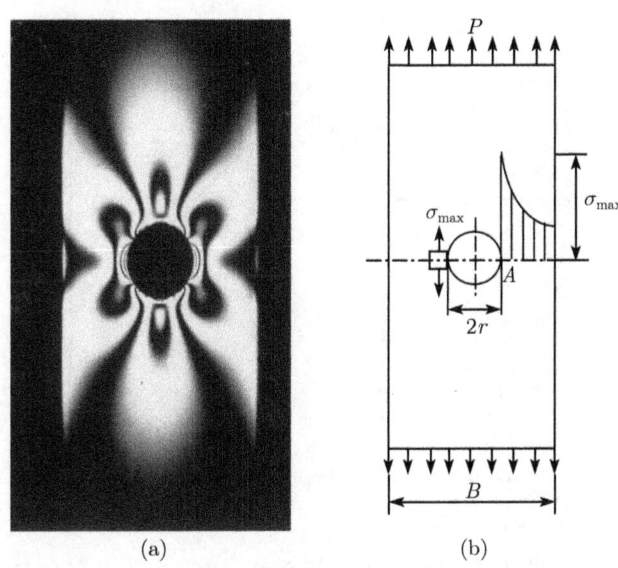

图 2.3 具有中心圆孔平面应力模型的等差线与过圆孔中心的横截面上应力的分布

显然, 在孔边 A 点产生应力集中. 应力集中的程度可以用应力集中系数来表示. 应力集中系数定义为

$$\alpha_K = \frac{\sigma_{\max}}{\sigma_0}, \tag{2.3}$$

式中, $\sigma_{\max} = n_{\max}\dfrac{f_\sigma}{d}$ 是绝对值最大的边界应力, $\sigma_0 = \dfrac{P}{(B-2r)d}$ 是局部削弱横截面的平均应力, d 是模型的厚度.

2.4 内部应力的确定

等差线和等倾线给出了模型内部任意一点的主应力差值及其方向, 但是, 该点两个主应力各自的数值和对应的方向还不知道. 为了求得这三个未知数, 还需配合其他方法才能解决.

下面介绍通常使用的二向剪应力差法、斜射法和两个模型法 (参见 9.5 节).

1. 二向剪应力法

为了求出平面模型内任意一点的应力, 必须求解三个未知量, 即 σ_1, σ_2 及其方向或其三个应力分量 σ_x, σ_y 和 τ_{xy}.

现以方板承受对角线方向的集中压力为例, 见图 2.4 所示, 利用剪应力差法求任意一点 K 的三个应力分量, 步骤如下.

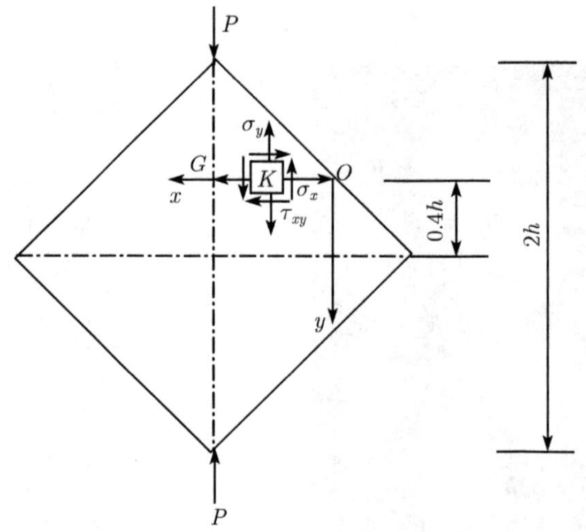

图 2.4　方板承受对角线方向集中压力

(1) τ_{yx} 的确定

由材料力学应力圆公式, 根据 K 点等差线 $(\sigma_1 - \sigma_2)$ 条纹级次和等倾线参数 θ 可求得

$$|\tau_{yx}| = \frac{\sigma_1 - \sigma_2}{2} \sin 2\theta. \tag{2.4}$$

关于判断 τ_{yx} 方向的方法. 见图 2.5(a) 所示, 假设对应 K 点等倾线参数 θ 的主应

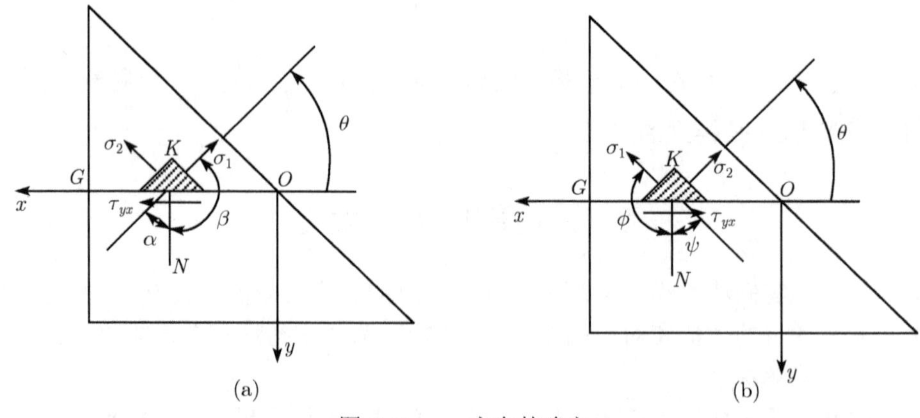

图 2.5　τ_{yx} 方向的确定

力是 σ_1. 作水平截面的外法线 N, 它与 σ_1 方向线的夹角分别为 α 和 β, 由于 $\alpha < \beta$, 那么, 根据 K 点主应力单元体画出的应力圆可以确定 τ_{yx} 的方向应是法线 N 转向 α(小角) 的方向. 见图 2.5(b) 所示, 假设对应 θ 的主应力是 σ_2, 作水平截面的外法线 N, 它与 σ_1 方向线的夹角分别为 ϕ 和 ψ, 由于 $\psi < \phi$, 那么根据 K 点主应力单元体画出的应力圆可以确定 τ_{yx} 方向应是法线 N 转向 ψ 角 (小角) 的方向.

τ_{yx} 的正负要根据坐标系来定, 按弹性力学中的规定, 图 2.5(a) 中的 τ_{yx} 为正, 图 2.5(b) 为负.

(2) 正应力 σ_x 的确定

根据 K 点的等差线和等倾线参数, 由材料力学可得 K 点,

$$\sigma_x - \sigma_y = \pm\sqrt{(\sigma_1 - \sigma_2)^2 - 4\tau_{yx}^2}. \tag{2.5}$$

为了解出 σ_x 和 σ_y 值, 借助于弹性力学平衡微分方程式中的第一式

$$\frac{\partial \sigma_x}{\partial x} + \frac{\partial \tau_{yx}}{\partial y} = 0,$$

这个方程式的物理含义是沿 x 轴方向 σ_x 的变化率与沿 y 轴方向 τ_{yx} 的变化率绝对值相等, 符号相反. 也就是说, 如果 σ_x 沿 x 轴正方向是增加的话, 那么 τ_{yx} 沿 y 轴正方向应该是减小的. 见图 2.6(a) 所示, 将此方程沿 OG 线上的 O 点到 K 点进行积分, 即可得到 K 点的正应力

$$(\sigma_x)_K = (\sigma_x)_0 - \int_0^K \frac{\partial \tau_{yx}}{\partial y} \mathrm{d}x, \tag{2.6a}$$

如果用应力有限差值的代数和, 近似代替 (2.6a) 式的积分运算, 则 (2.6a) 式可写为

$$(\sigma_x)_K = (\sigma_x)_0 - \sum_0^K \frac{\Delta \tau_{yx}}{\Delta y} \Delta x, \tag{2.6b}$$

在 OG 线的上下等距离处画两条平行线 AB 和 CD, 然后把 OG 线分成几等份, 并在各分点处作 OG 线的垂线, 则在 AB 和 CD 间分成若干个边长为 $\Delta x, \Delta y$ 的矩形. 式中 $(\sigma_x)_0$ 为方板自由边界上 O 点的垂直应力. 如积分路线沿着 x 轴正方向, Δx 取为正值, 沿 y 轴正方向的 Δy 取为正值, 则所对应的 $\Delta\tau_{yx} = (\tau_{yx})_{CD} - (\tau_{yx})_{AB}$. 于是根据 CD 和 AB 截面上的 τ_{yx} 可以画出 $\Delta\tau_{yx}$ 的分布曲线, 见图 2.6(b) 所示. 如已知 OG 线上 $(K-1)$ 点的 σ_x, 则 K 点的 σ_x 由 (2.6b) 式得

$$(\sigma_x)_K = (\sigma_x)_{K-1} - \frac{\Delta \tau_{yx}}{\Delta y} \Delta x, \tag{2.7}$$

其中, $\Delta\tau_{yx}$ 应是 $(K-1)$ 和 K 点之间中点处的对应值.

由此可见, $\Delta x, \Delta y$ 的正负, $\Delta\tau_{yx}$ 的计算均与坐标系和积分路线的选取有关.

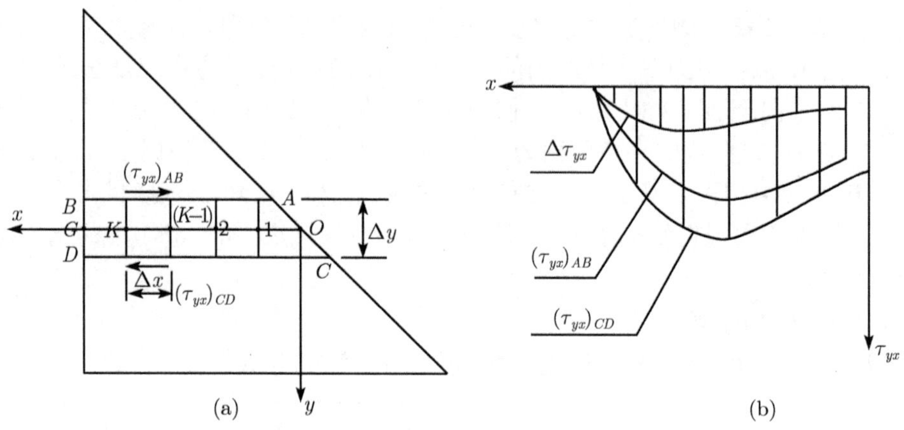

图 2.6　沿 AB, CD 的 τ_{yx} 分布曲线

(3) 正应力 σ_y 的确定

K 点的 σ_x, τ_{yx} 已经得出, 由 (2.5) 式即可得出另一个垂直应力

$$\sigma_y = \sigma_x \pm \sqrt{(\sigma_1 - \sigma_2)^2 - 4\tau_{yx}^2}, \tag{2.8}$$

式中的正负号可以根据 K 点等倾线参数 θ 来决定, 这可由应力圆明显地看出来.

如图 2.7 所示, 假设 K 点 τ_{yx} 方向如图所示, 且 $\sigma_x > \sigma_y$, 则由应力圆得

$$\sigma_y = \sigma_x - \sqrt{(\sigma_1 - \sigma_2)^2 - 4\tau_{yx}^2},$$

对应 K 点的等倾线参数 $\theta < 45°$.

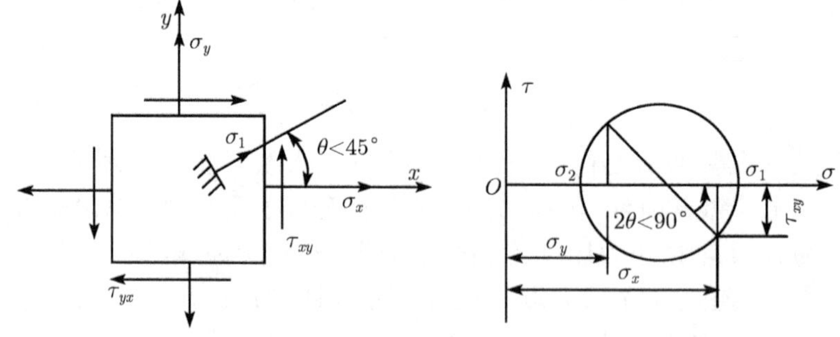

图 2.7　$\sigma_x > \sigma_y$ 的单元体应力状态与应力圆

如图 2.8 所示, 剪应力方向不变而 $\sigma_x < \sigma_y$, 则由应力圆得

$$\sigma_y = \sigma_x + \sqrt{(\sigma_1 - \sigma_2)^2 - 4\tau_{yx}^2},$$

对应 K 点的等倾线参数 $\theta > 45°$.

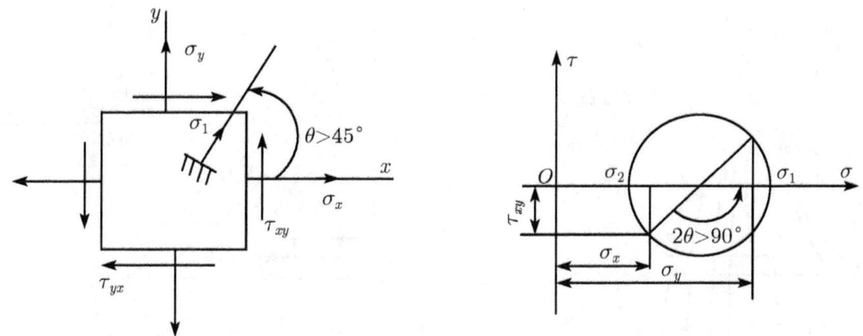

图 2.8 $\sigma_x < \sigma_y$ 的单元体应力状态与应力圆

在此应当指出, 如果剪应力 τ_{yx} 与图 2.7、图 2.8 中相反, 则当 $\theta < 45°$ 时根式前取正号, 当 $\theta > 45°$ 时根式前取负号.

σ_y 也可由应力圆得

$$\sigma_y = \sigma_x - (\sigma_1 - \sigma_2)\cos 2\theta_0, \tag{2.9a}$$

或将 (1.9) 式代入 (2.9a) 式得

$$\sigma_x - \sigma_y = \frac{nf_\sigma}{d}\cos 2\theta_0, \tag{2.9b}$$

其中, θ_0 为 σ_1 与 x 轴的夹角.

(4) 主应力 σ_1 和 σ_2 的计算

由应力圆知 $\sigma_x + \sigma_y = \sigma_1 + \sigma_2$, 则

$$\left.\begin{aligned} \sigma_1 &= \frac{(\sigma_x + \sigma_y) + (\sigma_1 - \sigma_2)}{2}, \\ \sigma_2 &= \frac{(\sigma_x + \sigma_y) - (\sigma_1 - \sigma_2)}{2}. \end{aligned}\right\} \tag{2.10}$$

例题: 参见图 2.4, $P = 1.15\text{kN}$, $2h = 55.6\text{mm}$, $d = 5.46\text{mm}$, 模型材料为环氧树脂, 室温下条纹值 $f_\sigma = 1.30\text{MPa·cm/条}$, 方板在对角线方向集中压力作用下的等差线和等倾线条纹图见图 2.9 所示. 等差线照片见图 2.10 所示. 试求 OG 截面上各点的 $\sigma_x, \sigma_y, \tau_{xy}$.

① OG 截面上 τ_{yx} 的计算

参见图 2.9, 把 OG 线分成 6 等份, 每份长 $\Delta x = 2.78\text{mm}$, 根据等差线和等倾线条纹图, 把沿 OG 线上的条纹级次 n 和等倾线参数 θ 分布曲线画出, 见图 2.11 所示, 然后根据此曲线, 把 OG 线上各分点处的条纹级次 n 和等倾线参数 θ 测出, 由 (2.4) 式即可得出 τ_{yx} 的绝对值, 见表 2.1 所示.

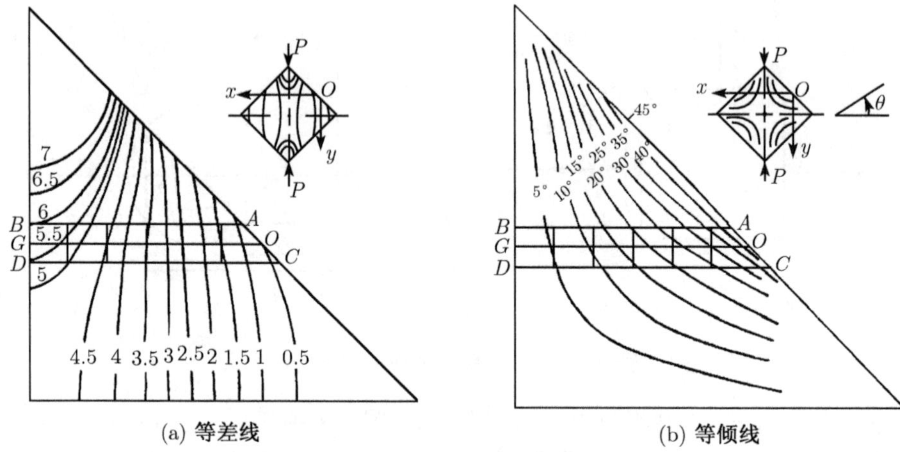

图 2.9　方板承受对角集中载荷下的等差线和等倾线

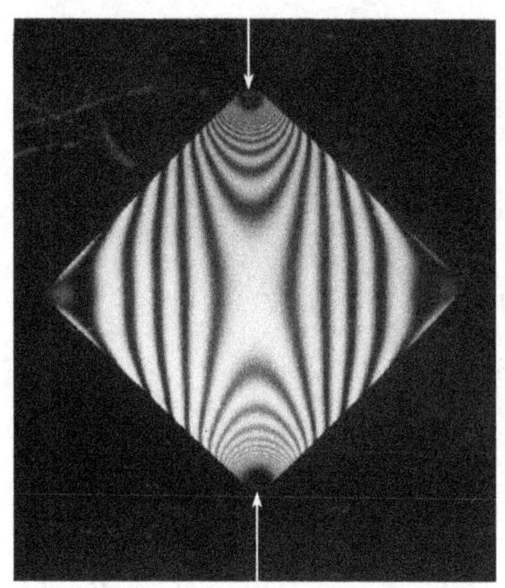

图 2.10　方板等差线

表 2.1　OG 截面上 τ_{yx} 的计算

点号	条纹级次 n	$\sigma_1-\sigma_2=nf_\sigma/d$ $=2.38n$/MPa	等倾线参数 $\theta°$	$\sin 2\theta$	$\tau_{yx}=\left\|\dfrac{\sigma_1-\sigma_2}{2}\sin 2\theta\right\|$/MPa
0	0.50	1.19	45.0	1.000	0.595
1	1.50	3.57	30.0	0.866	1.55
2	2.50	5.95	23.0	0.719	2.14
3	3.50	8.33	17.0	0.559	2.33
4	4.50	10.7	11.0	0.375	2.01
5	5.30	12.6	5.05	0.175	1.10
6	5.70	13.6	0	0	0

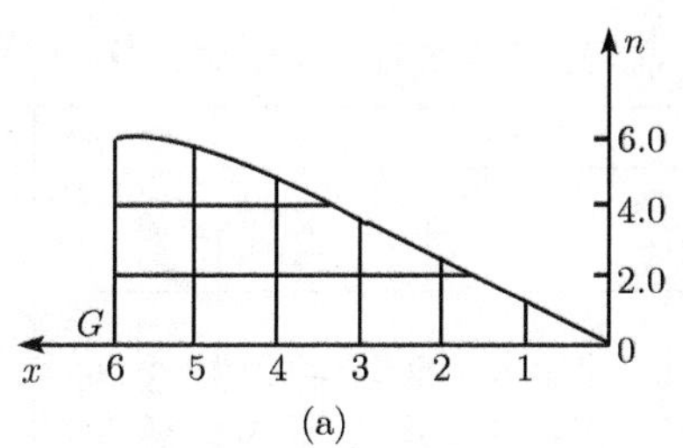

(a)

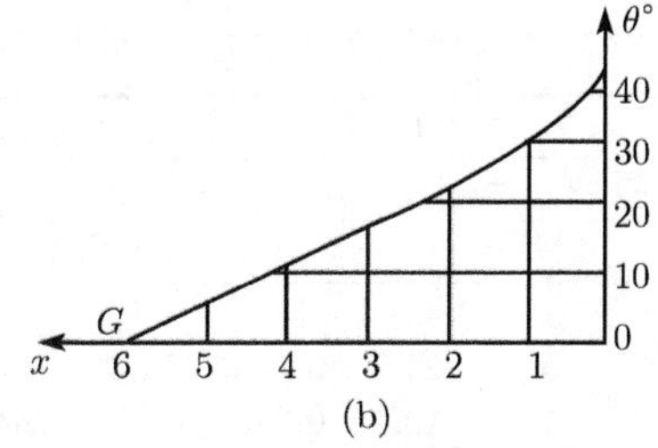

(b)

图 2.11 OG 线上条纹级次 n 和等倾线参数 θ 的分布

见图 2.12, 根据钉压法可以判断自由边界上 O 点与边界相切的垂直应力 $(\sigma_2)_0$ 为压应力. 该点 τ_{yx} 由坐标系知为正值, 由于 OG 线上没有零度等倾线通过它, 故 OG 线上的 τ_{yx} 都为正值.

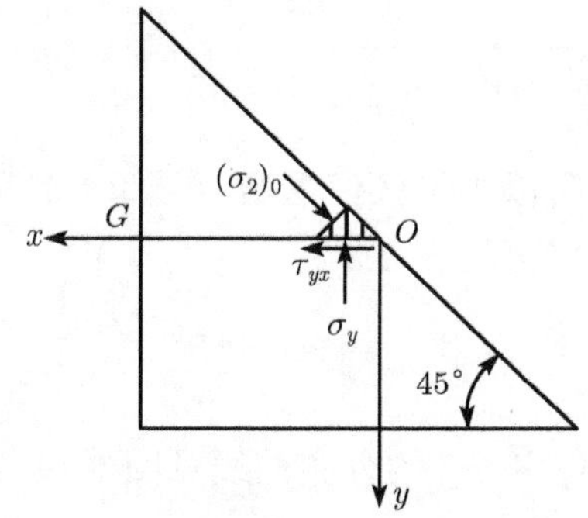

图 2.12 τ_{yx} 正负的判断

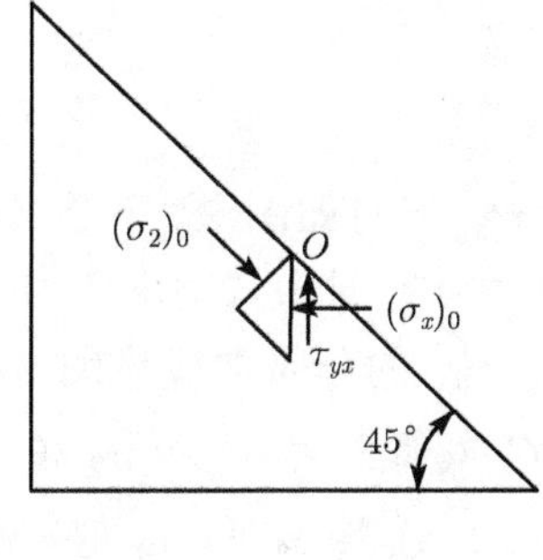

图 2.13 $(\sigma_x)_0$ 的确定

② OG 截面上 σ_x 的计算

由 (2.7) 式知

$$(\sigma_x)_1 = (\sigma_x)_0 - (\Delta\tau_{yx})_{01}\frac{\Delta x}{\Delta y},$$

$$(\sigma_x)_K = (\sigma_x)_{K-1} - (\Delta\tau_{yx})_{K-1,K}\frac{\Delta x}{\Delta y},$$

其中, $(\sigma_x)_0$ 可由自由边界 O 点的切向垂直应力 $(\sigma_2)_0$ 求出, 见图 2.13 所示, 由材料力学得

$$(\sigma_x)_0 = \frac{(\sigma_2)_0}{2} + \frac{(\sigma_2)_0}{2}\cos(2\times 45^\circ) = \frac{(\sigma_2)_0}{2}$$
$$= -\frac{1}{2}n_0\frac{f_\sigma}{d} = -0.595\text{MPa}.$$

根据所确立的直角坐标系知 $\Delta x = \Delta y = +2.78\text{mm}$, CD 和 AB 截面上的 τ_{yx}, $\Delta\tau_{yx}$ 和 OG 截面上 σ_x 的计算见表 2.2.

表 2.2　CD, AB 截面上 τ_{yx}, $\Delta\tau_{yx}$ 及 OG 截面上 σ_x 的计算

点号	CD 截面					AB 截面					$\Delta\tau_{yx平均}$	σ_x/MPa
	n	$\sigma_1-\sigma_2$ /MPa	$\theta°$	$\sin 2\theta$	τ_{yx} /MPa	n	$\sigma_1-\sigma_2$ /MPa	$\theta°$	$\sin 2\theta$	τ_{yx} /MPa	$\frac{\Delta x}{\Delta y}$/MPa	
0	—	—	—	—	—	—	—	—	—	—	—	−0.595
1	1.60	3.81	24.0	0.743	+1.42	1.30	3.09	37.0	0.961	+1.48	−0.060	−0.535
2	2.50	5.95	19.0	0.616	+1.83	2.40	5.71	28.0	0.829	+2.37	−0.300	−0.235
3	3.50	8.33	14.0	0.469	+1.95	3.60	8.57	21.0	0.669	+2.87	−0.730	+0.495
4	4.40	10.5	9.00	0.309	+1.62	4.60	10.9	13.0	0.438	+2.39	−0.840	+1.340
5	5.00	11.9	4.50	0.156	+0.928	5.70	13.6	6.00	0.208	+1.41	−0.630	+1.970
6	5.40	12.9	0	0	0	6.10	14.5	0	0	0	−0.241	+2.210

③ OG 截面上 σ_y 的计算

由 (2.8) 式知

$$\sigma_y = \sigma_x \pm \sqrt{(\sigma_1-\sigma_2)^2 - 4\tau_{yx}^2},$$

OG 线上 τ_{yx} 方向如图 2.7 和图 2.8 所示, 所以当等倾线参数 $\theta < 45°$ 时根式前取负号. 当 $\theta > 45°$ 时根式前取正号. σ_y 的计算值见表 2.3.

$\sigma_x, \sigma_y, \tau_{yx}$ 的分布曲线见图 2.14.

④ OG 截面上的 σ_1 和 σ_2 值

由 (2.10) 式得 σ_1 和 σ_2 值, 见表 2.4, σ_1 和 σ_2 的分布曲线见图 2.14.

表 2.3　OG 截面上 σ_y 的计算

点号	τ_{yx}/MPa	σ_x/MPa	$\sigma_1-\sigma_2$/MPa	$(\sigma_1-\sigma_2)^2$	τ_{yx}^2	$4\tau_{yx}^2$	$\theta°$	σ_y/MPa
0	+0.595	−0.595	1.19	1.42	0.354	1.42	45.0	−0.595
1	+1.55	−0.535	3.57	12.70	2.40	9.60	30.0	−2.30
2	+2.14	−0.235	5.95	35.40	4.58	18.30	23.0	−4.38
3	+2.33	+0.495	8.33	69.40	5.43	21.70	17.0	−6.42
4	+2.01	+1.34	10.7	115.00	4.04	16.20	11.0	−8.60
5	+1.10	+1.97	12.6	159.00	1.21	4.84	5.05	−10.4
6	0	+2.21	13.6	185.00	0	0	0	−11.4

表 2.4　OG 截面上的 σ_1 和 σ_2 值

点号	σ_x/MPa	σ_y/MPa	$(\sigma_x+\sigma_y)$/MPa	$(\sigma_1-\sigma_2)$/MPa	σ_1/MPa	σ_2/MPa
0	−0.595	−0.595	−1.19	1.19	0	−1.19
1	−0.535	−2.30	−2.84	3.57	0.365	−3.21
2	−0.235	−4.38	−4.62	5.95	0.665	−5.29
3	+0.495	−6.42	−5.93	8.33	1.20	−7.13
4	+1.34	−8.60	−7.26	10.7	1.72	−8.98
5	+1.97	−10.4	−8.43	12.6	2.09	−10.5
6	+2.21	−11.4	−9.19	13.6	2.21	−11.4

⑤ 静力校核

为了检查实验精确度, 用静力平衡法校核之. 见图 2.14, σ_y 曲线与横坐标 x 轴之间的面积由求积仪得 $A = 26.8\text{cm}^2$, 图中 $OG = 8.34\text{cm}$, 所以

$$(\sigma_y)_{\text{平均}} = \frac{26.8}{8.34} = 3.22\text{cm},$$

对应的应力值为

$$(\sigma_y)_{\text{平均}} = 3.22 \times 2 = 6.44\text{MPa},$$

故 OG 截面上 σ_y 沿铅垂方向的合力为

$$R_y = (\sigma_y)_{\text{平均}} \times d \times 0.6\text{h} = 0.575\text{kN}.$$

而方板实际载荷 $P = 1.15\text{kN}$, 故实验误差为

$$e = \frac{2R_y - P}{P} = 1.92\%.$$

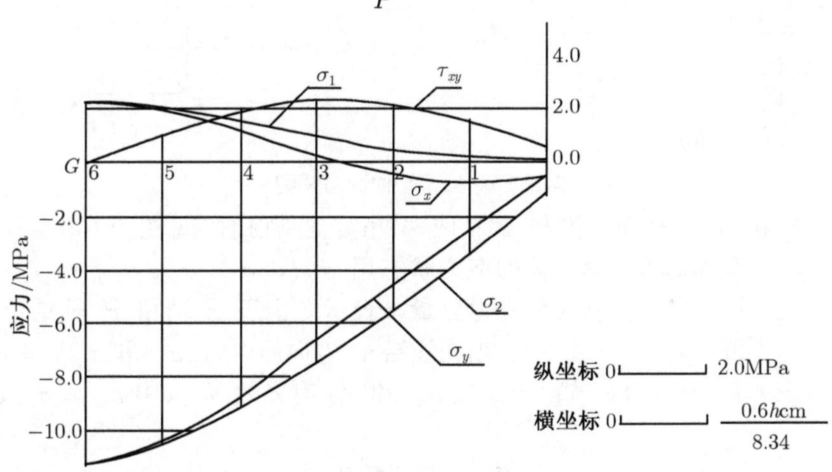

图 2.14 OG 截面上 $\sigma_x, \sigma_y, \tau_{xy}$ 和 σ_1, σ_2 分布曲线

2. 斜射法

等差线和等倾线参数给出了主应力差值和主应力方向. 为了求出主应力 σ_1 和 σ_2 值, 还可对平面模型增加一次斜射的办法, 得到一个补充方程式, 它与主应力差的方程式联立求解, 就可得出主应力 σ_1 和 σ_2.

图 2.15 (a) 为一个框架平面应力模型, 其内部任意一点的应力状态如图 2.15(b) 所示. 设 z 轴垂直于模型的表面, 当光线沿 z 轴方向照射时, 根据该点的等差线条纹级次 n_z 由 (1.9) 式知

$$\sigma_1 - \sigma_2 = n_z \frac{f_\sigma}{d}. \tag{a}$$

根据该点的等倾线参数 θ 可知主应力方向. 假设沿 x 方向的主应力是 σ_1, 沿 y 方向的主应力是 σ_2, 由于该模型是平面应力问题, 所以 $\sigma_z = 0$.

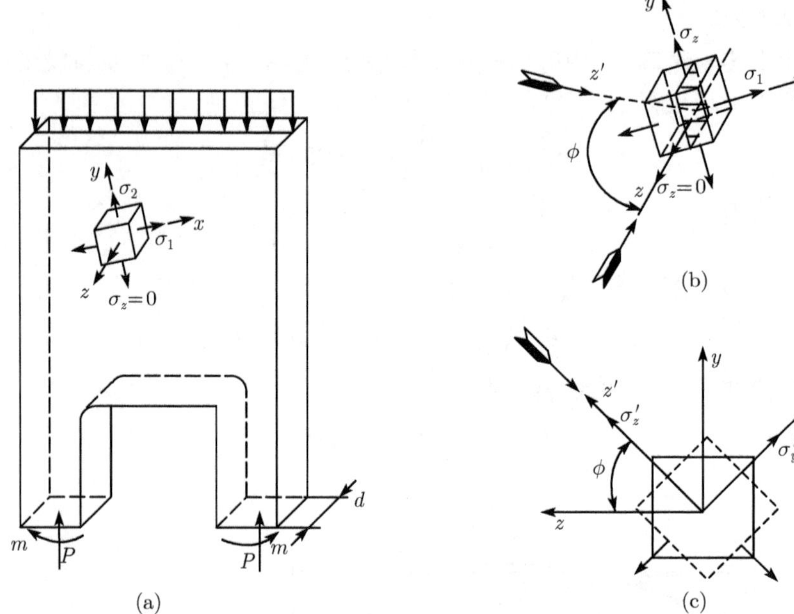

图 2.15 框架平面应力模型

当光线在 yOz 平面内沿与 z 轴成 ϕ 角方向斜射时, 见图 2.15(c) 所示, 则对应 x',y',z' 新坐标系, 单元体的应力状态用 $\sigma_{x'}(=\sigma_1)$, $\sigma_{y'}$, $\sigma_{z'}$, $\tau_{x'y'}=\tau_{y'x'}$, $\tau_{y'z'}=\tau_{z'y'}$, $\tau_{z'x'}=\tau_{x'z'}$ 六个应力分量来表示. 由于 x 轴和 x' 轴重合, 所以 $\tau_{x'y'}=\tau_{y'x'}=0$, $\tau_{z'x'}=\tau_{x'z'}=0$. 当光线沿 z' 方向照射时, $\sigma_{z'}$ 和 $\tau_{y'z'}=\tau_{z'y'}$ 不发生光效应 (其原理见 4.3 节). 于是仅 $\sigma_{x'}$ 和 $\sigma_{y'}$ 有光效应. 其中 $\sigma_{x'}=\sigma_1$, 由材料力学得

$$\sigma_{y'}=\sigma_2\cos^2\phi,$$

根据光线沿 z' 方向斜射时的条纹级次 n_ϕ, 由 (1.9) 式得

$$\sigma_{x'}-\sigma_{y'}=n_\phi\frac{f_\sigma\cos\phi}{d},$$

$$\sigma_1-\sigma_2\cos^2\phi=n_\phi\frac{f_\sigma\cos\phi}{d}, \tag{b}$$

联立解 (a), (b) 式得

$$\left.\begin{aligned}\sigma_1&=\frac{f_\sigma}{d}\left(\frac{n_z\cos^2\phi-n_\phi\cos\phi}{\cos^2\phi-1}\right),\\ \sigma_2&=\frac{f_\sigma}{d}\left(\frac{n_z-n_\phi\cos\phi}{\cos^2\phi-1}\right),\end{aligned}\right\} \tag{2.11}$$

第 3 章　光弹性模型材料及模型制作

3.1　概　　述

光弹模型所用材料的性能和质量将直接影响实验的进行及测量精度. 因此, 掌握模型材料的制造及其性能的测定是十分重要的.

理想模型材料的力学和光学性质应满足下列要求:

(1) 高透明度, 本身无色泽.

(2) 高光学灵敏度.

(3) 足够高的弹性模量和力学、光学比例极限.

(4) 初应力及边缘时间效应要小.

(5) 力学及光学蠕变要小.

(6) 均质及各向同性.

(7) 易于机械加工和加工应力甚小.

(8) 既能制成平板材料又能浇铸成立体模型.

(9) 价格低廉.

此外, 使用应力冻结法及散光法的材料还应具有良好的冻结性能和散光性能.

光弹性效应早在 1816 年就被发现, 但光弹性法被广泛地应用于解决工程实际问题还是 20 世纪 30 年代的事, 其主要原因是缺乏合适的模型材料. 以前曾使用酚醛树脂 (如 Catalin-800), 丙苯树脂 (如 Bakelite BT.61-893), 丙烯树脂 (如 CR-39) 和聚酯树脂 (如 Marco) 等.

1951 年以来, 出现了以环氧树脂为基的各种新型光弹性材料, 这种材料可以制成平板和浇铸成立体模型, 并能冻结应力. 在室温及冻结温度下, 它具有较高的光学灵敏度和较高的比例极限, 蠕变和时间边缘效应也较小, 且易于加工, 同时也可以黏结.

后来又出现了聚碳酸酯的新型光弹性材料. 它的光学灵敏度和透明度都很高, 时间边缘效应也很小. 它是室温平面应力模型光弹性实验的优良材料.

明胶具有很高的光学灵敏度. 由于它的弹性模量很低, 可以借助于自身重量产生应力, 获得明显的光学效应, 通常用它作为研究自重引起应力的模型材料.

3.2　制造环氧树脂模型的材料

1. 环氧树脂

光弹性材料常用的环氧树脂牌号为 #616, #618, #6101, #634, 其中以 #616 颜色最浅, 流动性最好, 依次颜色加深, 流动性也变差.

2. 固化剂

固化剂的作用是使环氧树脂由线型高聚物固化成为立体网状结构. 它分为室温固化剂与高温固化剂两种. 常用的室温固化剂是胺类固化剂, 如乙二胺、二乙烯三胺和三乙烯四胺等, 它可以作为光弹性贴片材料和黏结材料的固化剂. 高温固化剂常使用有机酸酐固化剂, 如顺丁烯二酸酐, 它既可以制造光弹性平板材料, 也可以浇铸立体模型.

3. 增塑剂

为了提高模型材料的塑性, 通常添加增塑剂, 如邻苯二甲酸二丁酯是常用的良好增塑剂.

4. 原料配比

根据高分子反应原理, 100g 环氧树脂中顺丁烯二酸酐的适用量按下式计算:

顺丁烯二酸酐用量 $=$ 环氧树脂的环氧值 $\times$ 顺丁烯二酸酐的分子量 $\times k$

式中环氧值是表示 100g 环氧树脂中所含有的环氧基的物质的量, 环氧树脂出厂规格有此数值, 顺丁烯二酸酐的分子量约为 98.

k 是根据经验选定的常数, 一般取 $k = 0.75 \sim 0.85$. 例如, 对于 100g 的 #618 环氧树脂, 顺丁烯二酸酐的适用量为 $35.2 \sim 45$g. 然后, 再加入 $5 \sim 10$g 的增塑剂邻苯二甲酸二丁酯.

还应当提出, 邻苯二甲酸二丁酯主要起外塑化作用, 即填充了环氧树脂的立体网格间隙, 增加了大分子的柔顺程度, 改进了材料的脆性. 因它不参与环氧树脂的固化反应, 根据化学热力学理论, 它将从材料中缓慢地挥发出来, 从而引起材料性质的不均匀, 并增加了材料的时间边缘效应. 鉴于这种原因, 有时可考虑不使用邻苯二甲酸二丁酯. 这样做并不会使材料塑性降低太大.

3.3 制造模型的模具

1. 制造平板材料用的玻璃模具

制造平板材料的模具, 见图 3.1 所示. 制造 300mm×300mm×(6~8)mm 的平板材料, 常用 $5 \sim 7$mm 厚的玻璃, 要求玻璃表面光整, 在光照下检查无水纹. 模具两侧边和底边所用的玻璃隔条的厚度等于平板材料所需的厚度. 为防止树脂混合液渗漏, 用套有铅丝的橡皮管衬在玻璃隔条内侧, 橡皮管的直径比隔条的厚度稍大, 铅丝 (直径约为 $2 \sim 4$mm) 起定位作用. 整个模具用螺钉压板 (压板与玻璃间衬以薄橡皮) 压紧.

制造模具的步骤如下：

(1) 玻璃平板与隔条的油污要用清洁剂和汽油清洗，最后用丙酮擦净.

(2) 在玻璃表面和橡皮管表面浸涂脱模剂，其作用是将玻璃表面、橡皮管表面与树脂隔开，防止粘接. 常用的脱模剂为甲苯:聚苯乙烯 =100:(5 ~ 8)(重量比). 浸涂脱模剂的方法是将洁净的脱模剂盛在比玻璃平板尺寸稍大的扁形容器中，再将玻璃平板整个浸没其中，然后慢慢地提起，立放在室温下使其自然干燥. 第一遍风干 10~15h 后，再涂第二遍. 橡皮管涂一遍即可.

(3) 待玻璃平板上的第二遍脱模剂风干后，将模具进行装配. 应注意调节各压板螺丝的松紧程度，并保证浇铸出的平板厚度均匀.

使用上述脱模剂制出的平板材料表面光洁平整. 脱模剂切忌在高温下烘烤，否则脱模剂开裂. 此外，脱模剂表面要防尘.

下面介绍一种效果较好的脱模剂. 其配方为一甲基三氯硅烷：二甲基二氯硅烷：#200 溶剂汽油 =15g:15g:250mg. 在通风柜中用绸布在玻璃表面涂以脱模剂，然后将其平放在烘箱中，升温至 130°C 恒温一小时，当降温至 90°C 时，将玻璃平板从烘箱中取出，用绸布用力擦净，直至表面光滑发亮为至. 然后，涂第二遍脱模剂，再重复以上所述的工艺，共涂三遍脱模剂. 当使用这种玻璃再制作平板材料时，只需再涂一遍脱模剂即可.

对于不要求表面光洁度很高的材料，可用硅酯涂层作为脱模剂，这种方法易于操作.

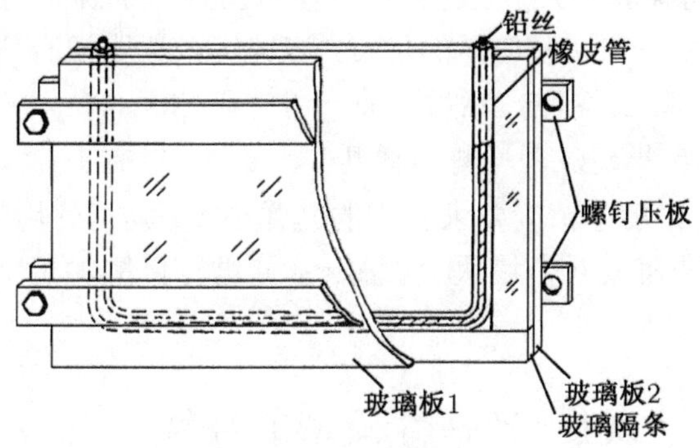

图 3.1 制板材模具

2. 制造立体模型用的模具

(1) 白铁皮模具

它适用于形状简单的模型，其模具用白铁皮 (厚度为 0.3 ~ 0.75mm) 锡焊制成. 白铁皮模具的脱模剂通常使用甲苯:聚苯乙烯 =100:(5~8)(重量比) 或硅酯.

(2) 蜡模模具

有的零件形状比较复杂，还有内腔，适用于无法用机械加工方法制造的模型.

用这种模具浇铸成的模型, 不必再进行机械加工. 这种模具刚度较小, 所以模型材料的铸造应力也较小. 制作蜡模的工艺见文献 [4]. 图 3.2(a) 为压制连杆蜡模的压蜡箱和木制连杆阳模, 图 3.2(b) 为压制好的连杆蜡模.

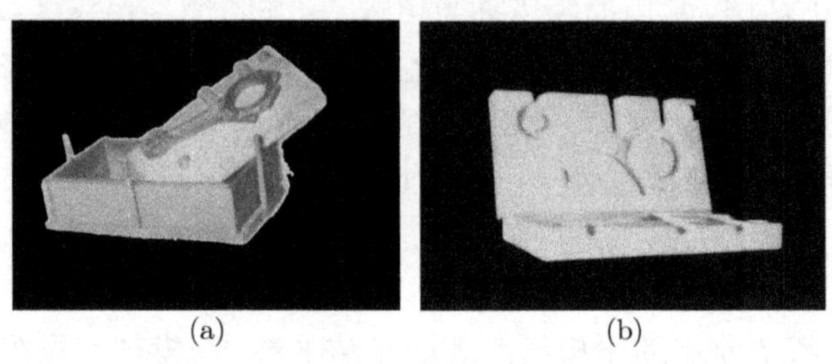

(a) (b)

图 3.2 压制连杆蜡模的压蜡箱、连杆阳模及连杆蜡模

(3) 硅橡胶模具[4]

室温硫化硅橡胶在室温、常压下加入适量的触媒剂 (二月桂酸二丁基锡) 和交联剂 (正硅酸乙酯), 其按重量的配比为 #106 硅橡胶 : 交联剂 : 触媒剂 =100 : 4 : 1, 均匀搅拌后抽真空 (真空度 700~760mm 汞柱)15min. 涂硅橡胶前, 先在阳模表面涂一层硅油作为脱模剂, 然后再涂硅橡胶, 共涂二遍, 总厚约 5~10mm. 待 6~10h 后, 在其表面再涂一薄层快凝硅橡胶, 并覆盖一层过滤纸. 当过滤纸被硅橡胶浸透后, 再将环氧树脂: 乙二胺: 石膏 =100 : 8 : 250 混合料敷在过滤纸的表面, 其厚度约 5~10mm, 以此作为模具的外壳. 这种模具浇铸出模型的铸造应力小, 表面光洁度高. 富有弹性、收缩小和脱模容易的优点. 浇铸环氧树脂混合料以前, 模具的硅橡硅表面要用酒精棉球进行清洁, 然后再涂一薄层硅油.

(4) 添加聚乙烯[4] 的混合蜡料的模具

对于几何形状和尺寸精度要求较高的光弹模型, 则可使用蜡料 : 聚乙烯 =9 : 1 的混合蜡料, 自由浇铸成几个蜡块, 对每一部分进行机械加工, 最后采用拼模的办法, 组装成模具.

3.4 光弹性模型的浇铸工艺

1. 二次固化法

将环氧树脂混合液浇铸在模具中, 先使其在较低温度下 (约 42~50°C) 固化成胶凝状, 随后拆去模具, 在高温下 (约 100~110°C) 再继续固化. 模型固化后体积收缩约 4%, 而胶凝时的收缩约占其一半. 由于在第二次固化时, 光弹性模型可在没有外界约束的情况下进行收缩, 同时第二次固化又相当于一个退火过程, 所以模型浇铸初应力大为减小.

二次固化法使用蜡模或硅橡胶模具浇铸光弹模型的步骤如下:

(1) 将环氧树脂放入 65°C 的恒温烘箱中恒热. 同时将水浴加热熔化的顺丁烯二酸酐也放入 65°C 的恒温烘箱中, 顺丁烯二酸酐要放在有盖子的玻璃容器中.

(2) 依次将邻苯二甲酸二丁酯和经熔化后恒温的顺丁烯二酸酐缓慢倒入正在搅拌的环氧树脂中, 使其恒温在 55~60°C 左右. 对于 5kg 的混合液搅拌 1~2h.

(3) 将混合液放在 50°C 的真空干燥箱中抽真空 15~30min, 以排除气泡.

(4) 将 45°C 的混合液按图 3.3 所示的底浇法通过无色透明塑料管徐徐注入经过预热的模具中.

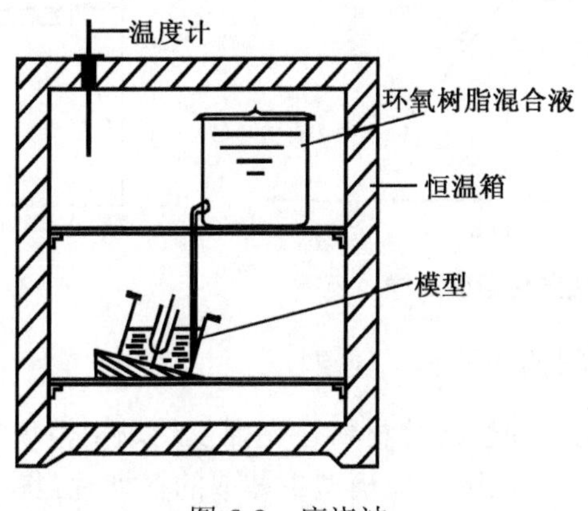

图 3.3 底浇法

(5) 在 42~45°C 的烘箱中恒温, 保持 5~7 天, 直至成胶凝状, 这就是第一阶段的固化.

(6) 将第一次固化后的模型从模具中取出. 锯去飞边及浇冒口, 放在恒温箱中进行第二次固化. 对于直径小于 ϕ80mm 的模型, 其固化曲线见图 3.4 所示.

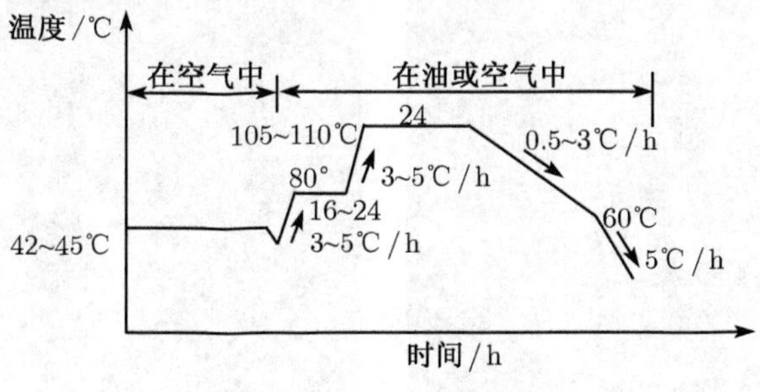

图 3.4 二次固化温度曲线

2. 一次固化法

应用二次固化法能制造出初应力较小的模型, 但固化过程时间长. 对于厚度小于 10mm, 而形状比较简单的模型或平板材料可采用一次固化法. 其固化曲线见图

3.5 所示.

按一次固化法制成的模型材料, 为消除部分初应力, 进行退火, 退火的方法是, 先将平板材料四边切去约 3~5mm, 对使用甲苯-聚苯乙烯脱模剂的环氧板材, 则需用丙酮擦去平板表面的脱模剂, 然后把它平放在干净的玻璃上, 其间涂一薄层硅油或变压器油, 上面蒙一张轻质软纸以防灰尘, 最后按图 3.6 的曲线进行退火.

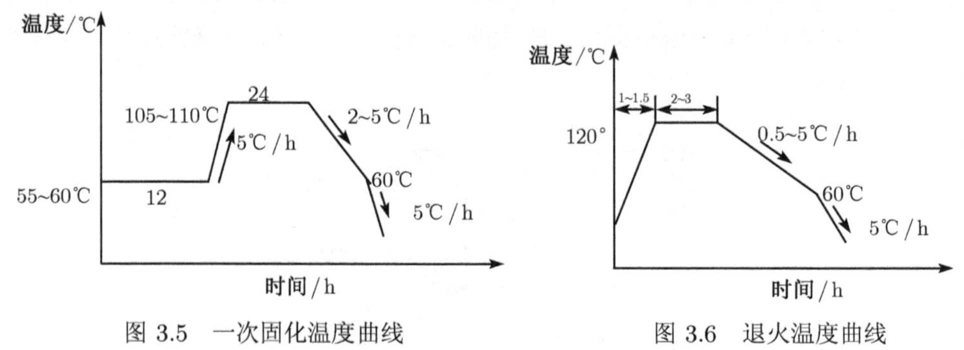

图 3.5 一次固化温度曲线 图 3.6 退火温度曲线

3. 环氧树脂光弹性材料的 “云雾” 现象

所谓 “云雾” 是指光弹性薄片材料在光弹仪暗场中呈现的不规则的 “云状” 亮线, 称之为云雾, 图 3.7 是从圆柱体模型中截取的横切片, 图 3.7(a) 是 “云雾” 的照片, 图 3.7(b) 是没有 “云雾” 的照片. 这种 “云雾” 是不能用退火法消除的. 严重的 “云雾” 将使等差线条纹发生锯齿的错动, 等倾线也被干扰. 因此, 消除 “云雾” 是提高光弹性材料质量的重要工作. 下面简要介绍有关 “云雾” 的产生原因及减少 “云雾” 的措施:

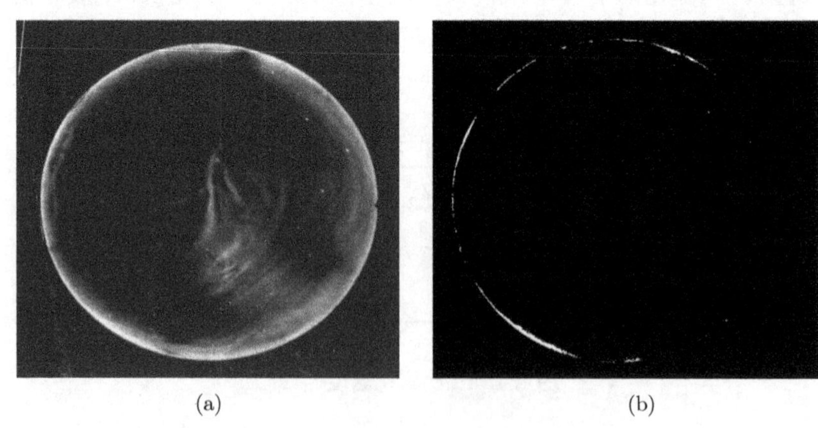

(a) (b)

图 3.7 光弹材料中的 “云雾” 现象

(1) 原材料的纯度不高

① 工业用的环氧树脂除含有挥发物外, 还有机械杂质. 建议将环氧树脂在

120°C 下恒温 2~3h, 通过搅拌和抽真空, 使挥发物逸出. 然后, 用细铜网过滤.

② 尽管使用分析纯的顺丁烯二酸酐, 也难免会产生沉淀物. 常用的办法是在 60~65°C 下水浴加温, 弃去沉淀物, 取其洁净的无色液体.

(2) 搅拌混合物的温度过高和搅拌不均匀

混合液在搅拌过程中放出固化反应热, 如搅拌温度过高, 会使混合液温度升高, 从而使固化反应加速, 造成材料的过热, 并使材料的温度不均匀. 如果在 55~60°C 下适当延长搅拌时间, 使浇铸模型前混合液的固化反应热大量放出, 并使材料得到均匀的混合, 这样, 材料的 "云雾" 就可以减少.

(3) 模型内部温度不均匀

为了使模型内部的温度不太高, 一般使用比较低的固化温度, 同时把模具放在烘箱中进行浇铸.

(4) 过量的固化剂会引起离析或聚集现象, 从而形成 "云雾".

(5) 材料在胶凝前的约束必须尽量小, 否则部分的初应力可能冻结在高分子的结构中, 因此也会形成 "云雾".

3.5 常温下模型材料主要性质的测定

1. 材料条纹值 f_σ(MPa·cm/条)

由 $f_\sigma = \dfrac{\lambda}{c}$ 知, f_σ 与材料的应力–光性常数 c 及光源的波长 λ 有关, 而与模型的形状、尺寸及受力方式无关. 通常使用径向受压圆盘试件测定 f_σ 值. 图 3.8(a) 表示圆盘试件的加载架, 图 3.8(b) 为圆盘试件的等差线.

测试方法是使用单色光光源, 载荷 P 的大小选择使圆盘中心的条纹级次达 3~4 级左右为宜, 受载 15min 时, 用 Tardy 补偿法测取圆盘中心点的条纹级次 n.
径向受压圆盘中心点主应力的理论解为

$$\sigma_1 = \frac{2P}{\pi dD}, \quad \sigma_2 = -\frac{6P}{\pi dD},$$

其中, D 为圆盘直径, d 为其厚度.

利用 (1.9) 式可得

$$f_\sigma = \frac{8P}{n\pi D}. \tag{3.1}$$

f_σ 测量得是否准确将直接影响到实验精度. 为考虑材料光学蠕变和测试温度的影响, 在室温下测定 f_σ 时, 由加载起到测定条纹级次的时间间隔以及测定时的室温均应与模型试验时一致. 测量结果必须注明光波长和测试温度.

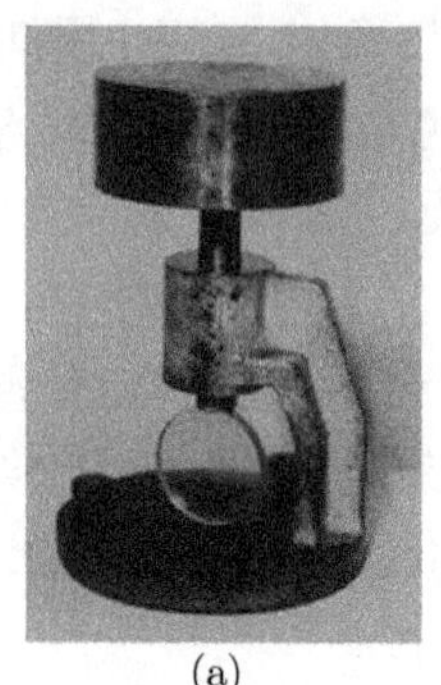

(a)

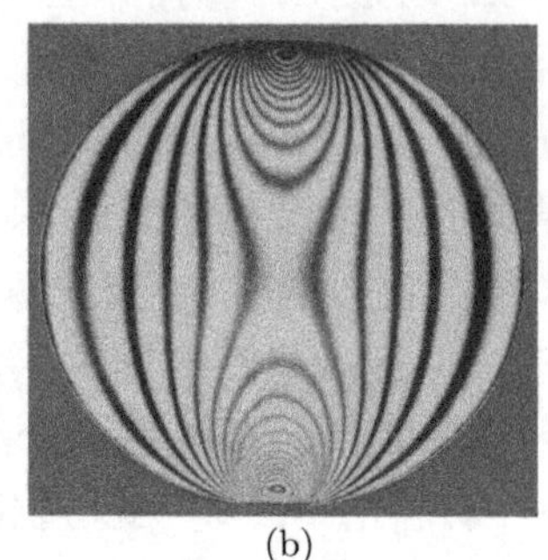

(b)

图 3.8　圆盘试件中的加载架与圆盘试件的等差线

2. 光学比例极限 σ_p(MPa)

光学比例极限是指轴向拉伸时, 条纹级次与应力成线性关系的最大拉应力. 为了便于测量, 偏离线性关系 2%($AB/AC = 2\%$) 时的应力值作为名义光学比例极限. 图 3.9 表示出名义光学比例极限的确定. 图 3.10 是拉伸试件的等差线照片.

试件标准与测试方法见文献 [5].

#634 环氧树脂光弹性材料在室温下的光学比例极限为 $\sigma_p = 31 \sim 32$MPa, 相当于 1cm 厚的模型上产生 25~27 级等差线.

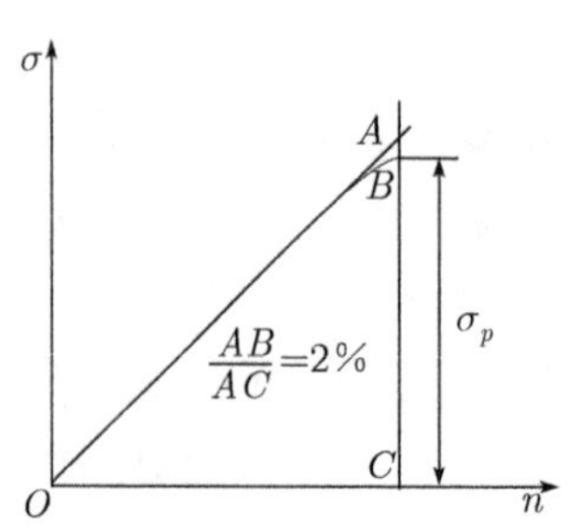

图 3.9　名义光学比例极限的确定

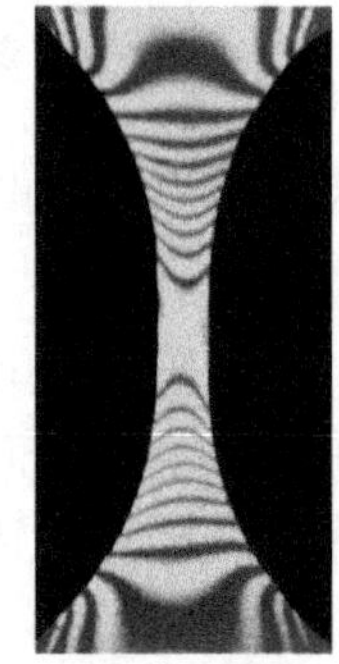

图 3.10　拉伸试件的等差线

3. 弹性模量 E(MPa) 和横向变形系数 μ

可采用图 3.11 所示的宽型拉伸试件. 用标距为 20mm 的杠杆变形仪分别测量加载 15min 时的纵向变形和横向变形, 从而可测得 E 和 μ 值. 也可以采用电阻应变计测量变形.

4. 相对光学蠕变量 φ

在恒定载荷下, 条纹级次随时间而增加的百分率称为相对光学蠕变量. 也是采用图 3.10 的拉伸试件.

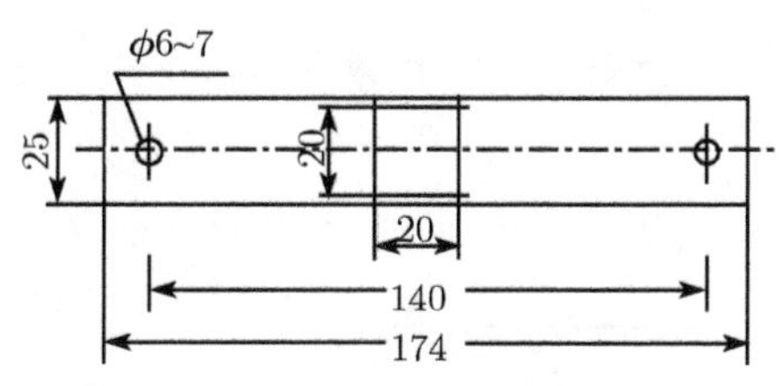

图 3.11 拉伸试件

使用单色光源, 加载使试件中段的条纹级次为 7 左右, 加载后 0.5min 和 t 分钟分别测取对应的条纹级次, 求得对应 t 分钟时的相对光学蠕变量:

$$\varphi_t = \frac{n_t - n_{0.5}}{n_{0.5}} \times 100\% \tag{3.2}$$

实验表明, 蠕变现象在加载后最初几分钟比较显著, 经 30min 后, 就逐渐缓慢.

5. 时间边缘效应

光弹性试件加工后, 在无载荷作用下, 随着时间的增长, 在边缘上产生等差线效应的现象称为时间边缘效应 (级次/厘米).

实验指出, 时间边缘效应是由于材料内部水分与空气中水分不平衡所致. 环境湿度过高时, 模型受力后的边缘压应力条纹级次增加, 拉应力条纹级次减少. 图 3.12(a) 表示简支梁试件在加力前由于压应力时间边缘效应引起的等差线, 图 3.12(b) 表示加力后等差线失真的情形.

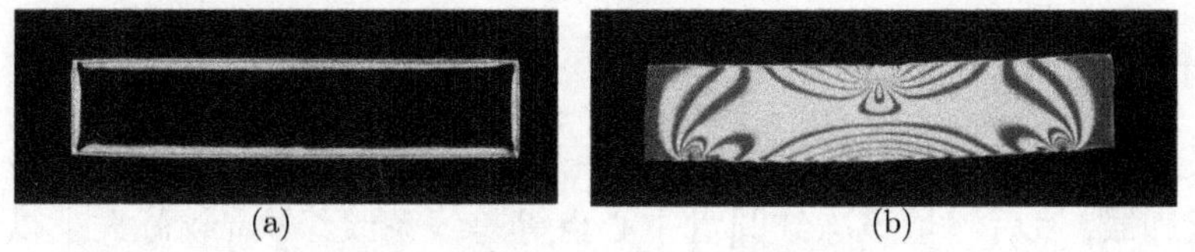

图 3.12 简支梁的时间边缘效应

时间边缘效应的测试方法和试件标准见文献 [5].

3.6 冻结温度下模型材料的主要性质

1. 热光曲线与冻结温度

热光曲线反映光弹性材料的人工双折射性能随温度而变化的规律, 用图 3.13 条纹级次和温度关系曲线表示. 试件采用径向受压圆盘, 其直径为 30~40mm, 厚度为 5~8mm, 加载大小按材料在高弹态下圆盘中心点条纹级次为 3 级左右为宜.

热光曲线的测量步骤如下: 在室温下加载, 用 Tardy 补偿法测取圆盘中心的条纹级次, 然后卸载并升温, 取温度间隔 $\Delta t = 10°C$, 到达指定温度后恒温 15min, 加载后 10s 时用补偿法再进行读数. 然后卸载并继续升温, 按这种方法测定出一组数据 (n 和 t).

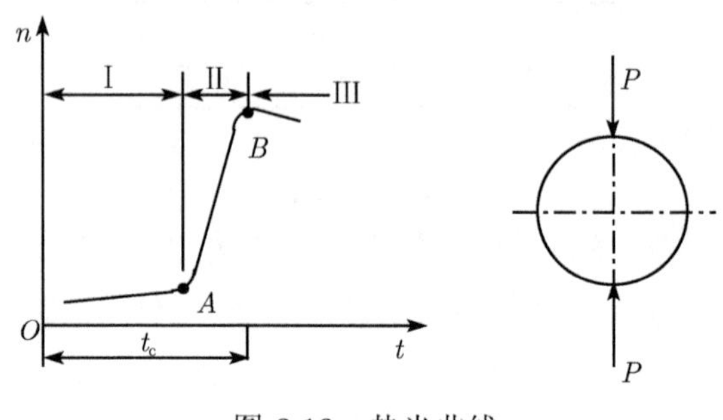

图 3.13　热光曲线

第 I 阶段称为玻璃态. 特点是弹性模量 E 大, 蠕变小.

第 II 阶段称为过渡态. 特点是在较小的温度范围内材料的 E 和 f_σ 大幅度降低, 蠕变大.

第 III 阶段称为高弹态 (或橡胶态). 特点是材料呈完全弹性, E, f_σ 都比第 I , II 阶段的小得多.

A 点称为玻璃化温度, B 点称为临界温度 t_c, 临界温度是材料在加载后变形迅速达到最大, 卸载后变形又迅速消失的最低温度. 通常取比临界温度高 5°C 作为冻结温度 t_c. 一般也以此温度作为材料的退火温度.

2. 冻结材料条纹值 $f_{\sigma t}$

一般选用径向受压圆盘试件, 在冻结温度下加载, 在载荷不变的条件下缓缓冷却到室温卸载, 然后测量该冻结圆盘中心点等差线条纹级次 (载荷大小以使圆盘中心的条纹级次在冻结温度下为 3 级左右为宜). 按 (3.1) 式可求得冻结材料条纹值 $f_{\sigma t}$(MPa·cm). 应注明光源的波长和材料的冻结温度.

3. 冻结的材料弹性模量 E_t 和横向变形系数 μ

可使用图 3.11 所示的宽型拉伸试件, 预先在其表面用刮脸刀片刻划标距为 20mm 的纵向和横向细线痕, 试件冻结应力后, 在无载的情况下, 用光学放大的方法精确测量冻结后的标距尺寸, 从而得到 E_t(MPa) 值和 μ. 为避免在冻结温度下试件销孔处截面断裂, 建议利用夹板通过螺钉将试件夹紧, 靠摩擦力来传力.

4. 冻结温度下材料的光学比例极限 σ_{pt}

与测量室温下的光学比例极限方法相同. #634 环氧树脂光弹性材料在 110°C 下的光学比例极限 $\sigma_{pt} = 0.88$MPa, 相当于 1cm 厚的模型上产生 28 级次等差线.

5. 材料的质量系数 K

材料的质量系数 K 定义为

$$K = \frac{E}{f_\sigma} \times 10^{-3}, \tag{3.3}$$

这是衡量材料优劣的一个综合性指标. 进行模型实验时, 希望材料的 E 值比较大 (即模型的变形比较小) 而 f_σ 比较小 (即材料的灵敏度比较高). 材料的质量系数越大越好.

3.7 聚碳酸酯光弹性材料

20 世纪 60 年代初期出现了一种新型的热塑性材料 —— 聚碳酸酯. 1962 年首次提出了使用聚碳酸酯为光弹性和光塑性材料的可能性[6]. 聚碳酸酯有较高的光学灵敏度, 且时间边缘效应甚小, 透明度高、光学蠕变低于环氧树脂光弹性材料, 弹性模量也满足要求, 并有良好的机械加工性能. 聚碳酸酯材料在室温下的光学和力学性质见表 3.1 所示.

表 3.1 聚碳酸酯材料室温下光学和力学性质

f_σ(MPa·cm /条)	σ_p/MPa	φ_{30}/%	E/MPa	μ
0.634	7.2	2	2390	0.337

注: 光源波长 $\lambda = 5461$Å.

其热光曲线见图 3.14 所示. 当温度升至 175°C 时, 圆盘试件的等差线条纹级次暂时性的显著增加. 但是, 紧跟着圆盘试件的变形剧增, 在圆盘试件的着力点处, 由 “线接触” 变为 “较大面积的接触”, 条纹级次也随之减小, 圆盘试件几乎失去承载的能力.

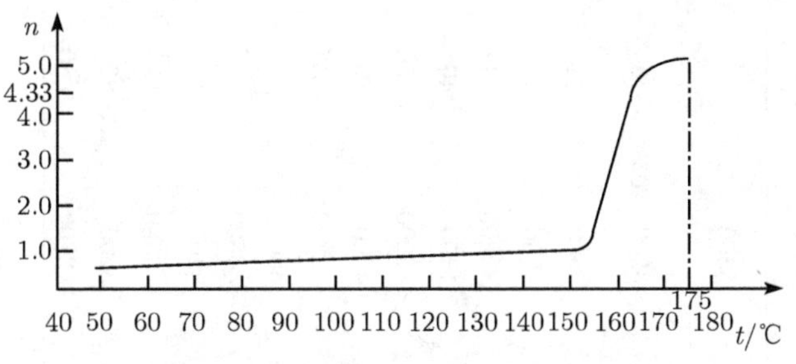

图 3.14 聚碳酸酯材料的热光曲线

通过实验表明, 聚碳酸酯平板材料是进行室温下光弹性模型试验的优良材料.

为了便于参考, 表 3.2 列出了几种光弹性材料的光学和力学性质. 应该指出, 这些数据不仅随原料品种和配比而不同, 而且与固化条件和测定条件 (如光源波长、测定方法和温度) 等也有关.

表 3.2　几种光弹性模型材料的光学和力学性质

材料名称	生产国	室温下						冻结温度下						
		E /MPa	μ	$\sigma_{b拉}$ /MPa	σ_p /MPa	f_σ/(MPa·cm/条)	K /cm^{-1}	E_t /MPa	μ	$\sigma_{b拉}$ /MPa	σ_{pt} /MPa	$f_{\sigma t}$/(MPa·cm/条)	K /cm^{-1}	冻结温度/°C
#634	中	3360	0.35	75 ~ 90	31 ~ 32	1.2	2800	21	0.48	1.3	0.88	0.028 ~ 0.030	750	115
#6101	中	3500	0.37	78	31.5	1.1	3180	30	—	1.5	1.2	0.035	857	115 ~ 125
#618	中	3400	0.37	71	34	1.2	2830	25	0.47	1.5	1.3	0.032	782	122
CR-39	英、美	1700 ~ 2200	0.42	42 ~ 49	21	1.4 ~ 1.6	1130 ~ 1570	300 ~ 400	—	—	—	0.40 ~ 0.50	600 ~ 1000	110
Catalin-800	英、美	1500 ~ 2000	0.37	40 ~ 50	6 ~ 8	0.9 ~ 1.0	1500 ~ 2230	9 ~ 11	—	—	—	0.025 ~ 0.031	290 ~ 440	80 ~ 85
Bakelite BT.61-893	美	4200 ~ 4800	0.36	80 ~ 120	40 ~ 60	1.4 ~ 1.55	2710 ~ 3430	7 ~ 12	0.5	2.5 ~ 3.5	0.8 ~ 1.2	0.030 ~ 0.070	100 ~ 400	110
И М-44	前苏联	3500 ~ 4500	0.36	150	60	1.2	2920 ~ 3750	8	0.4	2.5 ~ 3.5	0.6	0.05	160	110
э Д-6	前苏联	3300 ~ 3500	0.37	50 ~ 80	50	1.1	3000 ~ 3180	26 ~ 30	0.5	1.5	1.2	0.030 ~ 0.040	850 ~ 1000	120 ~ 130
Araldite B	瑞士	3200 ~ 3800	0.33	60 ~ 80	40	1.05 ~ 1.14	2810 ~ 3620	6 ~ 12	0.5	—	—	0.020 ~ 0.026	231 ~ 600	150

第 4 章　三向光弹性

4.1　概　　述

实际工程构件的形状和载荷都比较复杂, 见图 4.1 所示, 模型内任意一点 $A(x,y,z)$ 的六个应力分量都是坐标 x,y,z 的函数, 这类问题称为三向光弹性问题. 当光线沿 z 轴照射时, 将经过模型内的一系列点, 而这些点的主应力大小和方向都在改变. 因此, 在研究三向光弹性问题时, 就不能直接采用平面光弹性问题的简单办法.

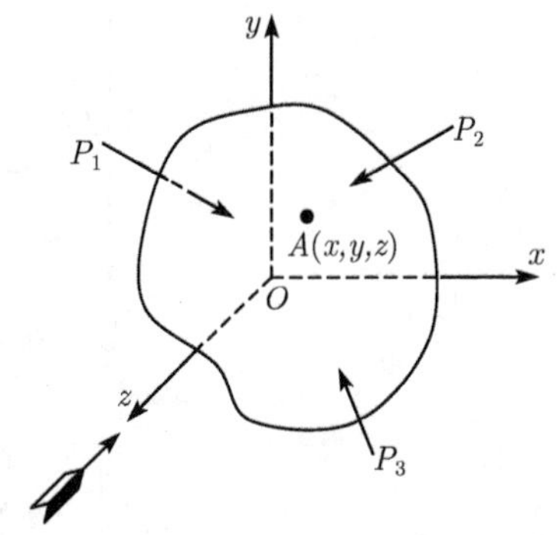

图 4.1　任意一点的应力是坐标 x,y,z 的函数

在三向光弹性应力分析中, 比较成熟的是冻结应力切片法. 其他方法, 如聚敛光法、夹片法等, 虽然基本原理已经建立, 但在实验设备、材料和实验技术上还不完善. 所以, 本章着重介绍冻结切片法.

4.2　冻 结 应 力

将一个承受载荷的环氧树脂模型, 从 110~130°C 缓慢冷却至室温后再卸掉载荷, 则模型在高温下具有的光学效应基本上被保留下来, 这种现象称为冻结应力, 对应的高温称为冻结温度.

冻结应力时温度–时间控制曲线如图 4.2 所示, 冻结温度选取热光曲线中的临界温度 $t_{\mathrm{c}}+5°\mathrm{C}$ 值. 为了防止材料氧化而产生热时效, 升温速度可适当快些, 恒温时间不宜过长, 为使模型内部的温度均匀, 对于厚度为 15mm 的平板模型, 升温时间可采用 1.5h, 恒温时间为 1~1.5h. 为减少材料由于长时间受载而使强度下降和变形增加的影响, 建议在恒温阶段中加载. 实验表明, 卸载温度不需降至室温, 模型温度降至 55~60°C 时, 应力即已冻结.

冻结应力现象可用双相理论给以解释. 光弹性材料是弹性相和塑性相的组合体. 弹性相的弹性模量几乎与温度无关, 塑性相在低温时, 其弹性模量比弹性相大, 所以在玻璃态下加载时, 载荷主要由塑性相来承受. 而在高温下, 塑性相软化, 其弹性模量比弹性相小, 所以载荷主要由弹性相来承受. 因此, 高温下的变形要比低温下大得多, 从冻结温度开始降温, 使塑性相变硬而把弹性相的变形固定下来. 高温下材料的光学效应也非常灵敏, 对于环氧树脂光弹性材料, 其冻结的弹性模量 E 是室温的 $\dfrac{1}{110} \sim \dfrac{1}{170}$, 冻结的材料条纹值 f_σ 是室温下的 $\dfrac{1}{35} \sim \dfrac{1}{45}$. 所以, 在冻结温度下, 较小的载荷就会使模型产生较多的条纹级次和较大的变形.

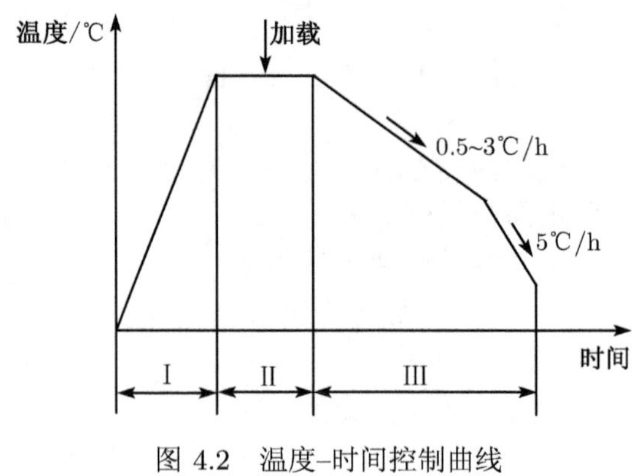

图 4.2 温度–时间控制曲线

4.3 次主应力

三向模型在任意载荷作用下, 其任意一点的应力状态见图 4.3(a) 所示. 在透射式光弹仪上, 当光线沿某方向 (如 z 轴) 照射时, 这六个应力分量是否都产生光效应呢?

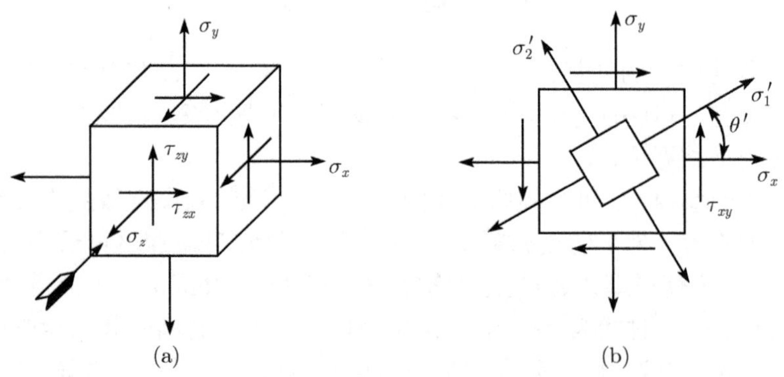

图 4.3 次主应力及其方向

实验证明, 当光线沿 z 轴照射时, 与光线照射方向平行的垂直应力 σ_z 不产生光效应. 与光线照射方向同处于一个平面内的剪应力 τ_{zy}, τ_{yz} 和 τ_{zx}, τ_{xz} 也不产生光效应, 所以, 只有 σ_x,σ_y 和 $\tau_{xy}(=\tau_{yx})$ 产生光效应, 其应力状态表示在图 4.3(b) 中, 这与平面应力状态的单元体相似, 其主应力用 σ_1' 和 σ_2' 表示, 对应的方向用 θ' 表示. 但是, 这种主应力大小和方向并不是图 4.3(a) 所示单元体应力状态的真实主应力的大小和方向, 而是对应于光线沿 z 轴照射时, 能够产生光效应单元体的应力状态的主应力大小和方向, 因此, 把 σ_1' 和 σ_2' 称为光线沿 z 轴照射时的次主应力, θ' 称为次主应力方向. 由此可知, 当光线照射方向改变时, 对应的次主应力及其方向也发生改变.

从已冻结应力的三向模型中, 截取一个厚度为 d 的薄切片, 如图 4.4 所示. 当光线沿 x 轴对切片垂直入射时, 则对应的等差线和等倾线参数可近似表达切片中面上各点的次主应力差 $(\sigma_1'-\sigma_2')$ 和次主应力方向 θ', 设薄切片某点的等差线条纹级次为 n, 则该点的次主应力差由 (1-9) 式得

$$\sigma_1'-\sigma_2'=n\frac{f_\sigma}{d} \tag{4.1}$$

在此着重指出, 对已冻结应力的模型进行适当的机械加工, 例如铣、锯、锉和磨等, 只要避免产生较高的温度, 则已冻结的应力就不会释放. 由于这种特性, 才使冻结切片法成为可能. 根据测试要求, 可以确定从三向模型中截取切片的部位.

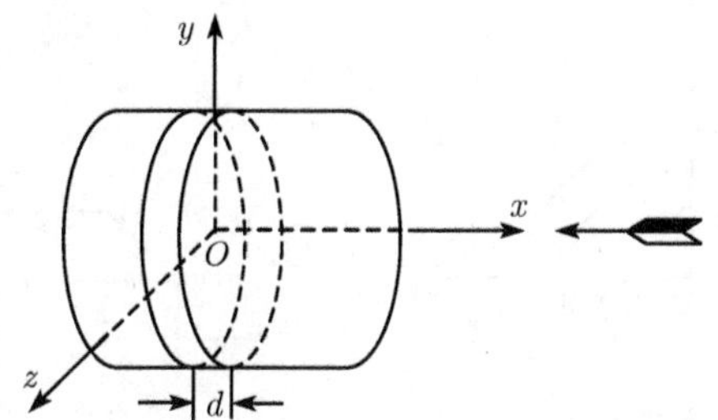

图 4.4 三向模型中的一个切片

4.4 三向模型自由表面应力的测定

1. 已知主应力方向的测量法

以锅炉汽包封头为例, 见图 4.5(a) 所示, 它的筒身是圆柱壳, 封头是球形壳. 要求确定在内压 q 的作用下, 圆柱壳内外边界的应力分布.

从已冻结应力的容器模型中截取与 z 轴平行的薄切片, 并使 r 和 z 轴在切片的中面上, 见图 4.5(b) 所示, 先分析切片中面外边界上任一点 A 的应力状态. 过 A 点建立一直角坐标系 (r 轴是 A 点表面的法线方向, m 轴与 z 轴平行, θ 轴为环向), 过 A 点从平行于坐标面截取一个单元体, 见图 4.5(c) 所示, 因为外边界为自由表面, 所以

$$\sigma_r=0,\quad \tau_{rm}=\tau_{mr}=0,\quad \tau_{r\theta}=\tau_{\theta r}=0.$$

由于该容器的几何形状、载荷都对称于 z 轴, 则 $\tau_{\theta m}=\tau_{m\theta}=0$. 故知 A 点单元体为主单元体, 其主应力 $\sigma_r,\sigma_\theta,\sigma_m$ 的方向为已知, 仅需确定主应力 σ_θ 和 σ_m 的大小.

首先对该切片沿 θ 方向照射, 测得 A 点等差线条纹级次为 n_m. 由 (4.1) 式得

$$\sigma_m - \sigma_r = n_m \frac{f_\sigma}{d},$$

因 $(\sigma_r)_A = 0$, 则

$$(\sigma_m)_A = n_m \frac{f_\sigma}{d}. \tag{4.2}$$

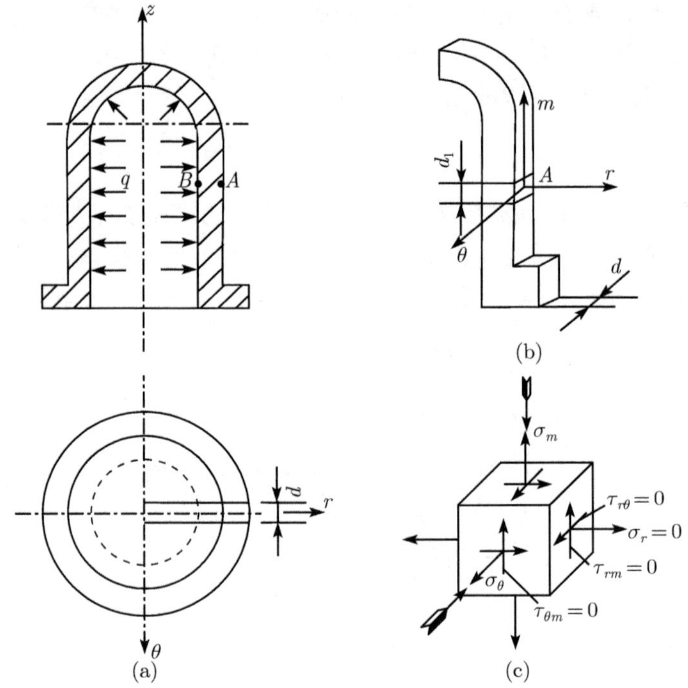

图 4.5　锅炉汽包封头

再从该切片中截取副切片, 见图 4.5(b) 所示, 它与 m 轴垂直, 并使 A 点在副切片的中面上, 其厚度为 d_1, 然后对副切片沿 m 方向照射, 测得 A 点等差线条纹级次 n_θ, 考虑到 $\sigma_\theta > \sigma_r$, 由 (4.1) 式得

$$\sigma_\theta - \sigma_r = n_\theta \frac{f_\sigma}{d_1},$$

因 $(\sigma_r)_A = 0$, 则

$$(\sigma_\theta)_A = n_\theta \frac{f_\sigma}{d_1}. \tag{4.3}$$

根据同样的办法, 可求得沿主切片内边界上任意一点 B 的主应力 σ_m 和 σ_θ 的分布. 其区别在于圆柱壳内边界有内压 q 的作用. 对主切片沿 θ 方向照射时, 测得条纹级次 n_m, 考虑到 $\sigma_m > \sigma_r$, 由 (4.1) 式得

$$\sigma_m - \sigma_r = n_m \frac{f_\sigma}{d},$$

因 $(\sigma_r)_B = q$, 则

$$(\sigma_m)_B = n_m \frac{f_\sigma}{d} - |q|. \tag{4.4}$$

同理, 对副切片沿 m 方向照射时, 测得 B 点条纹级次 n_θ, 考虑到 $\sigma_\theta > \sigma_r$, 由 (4.1) 式得

$$\sigma_\theta - \sigma_r = n_\theta \frac{f_\sigma}{d_1},$$

因 $(\sigma_r)_B = q$, 则

$$(\sigma_\theta)_B = n_\theta \frac{f_\sigma}{d_1} - |q|. \tag{4.5}$$

2. 不知主应力方向的测量法

(1) 两次正射法

① 见图 4.6(a), 设 A 点是模型自由表面点, 为了确定 A 点的两个主应力与其方向, 过 A 点截取一个与模型表面相切而厚度为 d 的薄切片, 当光线沿 y 轴照射时, 根据 A 点的等倾线参数 θ 可以找出 A 点主应力方向, 根据 A 点的条纹级次 n 由 (1.9) 式得

$$\sigma_1 - \sigma_2 = n \frac{f_\sigma}{d}. \tag{4.6}$$

但是, 这两个主应力还不能分开. 为此, 从主切片中再截取一个厚度为 d_1 的副切片, 见图 4.6(b) 所示, 副切片与 A 点的表面垂直, 并与 A 点两个主应力方向之一 (例如 σ_1) 平行, 使 A 点在副切片的中面上. 然后, 对该切片垂直照射, 根据 A 点条纹级次 n' 由 (1.9) 式得

$$\sigma_1 = n' \frac{f_\sigma}{d_1}, \tag{4.7}$$

将 σ_1 代入 (4.6) 式, 则

$$\sigma_2 = n' \frac{f_\sigma}{d_1} - n \frac{f_\sigma}{d}. \tag{4.8}$$

② 见图 4.7(a) 所示, 假如要求确定模型表面上沿任意一条直线 BC 上各点的主应力大小和方向, 为此, 沿 BC 方向截取一个与模型表面垂直的切片, 它在 z 轴方向的厚度为 d, 它在 y 轴方向的厚度为 d_1, 见图 4.7(b) 所示.

当光线沿 z 轴方向对切片照射时, 则被测点只有 σ_x 产生光效应, 由 (4.1) 式得

$$\sigma_x = \frac{n f_\sigma}{d}. \tag{4.9}$$

当光线沿 y 轴方向对切片照射时, 则有 σ_x, σ_z 和 τ_{zx} 有光效应, 根据被测点的等差线 $(\sigma_1 - \sigma_2)$ 和等倾线参数 θ_{zx}, 由 (2.9a),(2.9b) 和 (2.4) 式得

$$\sigma_z - \sigma_x = (\sigma_1 - \sigma_2)\cos 2\theta_{zx} = \frac{n_1 f_\sigma}{d_1}\cos 2\theta_{zx}, \tag{4.10}$$

$$\tau_{zx} = \left(\frac{\sigma_1 - \sigma_2}{2}\right)\sin 2\theta_{zx} = \frac{n_1 f_\sigma}{2d_1}\sin 2\theta_{zx}, \tag{4.11}$$

式中, θ_{zx} 是 σ_1 与 z 轴的夹角.

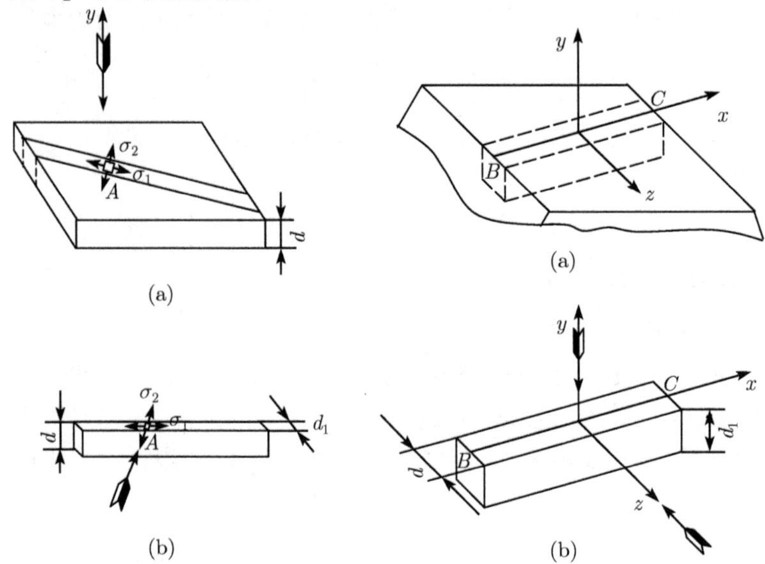

图 4.6　与模型表面相切的切片　　　　图 4.7　BC 方向的切片

将 (4.9) 式代入 (4.10) 式得 σ_z. 于是 BC 线上任意一点的三个应力分量都可求出. 对应的主应力由 (2.10) 式可以求出.

(2) 一次正射和两次斜射法

现以承受扭弯的圆截面阶梯轴为例, 见图 4.8(a) 所示. A 点是模型自由表面点, 该点应力状态中未知应力分量为 σ_x, σ_z 和 $\tau_{xz}(=\tau_{zx})$. 从冻结应力的模型中截取一个与 A 点模型表面垂直并与阶梯轴的轴线相平行而厚度为 d 的薄切片, 见图 4.8(b) 所示. A 点位于切片的中面上, 当对该切片沿 z 轴垂直照射时 (正射), 则 $\sigma_z, \tau_{xz}(=\tau_{zx})$ 不产生光效应, 仅 σ_x 有光效应. 根据 A 点等差线条纹级次 n_x 由式 (4.1) 得

$$\sigma_x = n_x \frac{f_\sigma}{d}. \tag{4.12}$$

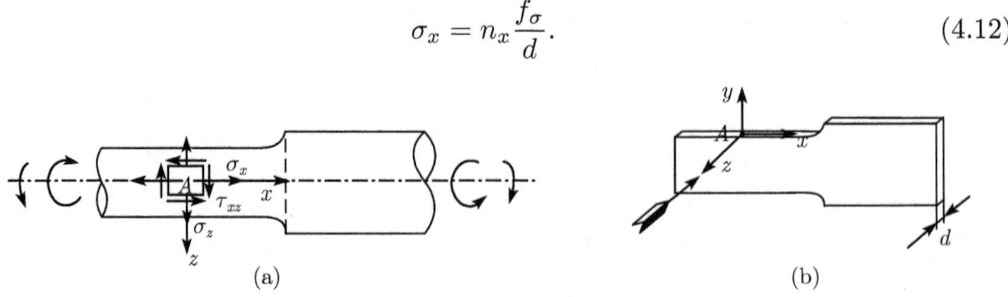

图 4.8　承受扭弯的圆截面阶梯轴

再对此切片进行斜射，见图 4.9 所示，沿 xz 平面内的 1 方向进行照射，它与 z 轴夹角为 ϕ，此时 $\sigma_{z'}, \tau_{x'z'}(=\tau_{z'x'})$ 不产生光效应，仅 $\sigma_{x'}$ 有光效应. 根据 A 点等差线条纹级次 n_1 由 (4.1) 式得

$$\sigma_{x'} = n_1 \frac{f_\sigma \cos\phi}{d}. \tag{a}$$

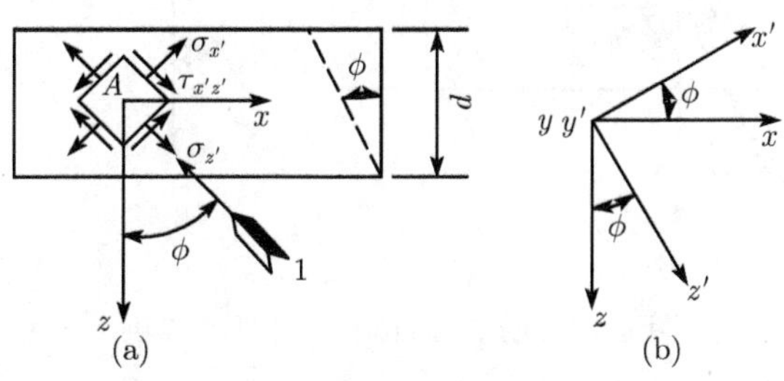

图 4.9 沿 1 方向对 xy 切片的斜射

对应原来 x, y, z 坐标系统，A 点的应力分量为 $\sigma_x, \sigma_y, \sigma_z, \tau_{xy}, \tau_{yz}, \tau_{zx}$. 对应新坐标 x', y', z' 系统，A 的应力分量为 $\sigma_{x'}, \sigma_{y'}, \sigma_{z'}, \tau_{x'y'}, \tau_{y'z'}, \tau_{z'x'}$. 这两组应力分量都是表达同一个点 A 的应力状态. 由弹性力学应力转轴公式 (b)* 可以得到它们的关系[4]：

$$\sigma_{x'} = \sigma_x l_1^2 + \sigma_y m_1^2 + \sigma_z n_1^2 + 2\tau_{xy} l_1 m_1 + 2\tau_{yz} m_1 n_1 + 2\tau_{zx} n_1 l_1, \tag{b}^*$$

式中，l_1, m_1, n_1 代表新坐标 x' 轴对原来坐标轴 x, y, z 的方向余弦，其值见表 4.1.

表 4.1 新坐标轴 x' 对原坐标轴的方向余弦

原坐标 / 新坐标	x	y	z
x'	$l_1 = \cos\phi$	$m_1 = \cos 90° = 0$	$n_1 = \cos(90° + \phi)$ $= -\sin\phi$

将 l_1, m_1, n_1 值代入 (b) 式，并考虑到 A 点在自由表面上 $\sigma_y = \tau_{xy} = \tau_{yz} = 0$，则 (b) 式可写为

$$\sigma_{x'} = \sigma_x \cos^2\phi + \sigma_z \sin^2\phi - \tau_{zx} \sin 2\phi, \tag{c}$$

再把 (c) 式代入 (a) 式得

$$\sigma_x \cos^2\phi + \sigma_z \sin^2\phi - \tau_{zx} \sin 2\phi = n_1 \frac{f_\sigma \cos\phi}{d}. \tag{4.13}$$

---

* (b) 式来自弹性力学公式，所以式中剪应力的正负按弹性力学规定.

最后, 对此切片再进行第二次斜射, 见图 4.10 所示, 沿 xz 平面内的 3 方向进行照射, 它与 z 轴夹角也为 ϕ. 同理, 根据 A 点等差线条纹级次 n_3 由 (4.1) 式得

$$\sigma_{x''} = n_3 \frac{f_\sigma \cos\phi}{d}. \tag{d}$$

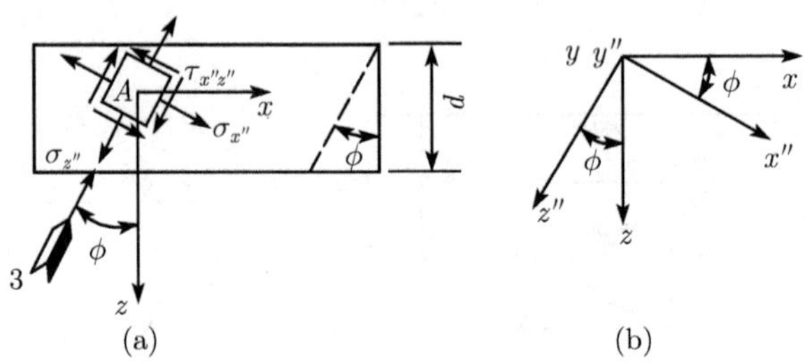

图 4.10　沿 3 方向对 xy 切片的斜射

新坐标 x'' 轴对原坐标轴 x, y, z 的方向余弦见表 4.2.

表 4.2　新坐标 x'' 轴对原坐标轴的方向余弦

原坐标 / 新坐标	x	y	z
x''	$l_1 = \cos\phi$	$m_1 = \cos 90° = 0$	$n_1 = \cos(90° - \phi) = \sin\phi$

将 l_1, m_1, n_1 值代入 (b) 式, 同理可得

$$\sigma_{x''} = \sigma_x \cos^2\phi + \sigma_z \sin^2\phi + \tau_{zx} \sin 2\phi, \tag{e}$$

再把 (e) 式代入 (d) 式得

$$\sigma_x \cos^2\phi + \sigma_z \sin^2\phi + \tau_{zx} \sin 2\phi = n_3 \frac{f_\sigma \cos\phi}{d}, \tag{4.14}$$

联立解 (4.12),(4.13) 和 (4.14) 式即得

$$\left.\begin{aligned} \sigma_x &= n_x \frac{f_\sigma}{d}, \\ \sigma_z &= \frac{f_\sigma}{d}\left[\frac{(n_1+n_3)\cos\phi - 2n_x\cos^2\phi}{1-\cos 2\phi}\right], \\ \tau_{zx} &= \frac{f_\sigma}{d}\left[\frac{n_3-n_1}{4\sin\phi}\right], \end{aligned}\right\} \tag{4.15}$$

式中, n_x, n_1, n_3 有正负之分. 使用库克补偿器或其他方法可以判断出边界应力 σ_x, $\sigma_{x'}, \sigma_{x''}$ 的拉压状态, 如边界应力为拉应力, 则对应的等差线条纹级次 n 取正值, 如为压应力, 则 n 取负值.

由 (4.15) 式根据材料力学可计算出 A 点的主应力大小和方向：

$$\left.\begin{aligned}\sigma_{1,2}&=\frac{\sigma_x+\sigma_z}{2}\pm\sqrt{\left(\frac{\sigma_x-\sigma_z}{2}\right)^2+\tau_{zx}^2},\\ \mathrm{tg}\theta_{1,2}&=-\frac{2\tau_{zx}}{\sigma_x-\sigma_z},\end{aligned}\right\}\tag{4.16*}$$

θ 和 $\theta+90^\circ$ 是对应两个主应力方向. 其中 σ_1 方向是靠近 σ_x 和 σ_z 中较大者 (指代数值) 的方向.

还应当指出, 对于模型表面具有法向分布载荷的情况, 虽然模型表面已不是自由表面, 但在分布载荷已知的条件下, 使用以上介绍的一次正射、两次斜射的方法, 也可求解 $\sigma_x,\sigma_z,\tau_{zx}$. 公式的推导方法基本相同, 其结果如下：

$$\left.\begin{aligned}\sigma_x&=n_x\frac{f_\sigma}{d}+q,\\ \sigma_z&=\frac{f_\sigma}{d}\left[\frac{(n_1+n_3)\cos\phi-2n_x\cos^2\phi}{1-\cos2\phi}\right]+q,\\ \tau_{zx}&=\frac{f_\sigma}{d}\left[\frac{n_3-n_1}{4\sin\phi}\right],\end{aligned}\right\}\tag{4.17}$$

式中, q 为模型表面的法向分布载荷, 以代数值代入公式. 如 q 为压力, 则 q 取负值; 如 q 为拉力, 则 q 取正值. n_x,n_1,n_3 有正负之分, 使用库克补偿器或其他方法可判断边界应力 σ_x, $\sigma_{x'}$, $\sigma_{x''}$ 与 q 按代数值相比何者为大. 如沿某方向对切片照射时, 当 A 点的边界应力大于分布载荷 q, 则对应的条纹级次 n 取正, 反之取负.

应用斜射法时, 应当注意到当光线从空气中以 ϕ 角倾斜照射切片时, 由于空气的折射率与切片材料的折射率不等, 见图 4.11(a) 所示, 则折射角 i 不等于入射角 ϕ. 为消除这种误差, 将切片放入浸渍液盒中, 见图 4.11(b) 所示, 浸渍液盒的前后面用无色、透明、光学不灵敏的材料制成, 其前、后面平行. 使浸渍液的折射率和切片材料的折射率相等, 当光线垂直入射到浸渍液盒的前表面时, 它不改变方向地进入浸渍液中, 这时, 虽然切片放置在与光线方向呈倾斜的位置, 但因浸渍液的折射率与切片的折射率相等, 光线从浸渍液进入切片后仍按原方向前进.

通常使用的浸渍液由液体石蜡 ($N_1=1.4544$) 和 α-溴代萘 ($N_2=1.6548$) 按下式配制而成：

$$VN=V_1N_1+V_2N_2,\tag{4.18}$$

式中, N_1,N_2 和 V_1,V_2 是两种液体折射率和体积, N,V 是所需配制浸渍液的折射率和体积. 环氧树脂光弹性材料的折射率 $N=1.5700-1.5800$.

* (4.16) 式来自材料力学公式, 所以式中剪应力的正负按材料力学规定.

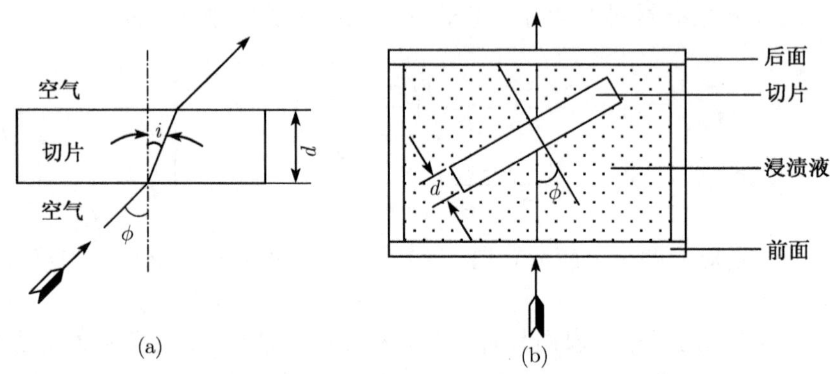

图 4.11 光线在折射率不等的两种介质中的传播

为了精确测量对切片斜射时的等差线条纹级次 n, 可在偏光显微镜下的费氏旋转台上进行斜射测量[4].

4.5 三向模型在任意载荷作用下内部应力的确定

三向模型在任意载荷作用下, 见图 4.12(a) 所示, 其内部任意一点 K 的应力状态如图 4.12(b) 所示. 下面介绍测定 K 点六个应力分量的一个基本方法, 称之为三个切片的正射法.

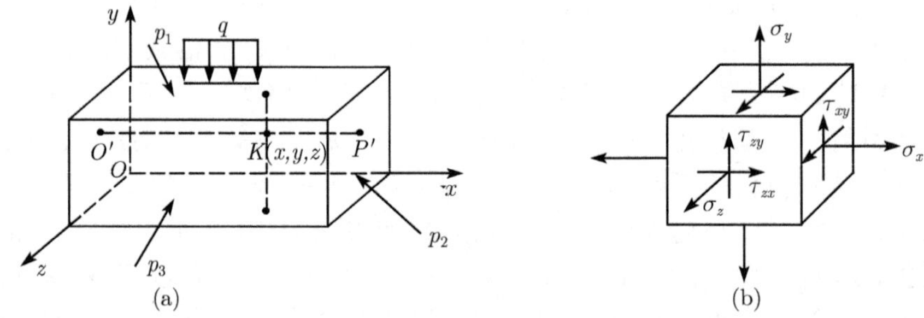

图 4.12 在任意载荷作用下的三向模型

对三个相同的模型施加相同的载荷进行应力冻结, 然后, 从三个模型中通过 K 点各截取一个不同方向的切片 (分别与 xz, xy 和 yz 平面平行), 对每个切片正射一次.

在第一个模型上, 过 K 点截取 xz 方向的切片, 使 K 点在切片的中面上, 见图 4.13 所示. 沿 y 轴方向照射该切片, 测得 K 点的等差线条纹级次 n' 和等倾线参数 θ_{zx}, 由 (2.9a),(2.9b) 和 (2.4) 式得

$$\sigma_z - \sigma_x = (\sigma_1' - \sigma_2')\cos 2\theta_{zx} = \frac{n' f_\sigma}{d_1}\cos 2\theta_{zx}, \tag{4.19}$$

$$\tau_{zx} = \frac{\sigma_1' - \sigma_2'}{2}\sin 2\theta_{zx} = \frac{n' f_\sigma}{2d_1}\sin 2\theta_{zx}, \tag{4.20}$$

式中, θ_{zx} 是 zx 平面内次主应力 σ_1' 与 z 轴的夹角.

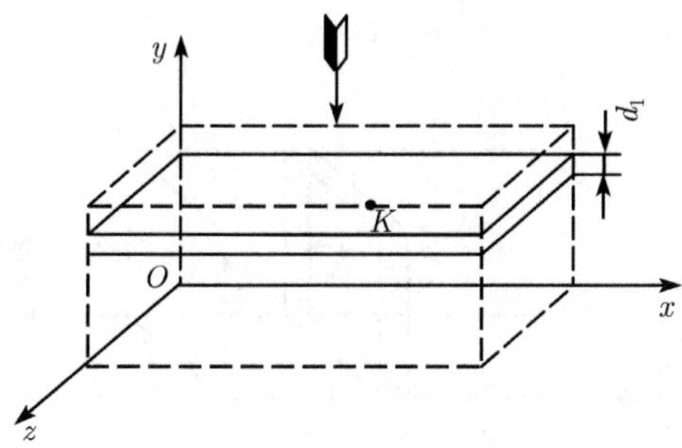

图 4.13 沿 y 轴方向对包含 K 点的 xz 切片正射

在第二个模型上, 过 K 点截取 xy 方向的切片, 使 K 点在切片的中面上, 见图 4.14 所示, 沿 z 轴方向照射该切片, 测得 K 点的等差线条纹级次 n'' 和等倾线参数 θ_{xy}. 同理可得

$$\sigma_x - \sigma_y = (\sigma_1'' - \sigma_2'')\cos 2\theta_{xy} = \frac{n'' f_\sigma}{d_2}\cos 2\theta_{xy}, \tag{4.21}$$

$$\tau_{xy} = \frac{\sigma_1'' - \sigma_2''}{2}\sin 2\theta_{xy} = \frac{n'' f_\sigma}{2d_2}\sin 2\theta_{xy}, \tag{4.22}$$

式中, θ_{xy} 是 xy 平面内次主应力 σ_1'' 与 x 轴的夹角.

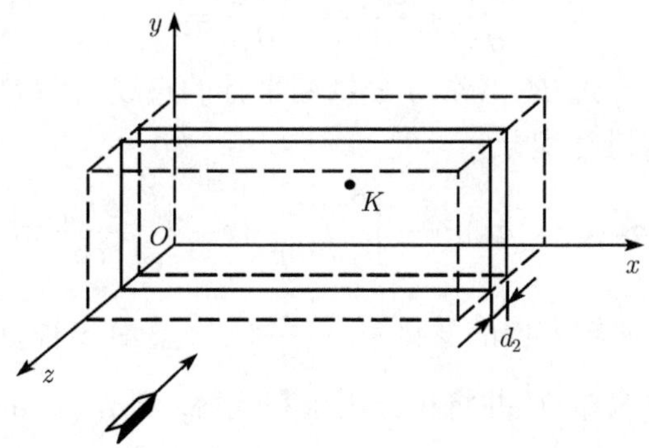

图 4.14 沿 z 轴方向对包含 K 点的 xy 切片正射

在第三个模型上, 过 K 点截取 yz 方向的切片, 使 K 点在切片的中面上, 见图 4.15 所示, 沿 x 轴方向照射该切片, 测得 K 点的等差线条纹级次 n''' 和等倾线参数 θ_{yz}. 同理可得

$$\sigma_y - \sigma_z = (\sigma_1''' - \sigma_2''')\cos 2\theta_{yz} = \frac{n''' f_\sigma}{d_3}\cos 2\theta_{yz}, \tag{4.23}$$

$$\tau_{yz} = \frac{\sigma_1''' - \sigma_2'''}{2} \sin 2\theta_{yz} = \frac{n''' f_\sigma}{2d_3} \sin 2\theta_{yz}, \tag{4.24}$$

式中, θ_{yz} 是 yz 平面内次主应力 σ_1''' 与 y 轴的夹角, τ_{xy},τ_{yz} 和 τ_{zx} 的方向按平面剪应力差方法 (2.4 节) 确定.

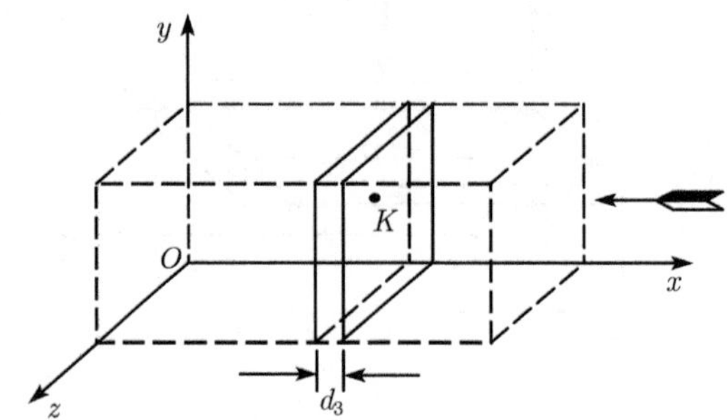

图 4.15　沿 x 轴方向对包含 K 点的 yz 方向切片正射

由 (4.20),(4.22),(4.24) 式可求出 K 点的三个剪应力 $\tau_{zx},\tau_{xy},\tau_{yz}$. 在 (4.19),(4.21) 和 (4.23) 三个方程中, 由其中任何两个方程之和都可以得到第三个方程, 所以在这三个方程中只有两个方程式是独立的, 要解出三个未知量 $\sigma_x,\sigma_y,\sigma_z$, 还需补充一个方程式.

补充方程式的建立是借助于三向剪应力差法, 它与二向剪应力差法相类似, 但利用的是三维平衡微分方程. 对于图 4.12 所示的 K 点单元体沿 x 轴方向的平衡微分方程为

$$\frac{\partial \sigma_x}{\partial x} + \frac{\partial \tau_{yz}}{\partial y} + \frac{\partial \tau_{zx}}{\partial z} = 0.$$

见图 4.12(a) 所示, 过 K 点作与 x 轴相平行的直线 $O'KP'$, 并在 $O'KP'$ 线上从 O' 至 K 点对上式进行积分

$$(\sigma_x)_K = (\sigma_x)_{O'} - \int_{O'}^{K} \frac{\partial \tau_{yz}}{\partial y} \mathrm{d}x - \int_{O'}^{K} \frac{\partial \tau_{zx}}{\partial z} \mathrm{d}x, \tag{4.25a}$$

式中, $\frac{\partial \tau_{yz}}{\partial y}$ 是 τ_{yz} 沿 y 轴方向的变化率, $\frac{\partial \tau_{zx}}{\partial z}$ 是 τ_{zx} 沿 z 轴方向的变化率.

用有限差分代替偏导数, 并将积分用求和代替, 于是 (4.25a) 式可写为

$$(\sigma_x)_K = (\sigma_x)_{O'} - \sum_{O'}^{K} \frac{\Delta \tau_{yx}}{\Delta y} \Delta x - \sum_{O'}^{K} \frac{\Delta \tau_{zx}}{\Delta z} \Delta x, \tag{4.25b}$$

式中, $(\sigma_x)_{O'}$ 是 $O'KP'$ 线端点 O'(即模型的边界点) 的垂直应力分量. 其数值可由模型的边界条件求出.

见图 4.16 所示, 在 xy 切片上过 K 点作与 x 轴平行的直线 $O'KP'$, 并在其上和下等距处画两条平行线 O_1P_1 和 O_2P_2, 这两条平行线间的距离为 Δy, 再将

$O'KP'$ 分成若干等份, 使每份长 Δx, 根据沿 z 轴方向的正射得到的等差线条纹级次和等倾线参数, 找出各分点的剪应力, 从而求出 $\sum_{O'}^{K}\frac{\Delta\tau_{yx}}{\Delta y}\Delta x$, 其中 $\Delta\tau_{yx}=(\tau_{yx})_{O_2P_2}-(\tau_{yx})_{O_1P_1}$.

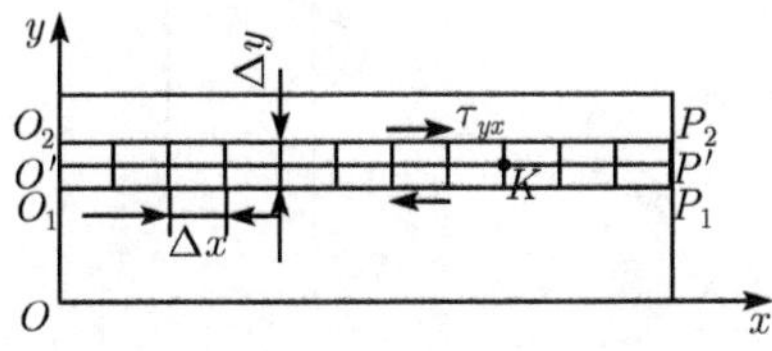

图 4.16 过 K 点的 xy 切片

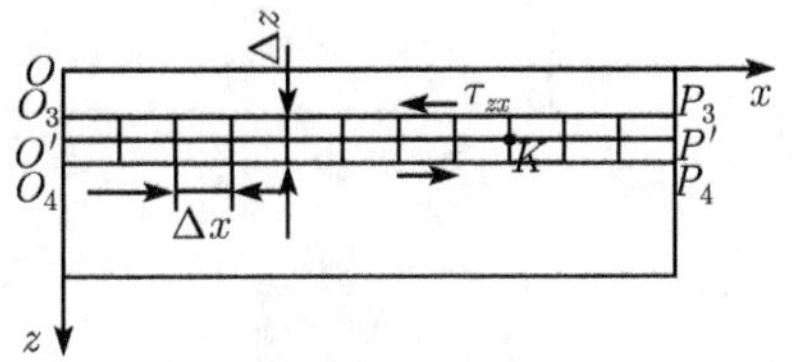

图 4.17 过 K 点的 xz 切片

见图 4.17 所示, $\sum_{o'}^{k}\frac{\Delta\tau_{zx}}{\Delta z}\Delta x$ 是根据过 K 点的 xz 切片沿 y 轴方向正射求得, 在 xz 切片上, 与前同法可以求出 $\sum_{o'}^{k}\frac{\Delta\tau_{zx}}{\Delta z}\Delta x$.

在 (4.25b) 式中, 各量都按代数值计算, 如选取 $\Delta x=\Delta y=\Delta z$, 则 (4.25b) 式可写成

$$(\sigma_x)_K=(\sigma_x)_{O'}\pm\sum_{o'}^{k}\Delta\tau_{yx}\pm\sum_{o'}^{k}\Delta\tau_{zx}. \tag{4.25c}$$

K 点的 σ_x 求出后, 将其代入 (4.19),(4.21),(4.23) 式中的任意两个方程, 即可得 σ_z 和 σ_y. 使用另一方程可用来检查所求得垂直应力 σ_x,σ_y 和 σ_z 的实验准确度.

在此着重指出, 利用第一、二模型已得出 $\sigma_x,\sigma_y,\sigma_z,\tau_{yx}$ 和 τ_{zx}. 第三个模型过 K 点的 yz 切片是供测取 K 点 τ_{yz} 之用. 如果要找 $O'KP'$ 线上若干点的 τ_{yz} 值, 则需要过每个点截取一个 yz 切片. 显然, 其工作量是相当大的. 下面介绍一种方法[4], 可以不使用第三个模型. 利用图 4.14 所示的过 K 点的 xy 切片对它进行一次斜射, 就可求得 $O'KP'$ 线上各点的 τ_{yz}.

见图 4.18 所示, 光线在 yz 平面内, 沿与 z 轴成 ϕ 角方向照射 xy 切片, 由 (2.9a) 和 (2.9b) 式可知

$$\sigma_{x'}-\sigma_{y'}=(\sigma_1'-\sigma_2')\cos 2\theta_{x'y'}=\frac{n_\phi f_\sigma\cos\phi}{d}\cos 2\theta_{x'y'}, \tag{f}$$

其中, σ_1',σ_2' 是对应斜射光线方向的次主应力, $\theta_{x'y'}$ 是 σ_1 与 x' 轴 (即 x 轴) 的夹角.

因为 x 与 x' 轴重合, 所以 $\sigma_{x'}=\sigma_x$. 由弹性力学应力转轴公式可知

$$\sigma_{y'}=\sigma_x l_2^2+\sigma_y m_2^2+\sigma_z n_2^2+2\tau_{xy}l_2m_2+2\tau_{yz}m_2n_2+2\tau_{zx}n_2l_2, \tag{g}$$

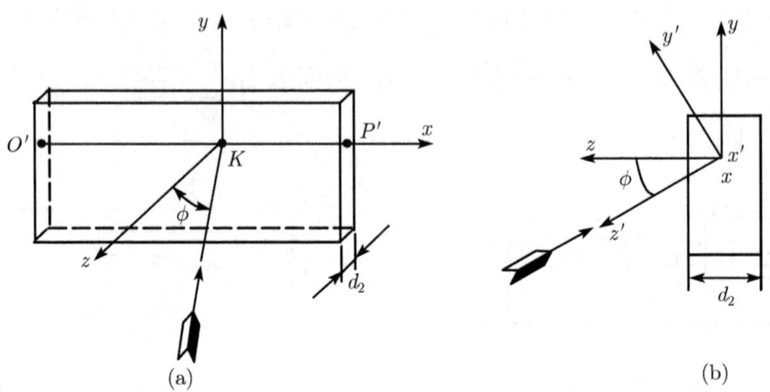

图 4.18　对 xy 切片斜射求 τ_{yx}

新坐标轴 y' 对原坐标轴 x, y, z 的方向余弦见表 4.3.

表 4.3　新坐标轴 y' 对原坐标轴的方向余弦

原坐标 / 新坐标	x	y	z
y'	$l_2 = \cos 90° = 0$	$m_2 = \cos\phi$	$n_2 = \sin\phi$

将 l_2, m_2, n_2 值代入 (g) 式得

$$\sigma_{y'} = \sigma_y \cos^2\phi + \sigma_z \sin^2\phi + \tau_{yz} \sin 2\phi, \tag{h}$$

将 $\sigma_{x'}$(即 σ_x), $\sigma_{y'}$ 值代入 (f) 式得

$$\sigma_x - (\sigma_y \cos^2\phi + \sigma_z \sin^2\phi + \tau_{yz} \sin 2\phi) = \frac{n_\phi f_\sigma \cos\phi}{d} \cos 2\theta_{x'y'},$$

解出

$$\tau_{yz} = \left[-\frac{n_\phi f_\sigma \cos\phi}{d} \cos 2\theta_{x'y'} + (\sigma_x - \sigma_y)\cos^2\phi - (\sigma_z - \sigma_x)\sin^2\phi\right] \Big/ \sin 2\phi. \tag{4.26}$$

将 (4.19),(4.21) 式代入 (4.26) 式便可求出 τ_{yz} 值.

于是, 这种方法可以节省出一个模型.

如果模型具有几何和载荷的对称面, 那么, 还可以再节省一个模型. 利用对称性从一个模型的对称面截取两部分, 当成两个模型来使用, 就可以求解三向模型的内部应力了.

此外, 对于一般的三向问题, 还可以利用一个模型只截取一个切片, 对它进行正射一次和斜射两次, 或五次斜射的方法, 可分别得到五个独立的方程, 再找一个补充方程, 就可以得出三向模型的内部应力了[4].

4.6 工程实例

见图 4.19 所示，以 V130 系列柴油机活塞的光弹性应力分析[7] 为例. 介绍对其进行光弹应力分析的步骤.

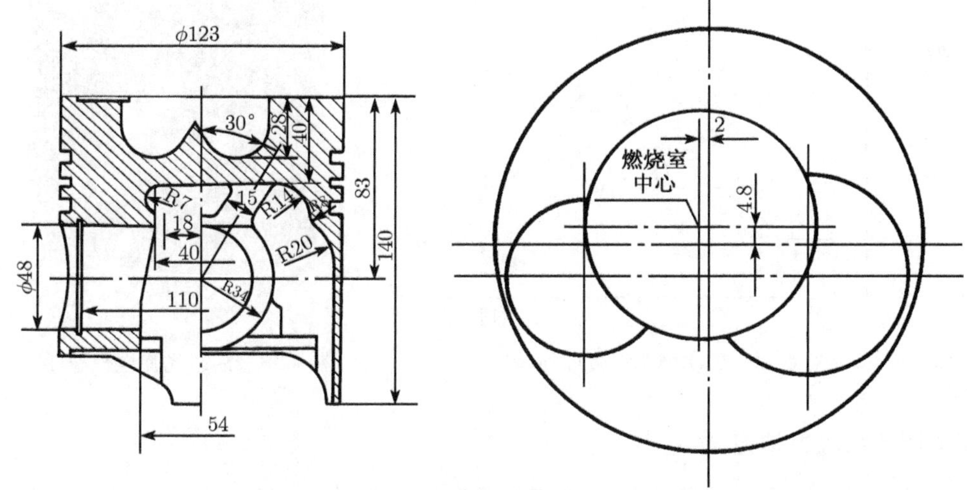

图 4.19 活塞结构

1. 光弹性模型的制造

光弹性模型铸模的内腔使用蜡芯，外皮使用 0.3mm 金属薄皮. 这样浇铸成的活塞模型内腔就不需要再加工了，模型外表面采用机加工方法成型. 压制活塞蜡芯的设备见图 4.20 所示. 将实物活塞沿销轴中央截开作为阳模. 压制成的蜡芯见图 4.21 所示. 为了提高光弹性模型内腔的光洁度，在蜡芯的表面涂以室温硫化硅橡胶

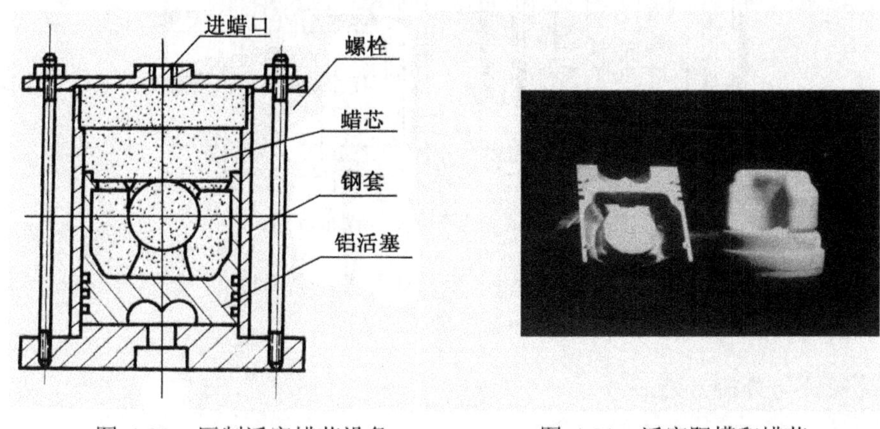

图 4.20 压制活塞蜡芯设备

图 4.21 活塞阳模和蜡芯

作为脱模剂. 模型材料用 #6101 环氧树脂, 固化剂是分析纯顺丁烯二酸酐, 增塑剂是邻苯二甲酸二丁酯, 三者按重量的配比是 100∶32∶5. 活塞模型材料二次固化温度曲线见图 4.22 所示. 模型与实物尺寸比为 1∶1. 活塞光弹性模型见图 4.23 所示.

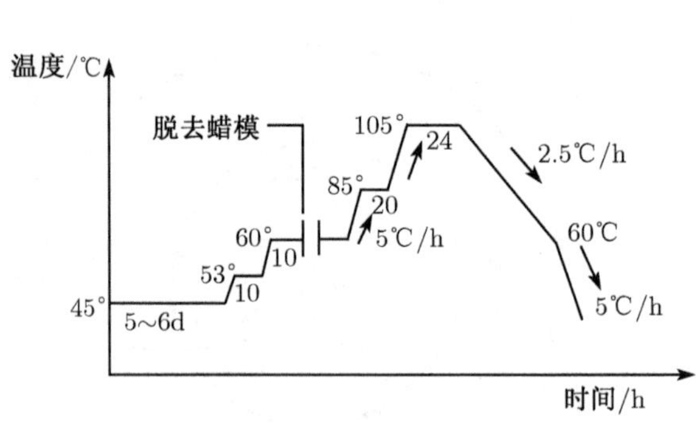

图 4.22　二次固化温度曲线

图 4.23　活塞光弹性模型图

2. 模型冻结应力的方法

通过空气压力模拟燃烧压力对活塞顶部施加载荷. 冻结应力的加载设备见图 4.24 所示. 为了保证模型顶部气体压力的密封, 在活塞顶部蒙上塑料薄膜以保持在冻结应力的过程中有良好的密封性. 虽然活塞顶部有 W 型燃烧室, 但在冻结温度下, 对模型充压后, 密封膜自然形成 W 型.

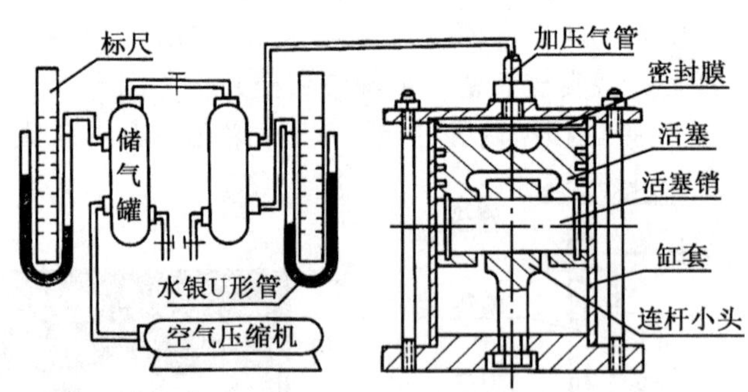

图 4.24　活塞模型的冻结加载设备

冻结温度的控制曲线见图 4.25 所示. 因为模型周围都是金属件, 降温时它散热比较慢, 所以降温速度可稍快些.

3. 切片部位与分析方法

切片位置见图 4.26 所示, 切片 1 和 2 都与活塞顶平面垂直. 活塞销中心线在切片 1 的中面上. 切片 2 和切片 1 平行, 燃烧室中心在切片 2 的中面上.

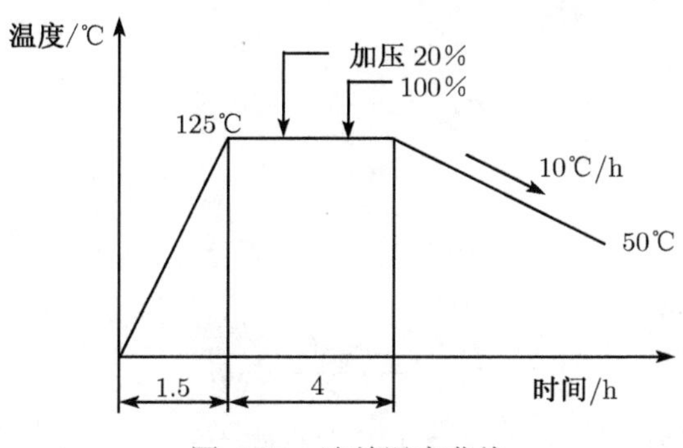

图 4.25 冻结温度曲线

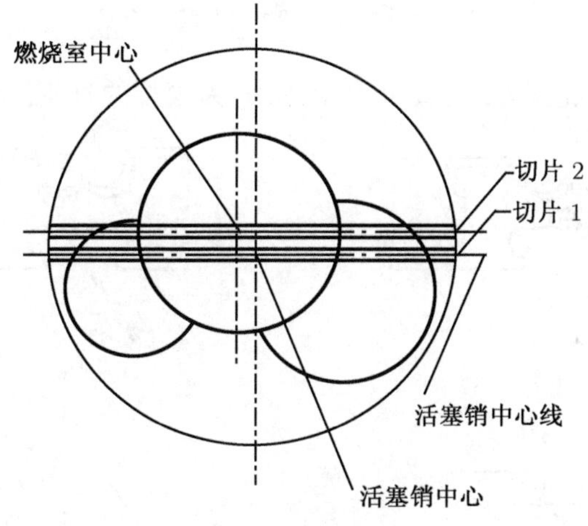

图 4.26 切片位置图

切片 1 见图 4.27(a), 活塞内腔边界上任意一点 A 的应力状态如图 4.27(b) 所示, 因为活塞内腔为自由表面, 所以 $\sigma_n=0$, $\tau_{n\theta}=\tau_{\theta n}=0$, $\tau_{nm}=\tau_{mn}=0$. 当光线沿 θ 方向对切片 1 正射时, 可测出 A 点的等差线条纹级次 n_m, 则 A 点与边界相切的垂直应力由 (4.1) 式得

$$\sigma_m=\pm\frac{n_m f_\sigma}{d},$$

式中冻结材料条纹值 $f_\sigma=0.0351\text{MPa}\cdot\text{cm}/条$, $d=2\text{mm}$.

切片 2 见图 4.28(a), 活塞燃烧室表面任意一点 B 的应力状态如图 4.28(b) 所示, 因为燃烧室表面有气压 q 的作用, 所以 $\sigma_n=q$, $\tau_{n\theta}=\tau_{\theta n}=0$, $\tau_{nm}=\tau_{mn}=0$. 当光线沿 θ 方向对切片 2 正射时, 可测出 B 点的等差线条纹级次 n_m, 使用库克补偿器如测得 $\sigma_m>\sigma_n(=q)$, 由 (4.1) 式得

$$\sigma_m - \sigma_n = \frac{n_m f_\sigma}{d},$$

即

$$\sigma_m = \frac{n_m f_\sigma}{d} - |q|. \tag{a}$$

如 $\sigma_n(=q) > \sigma_m$, 则

$$\sigma_n - \sigma_m = \frac{n_m f_\sigma}{d},$$

即

$$\sigma_m = -\frac{n_m f_\sigma}{d} - |q|. \tag{b}$$

以上得出的都是模型应力, 根据表 7.2 得实物应力

$$\sigma_{实物} = \sigma_{模型} \times k_p = \sigma_{模型} \times \frac{p}{q}, \tag{c}$$

式中, p 为实物的燃烧压力, 其值为 10MPa. q 为模型的气压, 其值为 0.0713MPa.

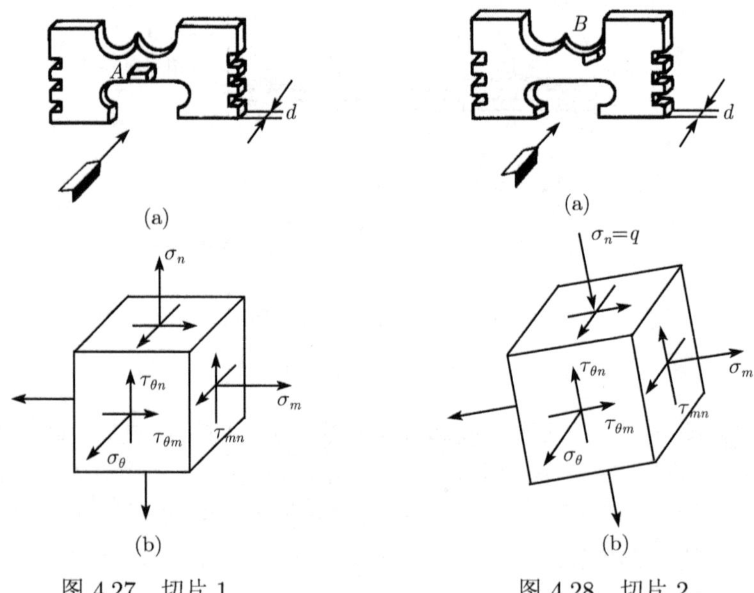

图 4.27 切片 1　　图 4.28 切片 2

4. 沿实物活塞内腔和燃烧室边界的应力分布

图 4.29(a) 给出切片 1 沿活塞内腔边界的垂直应力 σ_m 分布.

图 4.29(b) 给出切片 1 的等差线.

图 4.30(a) 给出切片 2 沿燃烧室边界的垂直应力 σ_m 分布.

图 4.30(b) 给出切片 2 的等差线.

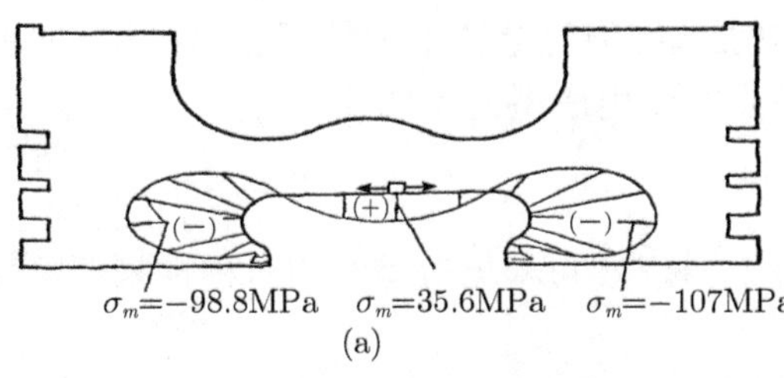

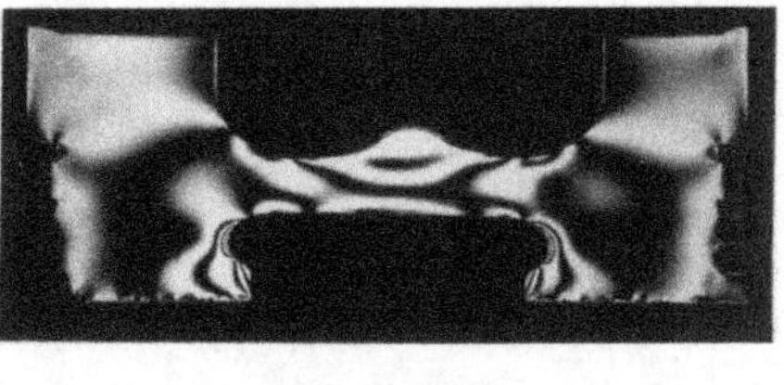

图 4.29 切片 1 沿活塞内腔边界应力分布与等差线

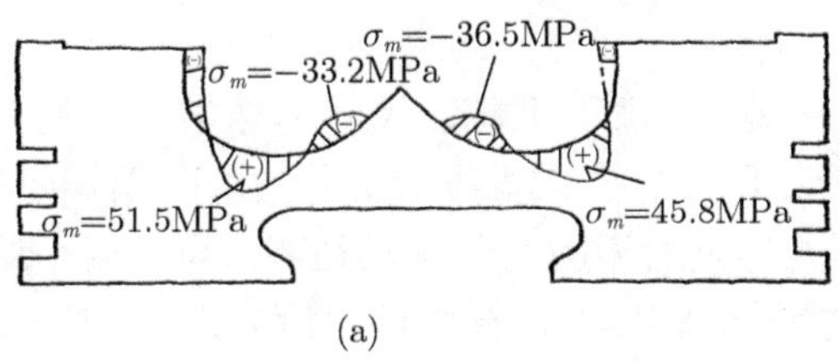

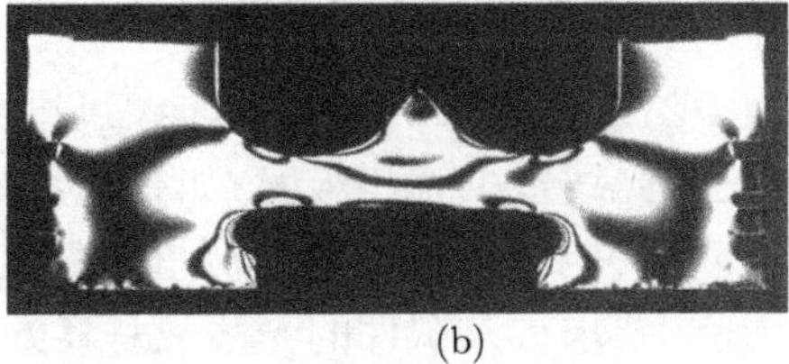

图 4.30 切片 2 沿燃烧室边界应力分布与等差线

4.7 实验误差的来源与提高实验精度的措施

实验精度取决于模型材料的性能、模型浇铸方法与模型加工方法、模型加载、冻结应力、切片工艺、测试技术、仪器和分析计算方法等方面. 下面仅就测试工作中的主要问题进行分析.

1. 模型材料的加工应力和边缘时效

模型在机械加工过程中受到切削力的作用, 由于塑料传热慢, 冷却效果不好, 由于温度过高, 极易将加工应力冻结, 为了减少加工应力, 刀具和切削用量要选择适当[4], 冷却方法建议采用压力为 0.2 ~ 0.4MPa 的空气冷却, 效果较好. 也可使用机油冷却. 为减小时效, 应避免用水冷却.

尽管抓紧时间进行测试工作, 但时间边缘效应很难避免. 为了把它减少至最低程度, 除改进材料的性能外, 建议把模型和切片放入平衡湿度的环境中或放入干燥器中储存. 对于已产生压应力边缘时效的切片, 可把它放入 40°C 烘箱中烘干一段时间, 具体时间要根据边缘时效的大小而定.

模型在高温下因空气的氧化作用产生热时效, 为了减少它, 除制作冻结温度较低的材料外, 应尽量减少模型在冻结温度下停留的时间. 如果把模型放在惰性气体中冻结应力, 则对于消除热时效有明显的效果.

2. 模型的尺寸精度

为了保证模型尺寸精度, 应尽量采用机械加工成型的方法. 对于无法用机械加工成型的复杂模型, 可使用精密浇铸方法成型, 但对重要部位的尺寸, 尤其是应力集中部位的尺寸, 要严格检查并修整, 必要时使用成型刀具加工.

3. 加载的准确度

对于具有几何和载荷对称面的平面应力模型, 可根据等差线的对称性来调整载荷的作用方向和作用点.

对于三向冻结应力模型, 则需通过加载设备准确性来保证.

4. 由于切片厚度过大产生的视差

虽然进入切片的光线预先经过准直透镜, 但由于机械的尺寸和光学元件的精度, 这种光线多少有些难度, 如果切片太厚, 则其轮廓成像很难清楚. 由于试件轮廓不清, 会影响边界条纹级次测量的精度, 尤其是对于应力集中的边界. 为了减小这种影响, 要求进入试件的光线应是良好的平行光束, 同时模型的厚度要适当.

5. 模型材料横向变形系数 μ 的影响

对于三向问题, 应力与 μ 有关. 进行模型试验时, 根据模型相似条件, 要求实物材料 μ 和模型材料 μ 相等. 在室温下钢材 $\mu \approx 0.33$, 模型材料 $\mu \approx 0.35$, 两者相差很小. 但是, 对于冻结应力模型, 在冻结温度下, 模型材料 $\mu' \approx 0.5$, μ' 与 μ 值相差很大, 因此根据模型应力换算到实物应力时会产生不可忽视的误差. 对于有理论解的问题, 可以估算出由于 $\mu \neq \mu'$ 所引起的换算应力时的误差, 并可对实验结果进行修正.

为了从实验上消除误差, 有的学者[8] 曾选择三种不同 μ' 值 (0.50, 0.45, 0.40) 的材料制作三个模型, 在相同载荷下使模型冻结应力, 然后从三种不同 μ' 值的模型实验换算应力, 使用外伸法可求得对于 $\mu = \mu'$ 时的实物应力. 但这种方法实验工作量太大. 因此, 建议应用有限元计算分析横向变形系数 μ 对实物应力的影响, 然后对实验测得的实物应力进行修正.

6. 材料蠕变的影响

室温下进行模型实验时, 等差线条纹级次随着载荷作用时间的延长而逐渐增加, 一般经过 30min 后, 就趋于平缓. 于是, 需对模型加载后开始测取等差线条纹级次的时间加以控制, 室温下材料条纹值 f_σ 也要求在这种条件下测取. 在第一次加载实验后, 如果需要进行重复性实验, 那么, 在第一次卸载后应停留一定时间, 以便在消除上次加载时残存下的光效应以后, 再重新加载.

第 5 章　光弹性贴片法

5.1　概　　述

光弹性贴片法 (或称光敏涂层法) 是将厚度为 1~3mm 的薄片光弹性材料 (平面的或是曲面的) 粘贴到待测构件的反光表面上. 当构件受载时, 构件表面的变形, 传递给光弹性贴片, 因而它产生暂时双折射效应. 当偏振光射入光弹性贴片后, 经构件的反光面反射再次通过光弹性贴片, 从而产生光程差 R. 借助于反射式光弹性仪, 可测出光弹性贴片的等差线和等倾线参数, 然后通过计算便能得到构件表面上任意一点的主应变或主应力的方向和大小.

光弹性贴片法可以应用在实际工程结构上, 因此它在机械、采矿和土木工程中有重要的应用价值.

在常温下, 对于流动极限为 400MPa 的钢材, 对应的流动应变为 0.2%. 而对于较高弹性模量的光弹性贴片材料, 其应力–应变和应变–条纹级次成线性关系的最大应变值可达 10%. 因此, 当结构应变超过弹性应变时, 光弹性贴片的应变仍处在弹性范围. 于是, 利用光弹性贴片法可以对结构进行弹–塑性应力分析.

5.2　反射式光弹性仪

各种型号的反射式光弹性仪, 从结构上说, 大同小异. 现以 VISHAY 030 型反射式光弹性仪为例说明其结构, 见图 5.1 所示, 其视场 ϕ85mm, 仪器上的主要零件都装在三脚架上, 由光源射出平行光束, 其偏光系统是 V 型光路, 见图 5.2 所示.

图 5.1　VISHAY 030 型反射式光弹性仪

V 型光路是入射光略微倾斜地射入光弹性贴片, 经构件表面的反光面, 又通过贴片而进入观测采集系统. 这种光路光线两次通过贴片时, 并非通过贴片的同一个点, 因此, 测量结果表达测点周围小区域的平均值. 但这种光路的光强的损失较小. 也有正交型光路的反射式光弹仪, 虽然光线两次通过贴片的一个点, 但其光强度损失较大[9].

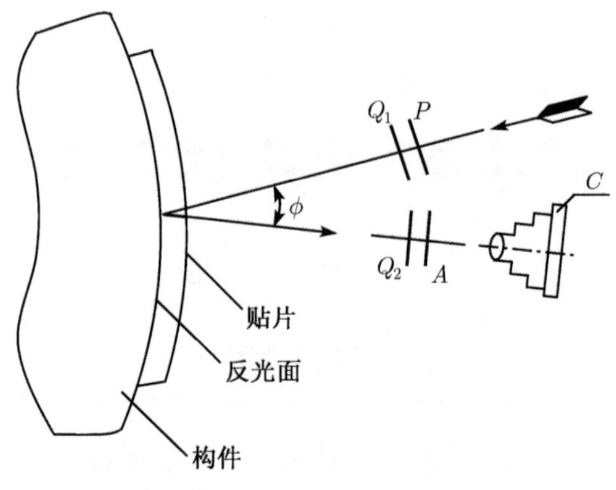

P: 起偏镜;　　A: 检偏镜;

C: 照相机;　　Q_1, Q_2: 四分之一波片

图 5.2　反射式光弹性仪的光路图

5.3　贴片中的光学效应及构件表面主应力 (或主应变) 的测定

见图 5.3 所示, 光弹性贴片 c 牢固地粘贴在构件表面上. 当构件受载后, 构件表面的应变通过粘结胶传递给贴片. 由于贴片厚度很小, 可假设贴片沿厚度方向不同点的应变皆与构件表面上的应变相等.

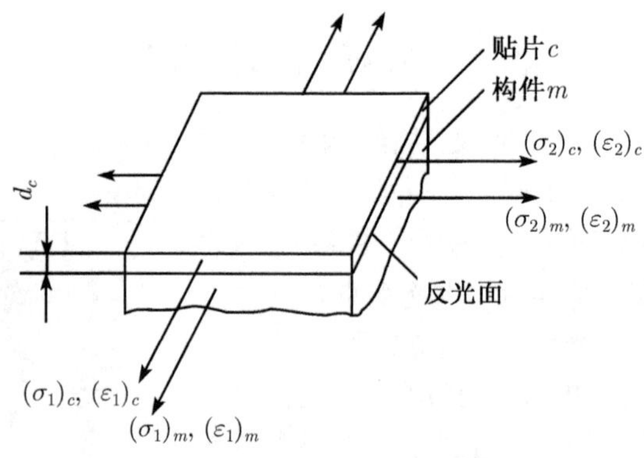

图 5.3　贴片与构件表面点的应力和应变状态

用 $(\sigma_1)_c$, $(\sigma_2)_c$ 和 $(\varepsilon_1)_c$, $(\varepsilon_2)_c$ 表示贴片的主应力和主应变. 用 $(\sigma_1)_m$, $(\sigma_2)_m$ 和 $(\varepsilon_1)_m$, $(\varepsilon_2)_m$ 表示构件表面点的主应力和主应变.

当构件受载后, 由反射式光弹性仪测得贴片任意点的等差线条纹级次 n 和等倾线参数 θ, 由 (1.9) 式得贴片上任意点的主应力差为

$$(\sigma_1)_c - (\sigma_2)_c = \frac{nf_\sigma}{2d_c}, \tag{5.1}$$

由于光线两次通过贴片, 所以 (5.1) 式分母乘 2.

由广义胡克定律知

$$\left.\begin{aligned} \varepsilon_1 &= \frac{1}{E}(\sigma_1 - \mu\sigma_2), \\ \varepsilon_2 &= \frac{1}{E}(\sigma_2 - \mu\sigma_1), \end{aligned}\right\} \tag{a}$$

由式 (a) 可得

$$(\varepsilon_1)_c - (\varepsilon_2)_c = \frac{1+\mu_c}{E_c}[(\sigma_1)_c - (\sigma_2)_c], \tag{b}$$

$$(\varepsilon_1)_m - (\varepsilon_2)_m = \frac{1+\mu_m}{E_m}[(\sigma_1)_m - (\sigma_2)_m]. \tag{c}$$

因为贴片与构件表面点的变形相等, 则

$$\left.\begin{aligned} (\varepsilon_1)_c &= (\varepsilon_1)_m, \\ (\varepsilon_2)_c &= (\varepsilon_2)_m, \end{aligned}\right\} \tag{d}$$

故得

$$(\varepsilon_1)_c - (\varepsilon_2)_c = (\varepsilon_1)_m - (\varepsilon_2)_m, \tag{e}$$

把 (5.1) 式代入 (b), (e) 式得

$$(\varepsilon_1)_c - (\varepsilon_2)_c = (\varepsilon_1)_m - (\varepsilon_2)_m = \frac{1+\mu_c}{E_c}\frac{nf_\sigma}{2d_c} = \frac{nf_\varepsilon}{2d_c}, \tag{5.2}$$

式中, $f_\varepsilon = \dfrac{1+\mu_c}{E_c} f_\sigma$ 称为贴片材料的应变条纹值, 单位为厘米/条.

把 (5.2) 式代入 (c) 式得

$$(\sigma_1)_m - (\sigma_2)_m = \frac{E_m}{1+\mu_m}\frac{nf_\varepsilon}{2d_c}. \tag{5.3}$$

当研究构件自由边界点的应力时, 由于垂直于自由边界的主应力为零, 则另一个主应力由 (5.3) 式得

$$(\sigma_1)_m[\text{或 } (\sigma_2)_m] = \pm\frac{E_m}{1+\mu_m}\frac{nf_\varepsilon}{2d_c}. \tag{5.4}$$

自由边界点的主应变由 (a) 和 (5.4) 式得

$$\left.\begin{aligned} (\varepsilon_1)_m[\text{或 } (\varepsilon_2)_m] &= \pm\frac{nf_\varepsilon}{2d_c}, \\ (\varepsilon_2)_m &= -\mu_m(\varepsilon_1)_m, \end{aligned}\right\} \tag{5.5}$$

对于构件的非自由边界, 构件表面上任意点的应力由 (a) 式得

$$\left.\begin{aligned}(\sigma_1)_m &= \frac{E_m}{1-\mu_m^2}[(\varepsilon_1)_m + \mu_m(\varepsilon_2)_m],\\(\sigma_2)_m &= \frac{E_m}{1-\mu_m^2}[(\varepsilon_2)_m + \mu_m(\varepsilon_1)_m],\end{aligned}\right\} \tag{f}$$

把 (d) 和 (a) 式代入 (f) 式得

$$\left.\begin{aligned}(\sigma_1)_m &= \frac{E_m}{E_c(1-\mu_m^2)}[(\sigma_1)_c(1-\mu_m\mu_c) + (\sigma_2)_c(\mu_m-\mu_c)],\\(\sigma_2)_m &= \frac{E_m}{E_c(1-\mu_m^2)}[(\sigma_2)_c(1-\mu_m\mu_c) + (\sigma_1)_c(\mu_m-\mu_c)].\end{aligned}\right\} \tag{5.6}$$

把 (5.6) 式代入 (a) 式, 则得 $(\varepsilon_1)_m$ 和 $(\varepsilon_2)_m$ 的计算公式.

5.4　贴片的主应力 (或主应变) 的分离方法

由 (5.6) 式可以看出, 为了求得构件非自由边界任意点的主应力, 需要首先找出对应点的贴片主应力 $(\sigma_1)_c$ 和 $(\sigma_2)_c$. 下面介绍常用的方法.

1. 对贴片一次正射和一次斜射

贴片被测点 A 的位置如图 5.4 所示, 当光线沿 z 轴方向对贴片正射时, 可测得该点的等差线条纹级次 n_z, 由 (5.1) 式得

$$(\sigma_1)_c - (\sigma_2)_c = \frac{n_z f_\sigma}{2d_c}. \tag{g}$$

根据等倾线参数 θ 可以测得该点的主应力方向. 把 $(\sigma_1)_c$ 和 $(\sigma_2)_c$ 方向分别定为 x 和 y 轴.

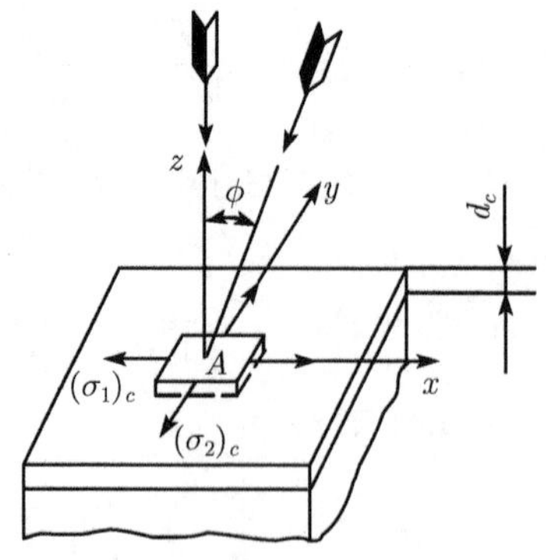

图 5.4　光线对贴片正射和斜射

当光线在 yz 平面内, 使其沿与 z 轴成 ϕ 角的方向斜射 (应当指出, 斜射方向是有选择的. 使 yz 平面与 $(\sigma_2)_c$ 方向共面), 由 (4.1) 式和单向拉伸斜截面应力公式得

$$(\sigma_1)_c-(\sigma_2)_c\cos^2\phi=\frac{n_\phi f_\sigma\cos\phi}{2d_c},\tag{h}$$

联立解 (g) 和 (h) 式得[4]

$$\left.\begin{aligned}(\sigma_1)_c&=\frac{f_\sigma}{2d_c}\left(\frac{n_z\cos^2\phi-n_\phi\cos\phi}{\cos^2\phi-1}\right),\\(\sigma_2)_c&=\frac{f_\sigma}{2d_c}\left(\frac{n_z-n_\phi\cos\phi}{\cos^2\phi-1}\right),\end{aligned}\right\}\tag{5.7}$$

把 (5.7) 式代入 (5.6) 式得[9]

$$\left.\begin{aligned}(\sigma_1)_m=&\frac{f_\sigma E_m}{2d_cE_c(1-\mu_m^2)}\\&\times\left[(1-\mu_m\mu_c)\left(\frac{n_z\cos^2\phi-n_\phi\cos\phi}{\cos^2\phi-1}\right)+(\mu_m-\mu_c)\left(\frac{n_z-n_\phi\cos\phi}{\cos^2\phi-1}\right)\right],\\(\sigma_2)_m=&\frac{f_\sigma E_m}{2d_cE_c(1-\mu_m^2)}\\&\times\left[(1-\mu_m\mu_c)\left(\frac{n_z-n_\phi\cos\phi}{\cos^2\phi-1}\right)+(\mu_m-\mu_c)\left(\frac{n_z\cos^2\phi-n_\phi\cos\phi}{\cos^2\phi-1}\right)\right].\end{aligned}\right\}\tag{5.8}$$

在采用 V 型光路的装置中, 用增加两个全反镜 K 的方法就可实现斜射的测试, 见图 5.5 所示. 由于空气和贴片材料的折射率不等, 所以对贴片的实际斜射角不应为 ϕ, 应考虑材料折射率的影响按实际折射后的角度进行计算.

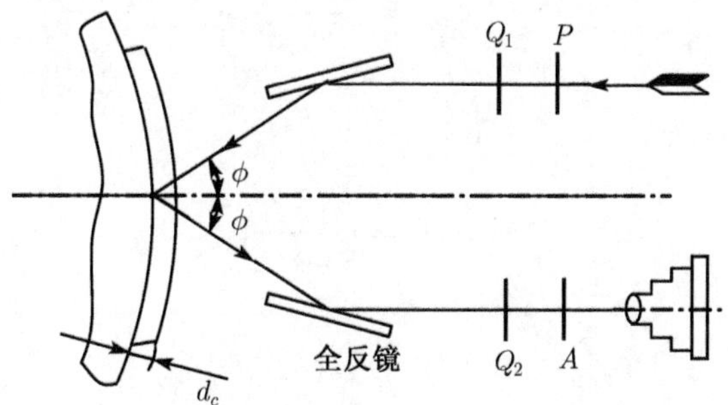

图 5.5 V 型光路中斜射法的光路

2. 条带法[10]

条带法是利用一组平行的、等距离的条带状贴片来代替前述的连续贴片, 见图 5.6 所示. 条带的高度 d_c 与一般连续贴片的厚度相同, 条带的宽度 b 和条带的间距

a 都远小于 d_c. 实验表明, 条带贴片由于条带长度方向的构件应变 $(\varepsilon_x)_m$ 所引起的光效应, 远大于条带宽度方向的构件应变 $(\varepsilon_y)_m$ 产生的光效应, 同时, 条带贴片对 $(\gamma_{xy})_m$ 引起的光效应非常不灵敏, 于是条带贴片的 $(\varepsilon_x)_c$ 可按 (5.2) 式近似写成

$$(\varepsilon_x)_c = \frac{n_x f_\varepsilon}{2d_c}. \tag{5.9}$$

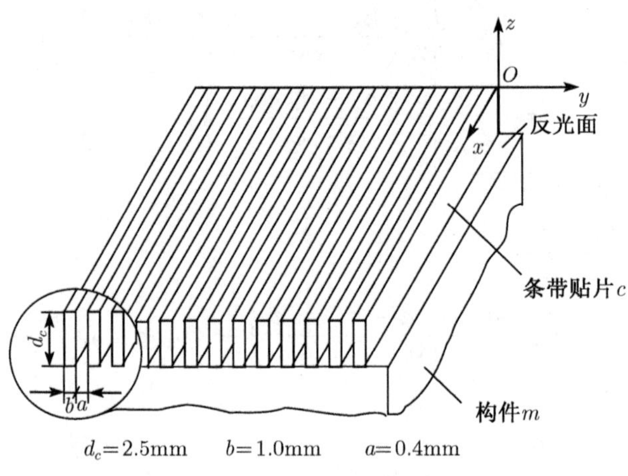

图 5.6　条带贴片

为了求得构件表面点的应变或应力, 通常采用以下三种方法.

(1) 分别采用三个方向 (例如 x, y 和 45°) 的条带贴片, 对被测点进行三次测试, 分别得到等差线条纹级次 n_x, n_y 和 n_{45°, 由 (5.9) 式得

$$(\varepsilon_x)_c = \frac{n_x f_\varepsilon}{2d_c}, \tag{5.10a}$$

$$(\varepsilon_y)_c = \frac{n_y f_\varepsilon}{2d_c}, \tag{5.10b}$$

$$(\varepsilon_{45^\circ})_c = \frac{n_{45^\circ} f_\varepsilon}{2d_c}, \tag{i}$$

由应变分析知

$$(\gamma_{xy})_c = 2(\varepsilon_{45^\circ})_c - (\varepsilon_x)_c - (\varepsilon_y)_c, \tag{j}$$

将 (5.10a), (5.10b) 和 (i) 式代入 (j) 式得

$$(\gamma_{xy})_c = \frac{f_\varepsilon}{2d_c}(2n_{45^\circ} - n_x - n_y). \tag{5.10c}$$

于是贴片任一点的 $(\varepsilon_x)_c$, $(\varepsilon_y)_c$ 和 $(\gamma_{xy})_c$ 由 (5.10a), (5.10b) 和 (5.10c) 式便可得出.

(2) 采用一次连续贴片和一次条带贴片 (如沿 x 方向).

根据连续贴片测出等差线和等倾线参数, 由 (5.2) 式得

$$(\varepsilon_1)_c-(\varepsilon_2)_c=\frac{nf_\varepsilon}{2d_c}, \tag{k}$$

由应变分析知

$$(\varepsilon_x)_c-(\varepsilon_y)_c=[(\varepsilon_1)_c-(\varepsilon_2)_c]\cos 2\theta, \tag{l}$$

$$(\gamma_{xy})_c=[(\varepsilon_1)_c-(\varepsilon_2)_c]\sin 2\theta, \tag{m}$$

式中, θ 是 $(\varepsilon_1)_c$ 与 x 轴的夹角.

将 (k) 式代入 (l) 和 (m) 式得

$$(\varepsilon_x)_c-(\varepsilon_y)_c=\frac{nf_\varepsilon}{2d_c}\cos 2\theta, \tag{n}$$

$$(\gamma_{xy})_c=\frac{nf_\varepsilon}{2d_c}\sin 2\theta, \tag{5.11a}$$

根据沿 x 方向条带贴片, 由 (5.9) 式得

$$(\varepsilon_x)_c=\frac{n_x f_\varepsilon}{2d_c}, \tag{5.11b}$$

将 (5.11b) 代入 (n) 式得

$$(\varepsilon_y)_c=\frac{f_\varepsilon}{2d_c}(n_x-n\cos 2\theta). \tag{5.11c}$$

于是贴片任一点的 $(\varepsilon_x)_c$, $(\varepsilon_y)_c$ 和 $(\gamma_{xy})_c$ 由 (5.11b), (5.11c) 和 (5.11a) 式便可得出.

这种方法的优点在于根据连续贴片测取数据后, 再把连续贴片加工成条带贴片的办法避免第二次贴片.

(3) 采用一次连续贴片和一次沿主应变方向的条带贴片, 可以求得构件表面个别点或沿构件的几何和载荷对称面的表面点应力.

根据连续贴片测得等差线条纹级次和主应变方向, 由 (5.2) 式得

$$(\varepsilon_1)_c-(\varepsilon_2)_c=\frac{nf_\varepsilon}{2d_c}, \tag{o}$$

根据主应变方向 (例如 ε_1 方向) 的条带贴片, 由 (5.9) 式得

$$(\varepsilon_1)_c=\frac{n_1 f_\varepsilon}{2d_c}, \tag{5.12a}$$

把 (5.12a) 式代入 (o) 式得

$$(\varepsilon_2)_c=\frac{f_\varepsilon}{2d_c}(n_1-n), \tag{5.12b}$$

因为贴片与构件表面点的应变相等, 则

$$\left.\begin{aligned}(\varepsilon_x)_m&=(\varepsilon_x)_c,\\(\varepsilon_y)_m&=(\varepsilon_y)_c,\\(\gamma_{xy})_m&=(\gamma_{xy})_c,\end{aligned}\right\}\tag{5.13}$$

将 (5.13) 式代入广义胡克定律得

$$\left.\begin{aligned}(\sigma_x)_m&=\frac{E_m}{1-\mu_m^2}[(\varepsilon_x)_m+\mu_c(\varepsilon_y)_m],\\(\sigma_y)_m&=\frac{E_m}{1-\mu_m^2}[(\varepsilon_y)_m+\mu_c(\varepsilon_x)_m],\\(\tau_{xy})_m&=\frac{1}{G_m}(\gamma_{xy})_m,\end{aligned}\right\}\tag{5.14}$$

由 (5.14) 式根据材料力学得构件表面点的主应力

$$\sigma_{1,2}=\frac{(\sigma_x)_m+(\sigma_y)_m}{2}\pm\sqrt{\left[\frac{(\sigma_x)_m-(\sigma_y)_m}{2}\right]^2+(\tau_{xy})_m^2}.\tag{5.15}$$

连续贴片和条带贴片的等差线, 见图 5.7 所示.

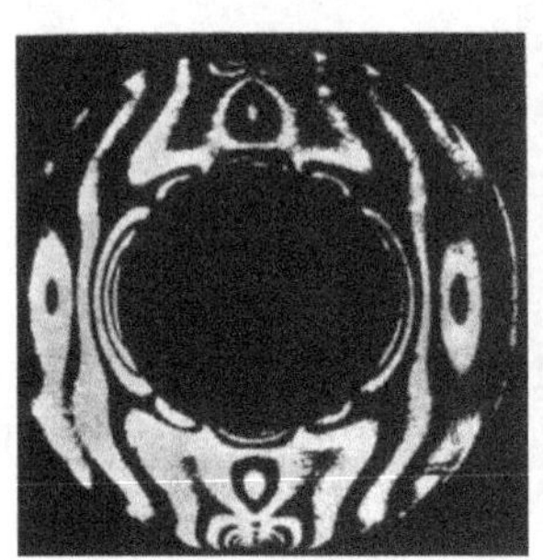

(a) 径向圆盘上粘贴连续贴片的等差线

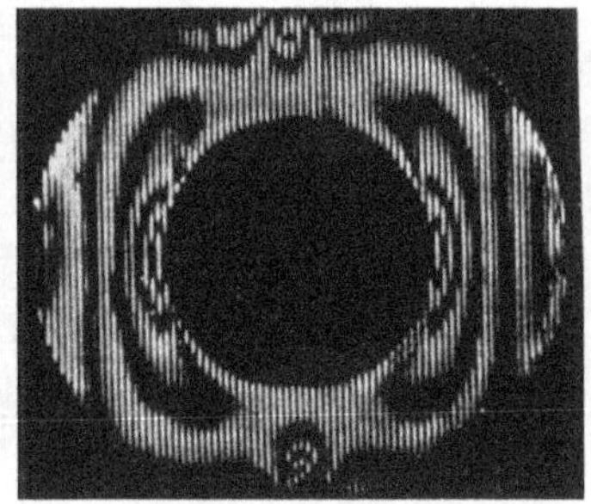

(b) 粘贴与载荷方向平行的条带贴片的等差线

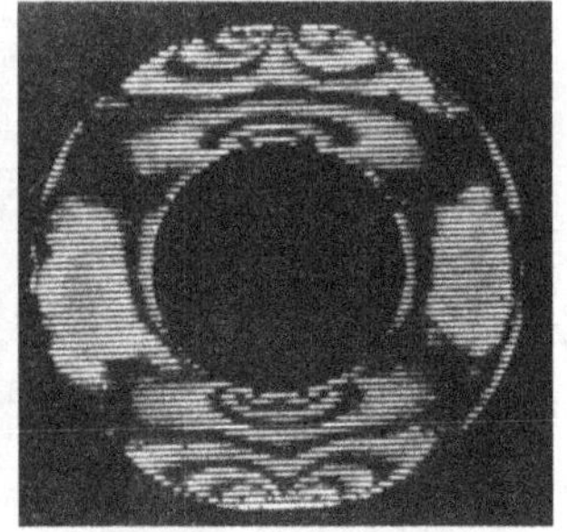

(c) 粘贴与载荷方向垂直的条带贴片的等差线

图 5.7　连续贴片和条带贴片的等差线

5.5　贴片厚度给贴片应变指示数带来的误差及其修正

当贴片粘接到构件表面上以后, 则使构件表面局部增强, 随着构件几何形状和受力方式的不同, 对贴片产生的应变量带来不同的影响. 因此, 测得的贴片应变量和没粘接贴片构件表面点的应变量有区别, 为了考虑这种误差, 引入一个修正系数 C. 则对粘接贴片的构件表面点主应变差应为

$$(\varepsilon_1)'_m-(\varepsilon_2)'_m=\frac{1}{C}[(\varepsilon_1)_c-(\varepsilon_2)_c].\tag{5.16}$$

式中, $(\varepsilon_1)_c-(\varepsilon_2)_c$ 是对贴片的测试值.

下面针对不同的情况, 计算修正系数 C.

1. 承受平面应力状态的构件

图 5.8(a) 表示构件单独承载的情况, 图 5.8(b) 表示贴片与构件共同承载的情况. 由于两者载荷相等, 则根据单元体的内力平衡得

$$(\sigma_1)'_m d_m \mathrm{d}x=(\sigma_1)_c d_c \mathrm{d}x+(\sigma_1)_m d_m \mathrm{d}x,$$
$$(\sigma_2)'_m d_m \mathrm{d}y=(\sigma_2)_c d_c \mathrm{d}y+(\sigma_2)_m d_m \mathrm{d}y,$$

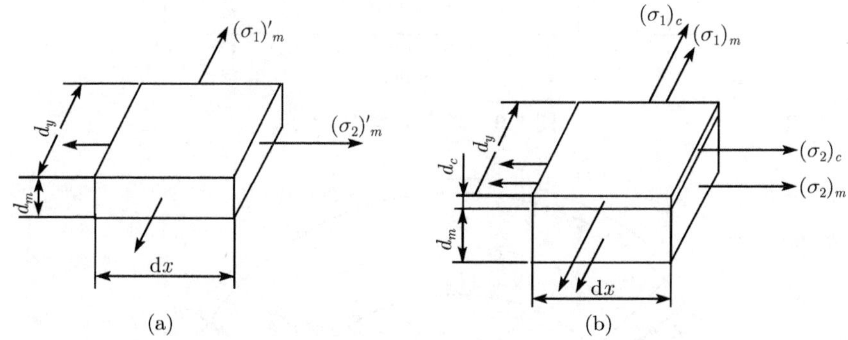

图 5.8　平面应力状态

则

$$(\sigma_1)'_m-(\sigma_2)'_m=\frac{d_c}{d_m}[(\sigma_1)_c-(\sigma_2)_c]+[(\sigma_1)_m-(\sigma_2)_m]. \tag{p}$$

由广义胡克定律知

$$\sigma_1-\sigma_2=\frac{E}{1+\mu}(\varepsilon_1-\varepsilon_2), \tag{q}$$

将 (p) 式代入 (q) 式得

$$(\varepsilon_1)'_m-(\varepsilon_2)'_m=\left(1+\frac{d_c}{d_m}\frac{E_c}{E_m}\frac{1+\mu_m}{1+\mu_c}\right)[(\varepsilon_1)_c-(\varepsilon_2)_c], \tag{5.17}$$

得修正系数 C_1[11]:

$$\frac{1}{C_1}=1+\frac{d_c}{d_m}\frac{E_c}{E_m}\frac{1+\mu_m}{1+\mu_c}. \tag{5.18}$$

图 5.9 给出了不同材料的构件对应的 C_1 值.

2. 纯弯曲梁的构件

粘接贴片后的纯弯曲梁, 见图 5.10 所示, 当梁受载后, 贴片对构件起着增强作

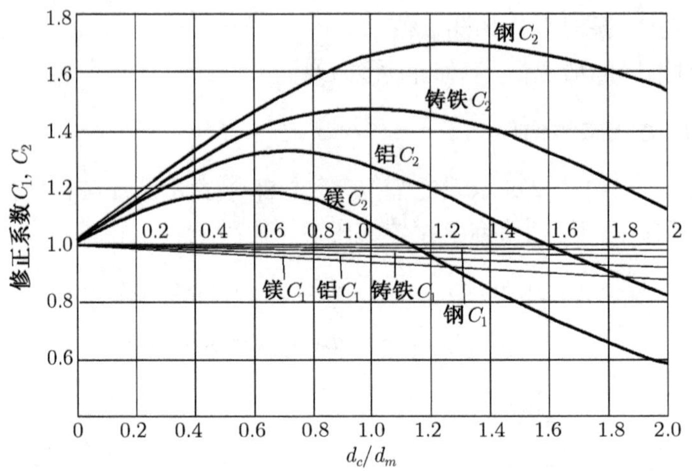

图 5.9　修正系数 C_1, C_2

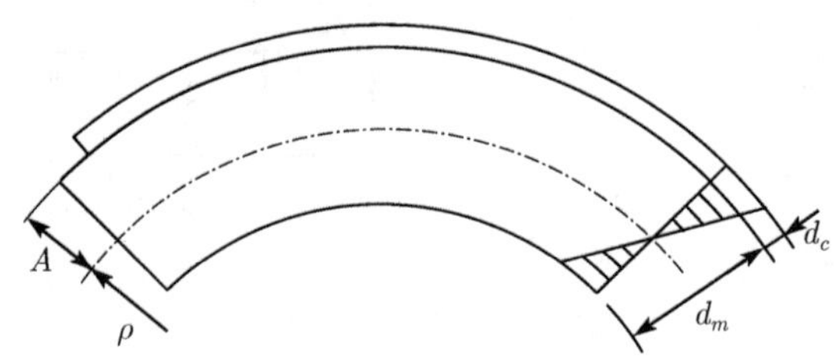

图 5.10　纯弯曲梁

用, 于是由贴片测到的应变值偏小. 另外, 梁弯曲时, 沿梁和贴片厚度方向的应变成三角形分布, 于是由贴片测得的应变高于梁表面的应变. 综合以上因素, 根据梁的弯曲理论, 可得其修正系数 C_2[11]:

$$\frac{1}{C_2}=\frac{1+eg}{1+g}\left[4(1+eg^3)-\frac{3(1-eg^2)^2}{1+eg}\right]\frac{1+\mu_m}{1+\mu_c}, \tag{5.19}$$

式中, $e=\dfrac{E_c}{E_m}$, $g=\dfrac{d_c}{d_m}$.

图 5.9 给出不同材料的构件对应的 C_2 值. 对于承受 x 和 y 两向弯曲的平板、空心轴受扭和内压的厚壁容器的修正系数见文献 [11].

5.6　贴片材料与粘贴工艺

目前, 常用的贴片材料有两种类型, 一种是常温固化的环氧树脂型光弹性材料; 另一种是热压制的聚碳酸酯薄板材料. 由于贴片厚度比较小, 希望产生较大的光学效应, 于是要求它有较高的灵敏度. 习惯上用 $K=\dfrac{\lambda}{f_\varepsilon}$ 表达材料的灵敏度, 称之为光学灵敏度常数. 其中 λ 是光源的波长.

1. 环氧树脂型贴片材料的制作

表 5.1 列举了制作曲面光弹性贴片材料的配方及它和聚碳酸酯薄片材料的性能[9].

表 5.1 不同配方的贴片材料和聚碳酸酯材料的性能

种类	环氧树脂	固化剂	增塑剂	固化温度与时间	f_σ /(MPa·cm/条)	E/MPa	μ	最大线性应变/%	K
1	#618 100 份	二乙烯三胺 8 份	邻苯二甲酸二丁酯 5 份	20~40°C 24h	1.85	4630	0.390	0.8	0.104
2	#618 100 份	三乙烯四胺 11 份	邻苯二甲酸二丁酯 5 份	20~40°C 24h	1.86	4600	0.380	0.7	0.103
3	聚碳酸酯			—	0.6173	2300	0.380	2.19	0.143

现以曲面贴片的制作过程为例说明贴片材料的制作工艺[12].

(1) 用红外线灯加热树脂至 40°C 左右, 然后将预热为 35°C 左右的固化剂徐徐倒入树脂中, 以圆周运动的方式慢慢搅拌, 使生成的气泡最少. 当混合液温度到达 65°C 左右时, 就可停止搅拌, 准备进行浇铸.

(2) 预先将浇铸板调成水平, 安置硅橡胶条的边框, 见图 5.11 所示, 涂以硅油作为脱模剂, 然后用红外线灯预热浇铸板至 40°C 左右. 将搅拌好的混合液倒入敞开的浇铸板中. 混合液充满浇铸板后, 用压舌板拖动气泡的办法消除空气泡, 然后用尖针状的工具刺破气泡.

(3) 大约经 2~3h, 贴片材料到达软胶凝状态, 既不粘手, 又不硬, 在贴片材料表面涂一层矿物油, 从边角位置用较快速的动作将贴片材料从浇铸板上提起, 将其敷

图 5.11 贴片的浇铸板

在构件的曲面形状表面上, 用手抚摸成形后, 应用透明胶带将贴片定位在构件表面上. 大约再经 24h, 即制成曲面形状的贴片.

2. 构件表面的处理和贴片的粘贴

对于钢、铁、铝等材料表面, 用圆盘砂轮、金属刷和砂纸去掉表面的氧化皮或油漆等, 使表面平整和光滑, 然后用酒精、丙酮除污. 最后使表面干燥, 等待粘接贴片.

对于塑料表面不要使用溶剂, 用肥皂水和清水清洁. 混凝土表面要用黏结剂涂敷混凝土表面的孔穴. 良好反射能力的构件表面直接使用贴片材料的配方作为黏结剂. 对于反射能力差的构件表面, 在黏结剂材料配方中添加 25% 铝粉, 以此作为反光面的材料.

5.7 例 题

1. 贴片材料应变条纹值 f_ε 的标定

在贴片法中, 为了进行应变或应力的分析, 需要标定材料的应变条纹值 f_ε, 见图 5.12 所示, 由 (5.16) 式知道

$$(\varepsilon_1)'_m - (\varepsilon_2)'_m = \frac{1}{C_2}[(\varepsilon_1)_c - (\varepsilon_2)_c], \tag{a}$$

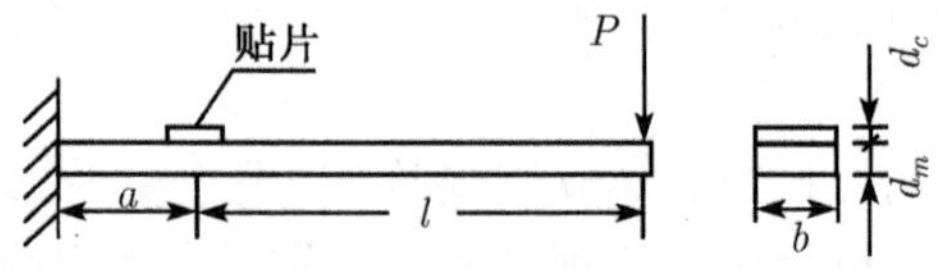

P/kg	a/mm	l	b	d_c	d_m	E_c/MPa	E_m	μ_c	μ_m
2	45	250	25	1	6.3	2530	65300	0.36	0.33

图 5.12 悬臂梁 f_ε 的标定

式中,

$$(\varepsilon_1)'_m - (\varepsilon_2)'_m = (\varepsilon_1)'_m + \mu_m(\varepsilon_1)'_m = (1+\mu_m)(\varepsilon_1)'_m = (1+\mu_m)\frac{6Pl}{b_m d_m^2 E_m}, \tag{b}$$

由 (5.2) 式知

$$(\varepsilon_1)_c - (\varepsilon_2)_c = \frac{nf_\varepsilon}{2d_c}, \tag{c}$$

将 (b), (c) 式代入 (a) 式得

$$f_\varepsilon = \frac{12(1+\mu_m)Pld_c}{nb_m d_m^2 E_m}C_2, \tag{5.20}$$

式中, 修正系数 C_2 由 (5.19) 式得 $C_2 = 1.15$, 测得贴片点的等差线条纹级次 $n = 0.70$, 由 (5.20) 式得

$$f_\varepsilon = 4.25 \times 10^{-4}\text{厘米/条}.$$

2. 纯弯曲梁表面点应力的测定

见图 5.13 所示, 由 (5.16) 式知梁上贴片点

$$(\varepsilon_1)'_m - (\varepsilon_2)'_m = \frac{1}{C_2}[(\varepsilon_1)_c - (\varepsilon_2)_c], \tag{a}$$

式中,

$$(\varepsilon_1)'_m - (\varepsilon_2)'_m = \frac{|\sigma|}{E_m} + \frac{|\sigma|}{E_m}\mu_m = \frac{|\sigma|}{E_m}(1+\mu_m), \tag{b}$$

由 (5.2) 式知

$$(\varepsilon_1)_c - (\varepsilon_2)_c = \frac{nf_\varepsilon}{2d_c}, \tag{c}$$

将 (b), (c) 式代入 (a) 式得

$$|\sigma| = \frac{E_m}{1+\mu_m}\frac{nf_\varepsilon}{2d_c} = 114\text{MPa}, \tag{d}$$

式中, $n = 0.37$, $\dfrac{1}{C_2} = 0.895$, $f_\varepsilon = 4.25 \times 10^{-4}$ 厘米/条. 该点应力的理论值:

$$|\sigma| = \frac{M}{W} = 112\text{MPa}.$$

则其误差 $e = 1.79\%$.

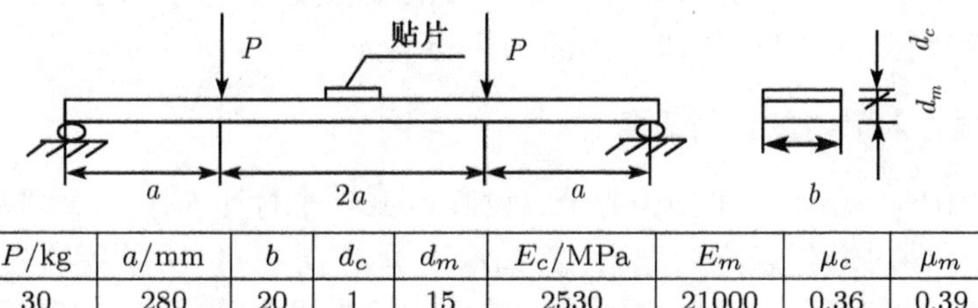

P/kg	a/mm	b	d_c	d_m	E_c/MPa	E_m	μ_c	μ_m
30	280	20	1	15	2530	21000	0.36	0.39

图 5.13　纯弯曲梁应力的测定

第6章　光弹性散光法

6.1　概　　述

光弹性散光法是解决三向光弹性问题的另一种方法. 其特点是不需要对已冻结应力的模型进行切片, 或采取常温加载. 这样, 既节省了冻结应力与切片的工艺, 又能解决由于模型材料与实物材料的横向变形系数不等带来的误差.

散光法的基本理论已经建立, 但是, 由于有些技术上的问题还有待进一步解决, 所以至今还未能得到广泛的应用. 目前, 在解决三向模型的自由边界应力问题、几何和载荷对称面上的应力问题及柱体扭转问题方面已见成效.

6.2　光通过未受力模型的散射现象

1. 自然光入射时的散射现象

见图 6.1(a) 所示, 假设模型放入浸渍液中, 当自然光沿 z 轴方向射入模型时, 如果在 xy 平面内沿任意方向观察 (例如沿 x 轴、y 轴或任意角 ϕ 的方向), 所见到的都是振幅相等的平面偏振光, 且振动平面都在 xy 平面上, 偏振轴方向与观察方向垂直.

当观察方向不与 z 轴垂直时, 所见到光的偏振度随视向不同而不同. 如果沿 z 轴方向观察, 则偏振度为零, 即见到的仍为自然光.

2. 平面偏振光入射时的散射现象

见图 6.1(b) 所示, 当平面偏振光 (设其偏振轴平行 y 轴) 沿 z 轴射入模型时, 如果在 xy 平面内沿任意方向观察, 例如沿 x 轴方向观察, 所见到的是振幅最大的平面偏振光. 沿任意角 ϕ 方向观察时, 见到的仍为平面偏振光, 但其振幅减小. 如果沿 y 轴方向观察, 则光强为零. 以上所观察到的平面偏振光的振动平面皆在 xy 平面上, 偏振轴与观察方向垂直.

3. 圆偏振光入射时的散射现象

见图 6.1(c) 所示, 当圆偏振光沿 z 轴方向射入模型时, 如果在 xy 平面内沿任意方向观察 (如沿 x 轴、y 轴或任意角 ϕ 的方向), 所见到的都是振幅相等的平面偏振光, 其振动平面皆在 xy 平面上, 且偏振轴与观察方向垂直.

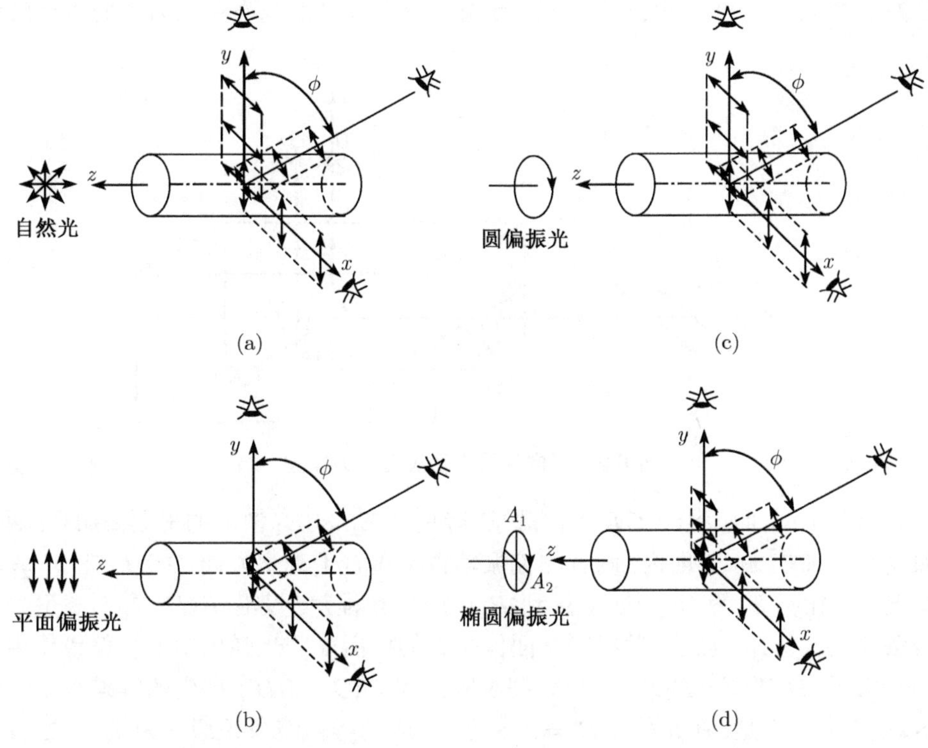

图 6.1 光的散射

4. 椭圆偏振光入射时的散射现象

见图 6.1(d) 所示, 当椭圆偏振光沿 z 轴方向射入模型时, 如果在 xy 平面内沿任意方向观察, 例如沿 x 轴观察 (假设它垂直于椭圆的长轴方向), 所见到的是振幅最大的平面偏振光. 沿任意角 ϕ 方向观察时, 见到的仍为平面偏振光, 但其振幅减小. 如沿 y 轴方向观察, 则见到的平面偏振光的振幅最小. 以上所观察到的平面偏振光的振动平面皆在 xy 平面上, 偏振轴与观察方向垂直.

入射光通过模型材料所散射的光强损失很多, 为了提高散射光强, 除增加激光器的功率外, 一般在光弹性材料中添加能悬浮于材料中的微小颗粒 (如 SiO_2 或 Al_2O_3) 办法来提高散射光强.

6.3 散光法的应力–光性定律

见图 6.2 所示, 当沿 z 轴入射的平面偏振光 E_p 到达有应力模型的表面点 A 后, 则 E_p 沿 A 点的次主应力 σ_1' 和 σ_2' 方向分解为两个平面偏振光 E_1 和 E_2, 它

们沿着 z 轴前进时产生相位差. 下面首先讨论沿入射光线次主应力方向不旋转的情况.

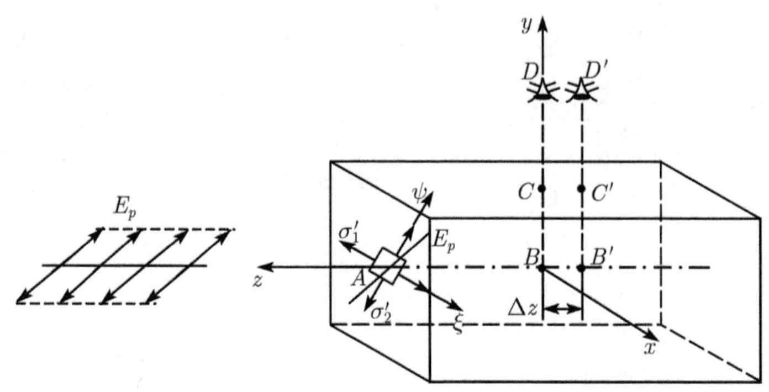

图 6.2 平面偏振光通过有应力模型

如果在 xy 平面内沿 DCB 方向观察, 能见到 E_1 和 E_2 散射的平面偏振光, 两者的振动平面都在 xy 平面内, 两者的偏振轴也都垂直于观察方向 DCB. 在 $\sigma_1' \neq \sigma_2'$ 的情况下, 由于 E_1 和 E_2 从 A 点到 B 点产生光程差, 设沿 DCB 方向观察到等差线条纹级次 n_{AB}. 显然, 散射的平面偏振光的作用如同光弹仪中的检偏镜作用一样. 同理, 沿 $D'C'B' \mathbin{/\!/} DCB$ 可观察到对应光程 $(AB+BB')$ 产生的等差线条纹级次 $n_{AB}+\Delta n$. 于是, 在光程 $BB'=\Delta z$ 上, 对应的等差线条纹级次为 Δn, 由 (4.1) 式得 Δz 中面上点的次主应力差为

$$\sigma_1' - \sigma_2' = f_\sigma \frac{\Delta n}{\Delta z}. \tag{6.1}$$

对于次主应力方向沿入射光线旋转的情况, (6.1) 式中的 Δn 要加以修正. 当对应 $\Delta n = 1$ 的主应力旋转角 $\Delta\alpha \leqslant \dfrac{\pi}{6}$ 时, (6.1) 式产生的误差不超过 1.5%[8].

6.4 平面偏振光入射时的散射光强

见图 6.3 所示, 设平面偏振光 $E_p = a\sin\omega t$ 沿 z 轴方向射入有应力的模型, 它到达模型表面 A 点后, 它沿 A 点的次主应力方向 x 和 y 分解为两个平面偏振光, 在模型中假设沿 x 方向的平面偏振光的速度低于沿 y 方向的速度, 两者的相位差为 α, 这两个平面偏振光的振动矢量方程为

$$\left.\begin{aligned} E_x &= a\cos\theta\sin(\omega t-\alpha), \\ E_y &= a\sin\theta\sin\omega t. \end{aligned}\right\} \tag{a}$$

当在平行于 xy 平面的平面内, 沿与 x 轴成 β 角的方向观察时, 看到散射的平面偏振光的振动矢量方程为

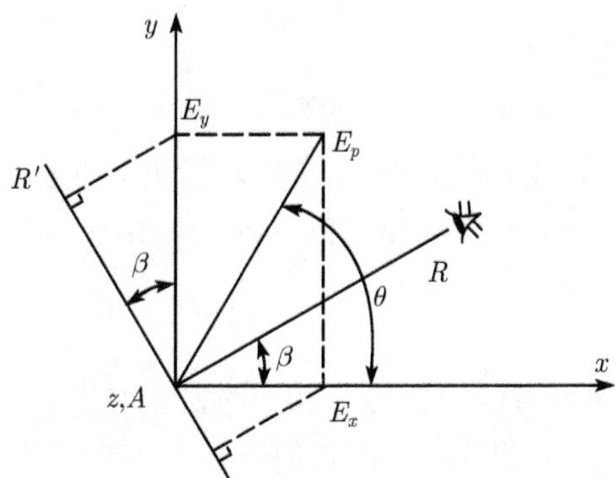

图 6.3 入射的平面偏振光 E_p 方向、次主应力方向和观察方向三者的相对位置

$$E_{R'} = E_x \sin\beta - E_y \cos\beta,$$

将 (a) 式代入上式得

$$E_{R'} = a[(\sin\beta\cos\theta\cos\alpha - \cos\beta\sin\theta)\sin\omega t - \sin\beta\cos\theta\sin\alpha\cos\omega t], \tag{b}$$

根据同频率、振动方向相同波的叠加原理, (b) 式可写成

$$E_{R'} = a_{R'}\sin(\omega t + \phi),$$

式中 $a_{R'}$ 是合成波的振幅, ϕ 是合成波的初相位.

经运算得到它的合成振幅:

$$a_{R'}^2 = a^2\left(\sin^2\beta\cos^2\theta + \cos^2\beta\sin^2\theta - \frac{1}{2}\sin 2\beta\sin 2\theta\cos\alpha\right), \tag{c}$$

于是, 观察到的散射光强为[13]

$$I_{R'} = ka_{R'}^2 = \frac{ka^2}{2}(1 - \cos 2\beta\cos 2\theta - \sin 2\beta\sin 2\theta\cos\alpha), \tag{6.2}$$

式中 k 为常数.

1. 等差线条纹级次的确定

当相位差 $\alpha = 2n\pi(n = 0, 1, 2, \cdots)$ 时, 由 (6.2) 式得散射光强为最小, 它对应的等差线为暗条纹

$$I_{R'} = I_{\min} = \frac{ka^2}{2}(1 - \cos 2\beta\cos 2\theta - \sin 2\beta\sin 2\theta). \tag{d}$$

当相位差 $\alpha = 2n\pi\left(n = \frac{1}{2}, \frac{3}{2}, \frac{5}{2}, \cdots\right)$ 时, 由 (6.2) 式得散射光强为最大, 它对应等差线为亮条纹

$$I_{R'} = I_{\max} = \frac{ka^2}{2}(1 - \cos 2\beta\cos 2\theta + \sin 2\beta\sin 2\theta). \tag{e}$$

由 (e) 和 (d) 式得

$$I_{\max} - I_{\min} = ka^2(\sin 2\beta \sin 2\theta), \tag{f}$$

由 (f) 式看出, 明、暗等差线条纹光强差与 θ(入射平面偏振光的偏振轴方向角) 和 β(观察方向角) 有关, 如使 $\theta = \beta = 45°$ 或 $-45°$, 则由 (f) 式得

$$I_{\max} - I_{\min} = ka^2,$$

为最大值, 这说明所得到的散射等差线明和暗条纹的反差为最大.

把 $\theta = \beta = 45°$ 或 $-45°$ 代入 (6.2) 式得

$$I_{R'} = \frac{ka^2}{2}(1 - \cos\alpha), \tag{6.3}$$

对于 $\sigma_1' = \sigma_2' = 0$ 或模型边界以外的点 (即背景区), 皆为相位差 $\alpha = 0$ 的点, 由 (6.3) 式得

$$I_{R'} = 0,$$

即为暗点或暗区.

对于 $\alpha = 2n\pi(n = 0, 1, 2, 3, \cdots)$ 的模型上的点, 由 (6.3) 式得

$$I_{R'} = 0,$$

它所对应的暗条纹称为 $n = 0, 1, 2, 3, \cdots$ 级等差线. 模型的边界为零级等差线. 入射光进入模型边界以后, E_x 和 E_y 两个平面偏振光的相位差 α 随着光程的增加而发生连续的变化. 所以, 等差线条纹级次也发生连续的变化. 但是, 究竟等差线条纹级次是由零级逐渐增加 [见图 6.4(a)] 呢? 还是由零级逐渐增加到某级次, 然后又减少 [见图 6.4(b)] 呢? 实际上, 由于不同模型的应力状态不一样, 所以, 这两种情况都可能发生. 见图 6.4(b) 中 M 点, 由于 M 点的次主应力差 $(\sigma_1' - \sigma_2')$ 为零, 则由 (6.1) 式得

$$\frac{\Delta n}{\Delta z} = 0.$$

显然, 由图 6.4(b) 中等差线条纹级次的分布可以看出, M 点的条纹级次沿光路的

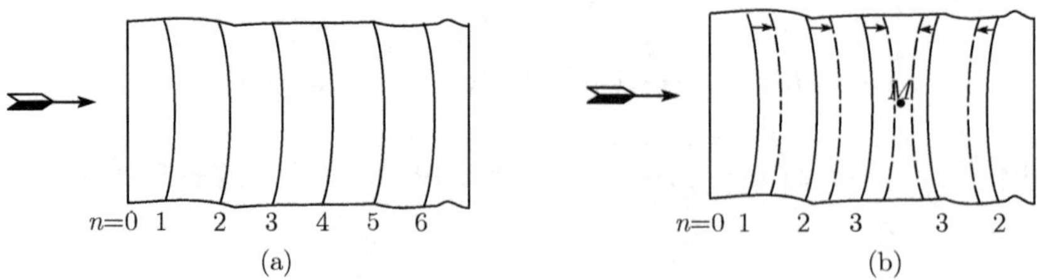

图 6.4　条纹级次的变化规律

变化率为零, 说明 M 点为条纹级次的极值点. 因此, 正确判断条纹级次的变化规律是非常重要的. 为此, 可以在起偏镜和模型之间放一个补偿器, 当用补偿器改变相位差时, 如果等差线朝一个方向移动, 则说明条纹级次是递增或递减的. 如果有相邻的两条等差线向一点合拢或从该点向两旁分开, 则说明该点处是条纹级次的极值点.

为了增加等差线的条纹密度, 在 $\theta=\beta$ 的基础上, 再让入射的平面偏振光旋转 $90°$, 则得到明场下的等差线条纹图, 这时等差线条纹级次 n 是 $\frac{1}{2},\frac{3}{2},\frac{5}{2},\cdots$ 半级次的.

根据模型上的散射等差线条纹分布图, 可以求出被测点的 $\frac{\Delta n}{\Delta z}$, 则由 (6.1) 式得次主应力差为

$$\sigma_1'-\sigma_2'=f_\sigma\frac{\Delta n}{\Delta z}.$$

2. 次主应力方向的确定

见图 6.3 所示, 当观察方向、起偏镜的偏振轴方向都与同一个次主应力方向一致时, 即 $\beta=\theta=0°$ 或 $90°$ 时, 由 (6.2) 式得

$$I_{R'}=\frac{ka^2}{2}(1-1)=0,$$

上式不包含相位差 α 项, 于是, 观察不到等差线的干涉条纹, 只看到均匀的暗带, 利用这种情况可以找次主应力方向. 具体作法有两个, 一个是在 $\theta=\beta$ 的基础上, 使模型位置固定不动, 让观察方向和起偏镜的偏振轴方向同步旋转, 直至观察到均匀的暗带为止, 另一个办法是在 $\theta=\beta$ 的基础上, 让模型旋转, 直至观察到均匀的暗带为止. 使用光电倍增管测量光强的改变, 可以提高测定次主应力方向的精确度.

6.5 散光光弹仪

散光光弹仪的结构如图 6.5 所示, 由于散射光较弱, 所以需要高强度和单色性好的光源, 一般使用氦氖激光器 (或氩离子激光器). 假设使用的是外腔式氦氖激光器, 它发射出平面偏振光的激光束, 如通过 $\frac{1}{4}$ 波片可以成为圆偏振光, 经柱面镜将

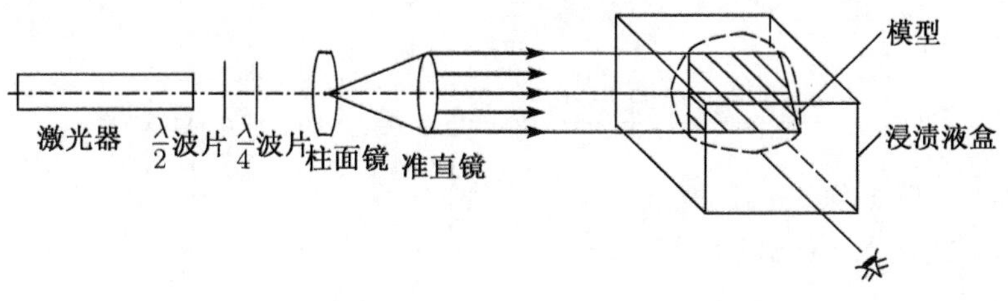

图 6.5 散光光弹仪的结构

其在一个平面内扩散, 再经过准直镜而成为准直的片光. 然后, 它通过浸渍液照射到模型的一个截面上, 此截面就是要测量应力分布的截面.

为了使入射的平面偏振光的偏振轴能够旋转, 可在激光器的出光口处, 安置一个 $\dfrac{\lambda}{2}$ 波片, 当旋转 $\dfrac{\lambda}{2}$ 波片时, 则通过 $\dfrac{\lambda}{2}$ 波片后的平面偏振光的偏振轴也随着转动. 以入射的平面偏振光的偏振轴和 $\dfrac{\lambda}{2}$ 波片的快轴或慢轴重合为基础, 当旋转 $\dfrac{\lambda}{2}$ 波片 φ 角时, 则通过 $\dfrac{\lambda}{2}$ 波片后的平面偏振光的偏振轴向同方向旋转 2φ 角.

观察方向和准直光线方向垂直. 观察和采集装置可以用照相机或 CCD 摄像机.

为了使入射的光强集中, 也可以把柱面镜取走, 直接使用激光束.

6.6 例 题

1. 散光法解平面应力问题

设平面应力模型上任意一点的应力状态如图 6.6 所示, 使入射光沿 x 轴方向, 则对应的次主应力为 $\sigma_1' = \sigma_y$, $\sigma_2' = 0$, 由 (6.1) 式得

$$\sigma_y = f_\sigma \frac{\Delta n_x}{\Delta x}, \tag{a}$$

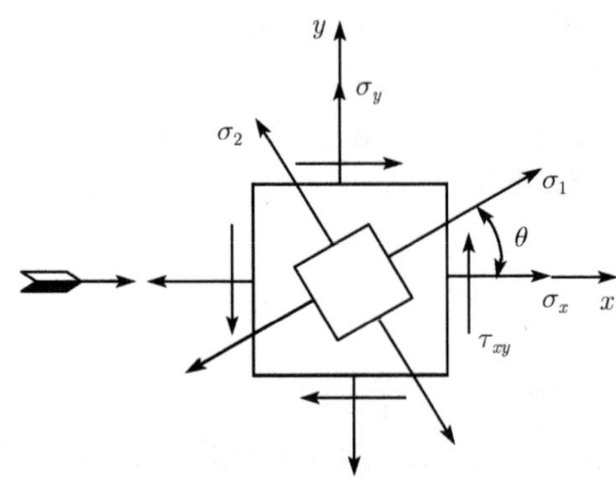

图 6.6 平面应力状态

由应力圆可知

$$\sigma_y = \frac{\sigma_1 + \sigma_2}{2} - \frac{\sigma_1 - \sigma_2}{2}\cos 2\theta = \sigma_1 - (\sigma_1 - \sigma_2)\cos^2\theta, \tag{b}$$

式中 θ 为 σ_1 与 x 轴之间的夹角.

把 (b) 式代入 (a) 式得

$$\sigma_1 - (\sigma_1 - \sigma_2)\cos 2\theta = f_\sigma \frac{\Delta n_x}{\Delta x}, \tag{c}$$

根据透射式光弹性方法, 由 (1.9) 式知道

$$\sigma_1 - \sigma_2 = \frac{nf_\sigma}{d}, \tag{d}$$

将 (d) 式代入 (c) 式得

$$\sigma_1 = f_\sigma \frac{\Delta n_x}{\Delta x} + f_\sigma \frac{n}{d}\cos^2\theta. \tag{6.4a}$$

把 (6.4a) 式代入 (d) 式得

$$\sigma_2 = f_\sigma \frac{\Delta n_x}{\Delta x} + f_\sigma \frac{n}{d}\cos^2\theta - f_\sigma \frac{n}{d}. \tag{6.4b}$$

还有一种方法, 不需要使用透射式光弹性方法测取等倾线. 使入射光沿 x 轴方向, 得到 (a) 式. 使入射光沿 y 轴方向, 则对应的次主应力为 $\sigma_1'' = \sigma_x$, $\sigma_2'' = 0$, 由 (6.1) 式得

$$\sigma_x = f_\sigma \frac{\Delta n_y}{\Delta y}, \tag{e}$$

将 (a) 和 (e) 式相加得

$$\sigma_x + \sigma_y = f_\sigma \left(\frac{\Delta n_y}{\Delta y} + \frac{\Delta n_x}{\Delta x}\right), \tag{f}$$

由弹性力学知道 $\sigma_x + \sigma_y = \sigma_1 + \sigma_2$, 代入 (f) 式得

$$\sigma_1 + \sigma_2 = f_\sigma \left(\frac{\Delta n_y}{\Delta y} + \frac{\Delta n_x}{\Delta x}\right), \tag{g}$$

由透射式光弹性方法得 (d) 式, 联立解 (d) 和 (g) 式可得 σ_1 和 σ_2.

由 (c) 式可得主应力方向:

$$\cos^2\theta = \left(\sigma_1 - f_\sigma \frac{\Delta n_x}{\Delta x}\right)/(\sigma_1 - \sigma_2). \tag{6.5}$$

下面以径向受压圆盘为例, 见图 6.7 所示, 介绍求解 x 轴上应力分布的方法.

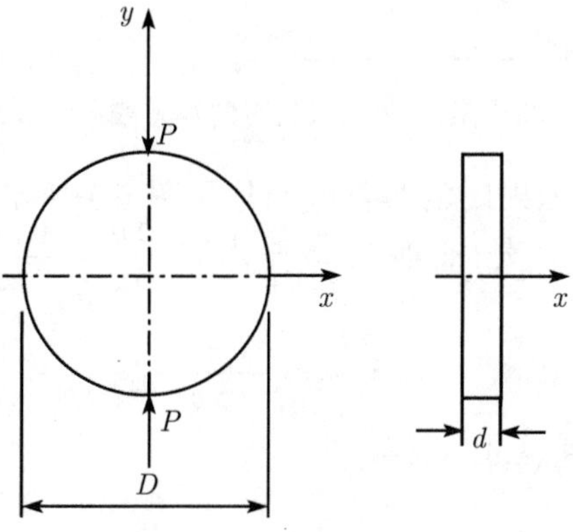

图 6.7　径向受压圆盘

由于 x 轴是几何和载荷的对称轴, 所以 x 轴上各点的 $\tau_{xy}=\tau_{yx}=0$.

为了增大散射等差线明、暗条纹之间的反差, 应使观察方向与入射平面偏振光的偏振轴方向重合, 并与次主应力方向成 45°. 见图 6.8 所示, 把冻结应力的圆盘围绕 x 轴倾斜 45°, 平面偏振光的激光束沿 x 轴入射, 对应的次主应力为 σ_y 和 $\sigma_z(=0)$, 则由 (6.1) 式得

$$\sigma_y=-f_\sigma\frac{\Delta n_x}{\Delta x}, \tag{6.6a}$$

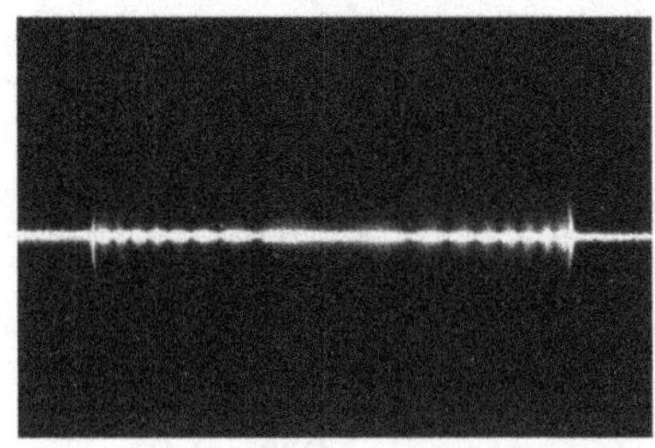

图 6.8　激光束沿 x 轴入射时的等差线

如果不知 σ_y 和 σ_z 哪个为 σ_1', 则可用补偿器方法来判断.

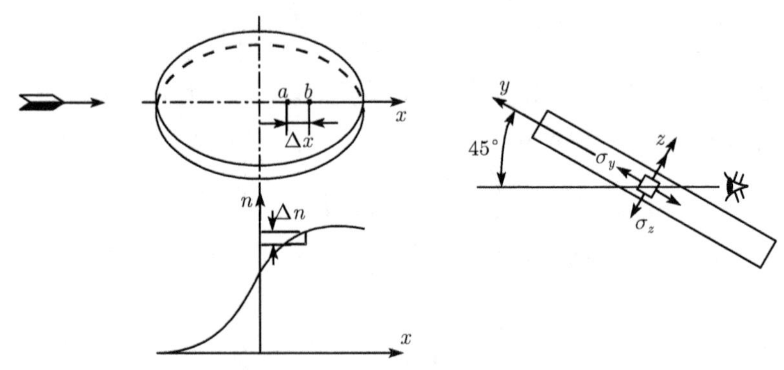

图 6.9　激光束沿 x 轴入射时的等差线条纹级次分布

激光束沿 x 轴方向入射时的等差线照片见图 6.8 所示. 沿 x 轴的等差线条纹级次分布如图 6.9 所示. 于是, x 轴上 $\overline{ab}$ 中点的 $\dfrac{\Delta n}{\Delta x}=\dfrac{n_b-n_a}{\Delta x}$, 将其代入 (6.6) 式得

$$\sigma_y=-f_\sigma\frac{n_b-n_a}{\Delta x}, \tag{6.6b}$$

用透射式光弹性方法, 由 (1.9) 式得

$$\sigma_x-\sigma_y=\frac{nf_\sigma}{d},$$

将 (6.6a) 代入 (1.9) 式得

$$\sigma_x = \frac{nf_\sigma}{d} - f_\sigma \frac{n_b - n_a}{\Delta x}. \tag{6.7}$$

如果采用片光入射, 则光所在平面为 xy 平面.

2. 散光法解三向应力问题

(1) 柱体扭转问题

见图 6.10(a) 所示, 两端自由约束的圆柱体, 在扭矩 M_k 的作用下, 其横截面上任意一点的应力仅有 τ_{zx} 和 τ_{zy}, 而 $\sigma_z = 0$, 利用散光法可以较方便的得到横截面上的剪应力分布.

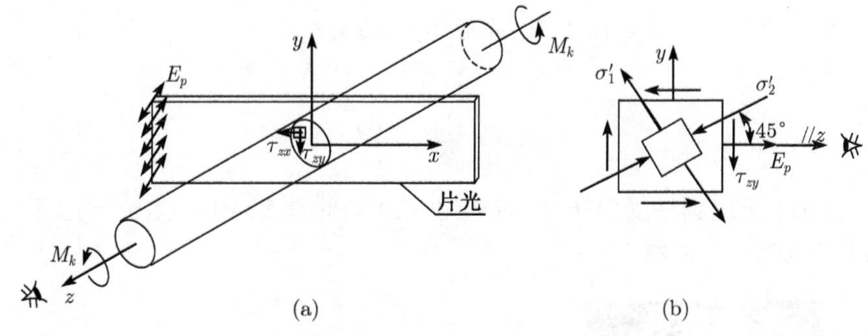

图 6.10 片光沿 x 轴方向入射

使平面偏振光的片光在 xy 平面上, 并沿 x 方向入射, 则 τ_{zx} 不产生光效应, 仅 τ_{zy} 有光效应. 于是, 让平面偏振光的偏振轴 E_p 与 z 轴平行, 观察方向也平行于 z 轴. 显然, z 轴与这种情况下的次主应力方向成 45°, 见图 6.10(b) 所示. 由 (6.1) 式得

$$\sigma_1' - \sigma_2' = 2\left|\tau_{zy}\right| = f_\sigma \frac{\Delta n_x}{\Delta x},$$

则

$$\left|\tau_{zy}\right| = \frac{1}{2} f_\sigma \frac{\Delta n_x}{\Delta x}. \tag{6.8}$$

见图 6.11(a) 所示, 使平面偏振光的片光在 xy 平面上, 并沿 y 方向入射, 则 τ_{zy} 不产生光效应, 仅 τ_{zx} 有光效应. 让平面偏振光的偏振轴 E_p 与 z 轴平行, 观察方向也平行于 z 轴. 显然, z 轴与这种情况下的次主应力方向成 45°, 见图 6.11(b) 所示. 由式 (6.1) 得

$$\sigma_1'' - \sigma_2'' = 2\left|\tau_{zx}\right| = f_\sigma \frac{\Delta n_y}{\Delta y},$$

则

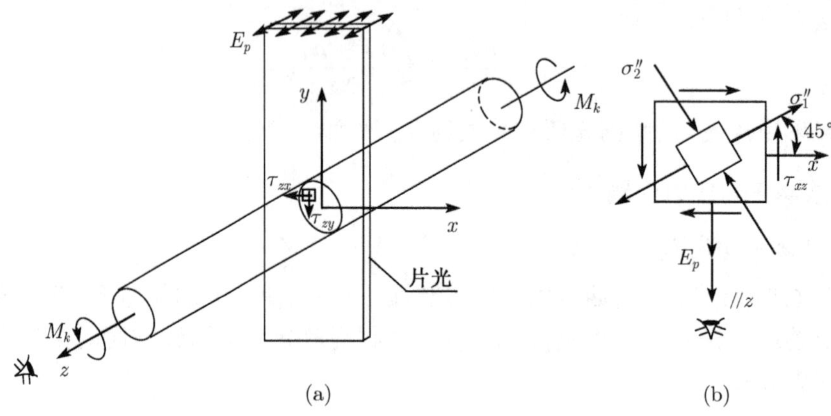

图 6.11　片光沿 y 轴方向入射

$$|\tau_{zx}| = \frac{1}{2} f_\sigma \frac{\Delta n_y}{\Delta y}. \tag{6.9}$$

图 6.12(a) 给出圆轴受扭转时, 对应图 6.10 的等差线. 图 6.12(b) 给出了条纹级次 n_x 沿 x 轴的分布曲线.

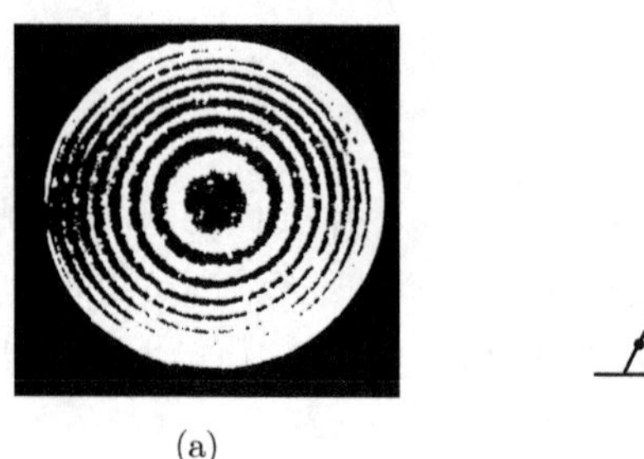

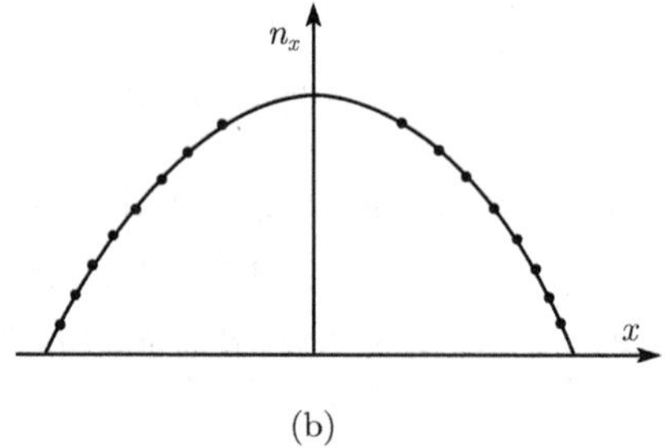

(a)　　(b)

图 6.12　圆轴受扭转时的等差线

(2) 轴对称问题

图 6.13(a) 表示几何和载荷是轴对称的模型, 模型内部任意一点 A 的应力分量 τ_{tz} 和 τ_{tr} 为零. A 点的应力状态如图 6.13(b) 所示. 下面介绍用散光法求解应力分量的方法.

当平面偏振光的片光通过 A 点, 沿平行于 z 轴方向入射, 见图 6.14 所示, 则仅有 σ_r 和 σ_t 有光效应. 使平面偏振光的偏振轴方向 E_p 与观察方向重合, 并位于与 tr 平面平行的平面内, 并和次主应力方向的夹角成 45°, 由 (6.1) 式得

$$\sigma_t - \sigma_r = f_\sigma \frac{\Delta n_z}{\Delta z}. \tag{6.10}$$

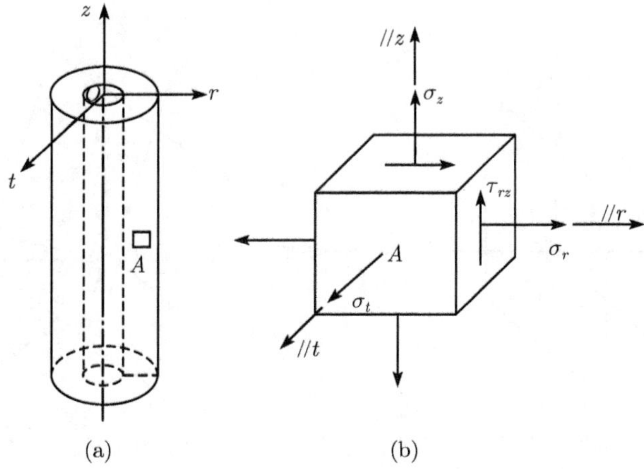

图 6.13　轴对称模型图

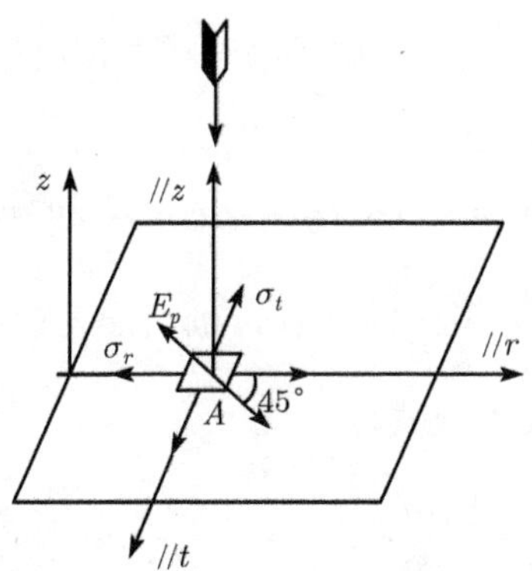

图 6.14　沿平行于 z 轴方向入射

当平面偏振光的片光通过 A 点, 沿平行于 r 轴方向入射, 见图 6.15 所示, 则仅有 σ_z 和 σ_t 有光效应. 使平面偏振光的偏振轴方向 E_p 与观察方向重合, 并位于与 tz 平面平行的平面内, 并和次主应力方向的夹角成 45°, 由 (6.1) 式得

$$\sigma_t - \sigma_z = f_\sigma \frac{\Delta n_r}{\Delta r}. \tag{6.11}$$

为了求得 τ_{rz}, 见图 6.16 所示, 使平面偏振光的片光通过 A 点, 入射光方向在 zr 平面内的 r' 轴方向 (z' 轴也在 zr 平面内), 则仅有 $\sigma_{z'}$ 和 σ_t 有光效应. 使平面偏振光的偏振轴方向 E_p 与观察方向重合, 处在与 r' 轴垂直的平面内, 并与次主应力方向的夹角成 45°, 由 (6.1) 式得

$$\sigma_t - \sigma_{z'} = f_\sigma \frac{\Delta n_{r'}}{\Delta r'}, \tag{h}$$

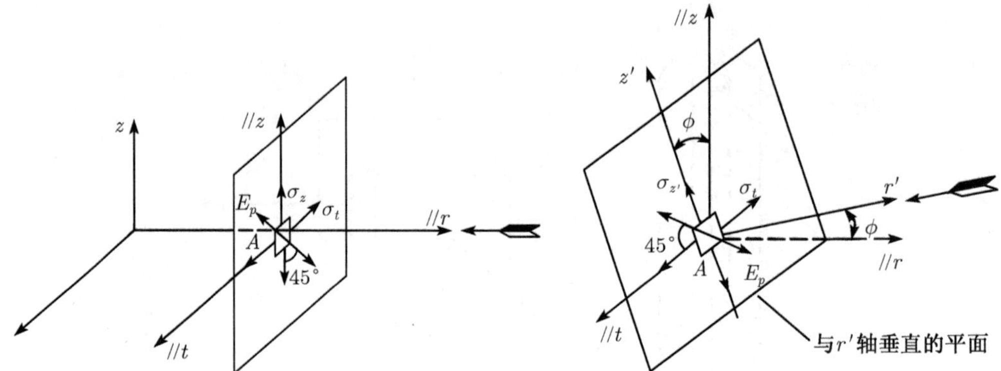

图 6.15　沿平行于 r 轴方向入射　　　　图 6.16　沿平行于 r' 轴方向入射

其中, $\sigma_{z'}$ 由弹性力学应力转轴公式得知

$$\sigma_{z'} = \sigma_r \sin^2\phi + \sigma_z \cos^2\phi + \tau_{rz}\sin 2\phi, \tag{i}$$

则

$$\begin{aligned}\tau_{rz} &= \frac{1}{\sin 2\phi}[\sigma_t(\sin^2\phi + \cos^2\phi) + \sigma_{z'} - \sigma_r\sin^2\phi - \sigma_z\cos^2\phi - \sigma_t] \\ &= \frac{1}{\sin 2\phi}[(\sigma_t - \sigma_r)\sin^2\phi + (\sigma_t - \sigma_z)\cos^2\phi - (\sigma_t - \sigma_{z'})],\end{aligned}$$

把 (6.10), (6.11) 和 (h) 式代入上式得

$$\tau_{rz} = \frac{f_\sigma}{\sin 2\phi}\left[\frac{\Delta n_z}{\Delta z}\sin^2\phi + \frac{\Delta n_r}{\Delta r}\cos^2\phi - \frac{\Delta n_{r'}}{\Delta r'}\right]. \tag{6.12}$$

为了分离 (6.10) 式中的两个垂直应力, 使用沿 r 轴方向的, 用圆柱坐标表达的平衡微分方程. 沿 r 轴方向对其积分, 并以差分形式表示为

$$(\sigma_r)_K = (\sigma_r)_O - \sum_0^K \frac{\sigma_t - \sigma_r}{r}\Delta r - \sum_0^K \frac{\Delta\tau_{rz}}{\Delta z}\Delta r, \tag{6.13}$$

其中, $(\sigma_r)_O$ 由边界条件定出, $(\sigma_t - \sigma_r)$ 由 (6.10) 式可以得到, $\Delta\tau_{rz}$ 根据 (6.12) 式可以算出. 于是, 沿 r 轴方向任意点的 $(\sigma_r)_k$ 便可求得, 将其代入 (6.10) 和 (6.11) 式即得 σ_t 和 σ_z.

第7章　云　纹　法

7.1　概　　述

测量物体位移场和应变场的云纹法 (Moiré) 是应用范围较广的一种实验应力分析方法. 1874 年 L.Rayleigh 首次讨论了 Moiré条纹现象. 近几十年获得较快的发展 [14,15]. 它的测量范围广, 可以测量弹性和塑性变形 (包括二维和三维), 以及在稳定问题的研究中都有广泛的应用, 它可适用于静载和动载, 常温和高温. 测量应变的灵敏度可达 10^{-4}.

云纹法测量的基本元件是栅板, 见图 7.1 所示, 它是由透光和不透光的等距平行线组成, 明和暗线相间, 暗线称为栅线, 相邻两栅线的距离称为节距 p. 节距 p 的倒数称为栅线频率 (或称密度), 常用的栅线频率为 2 线/毫米到 100 线/毫米.

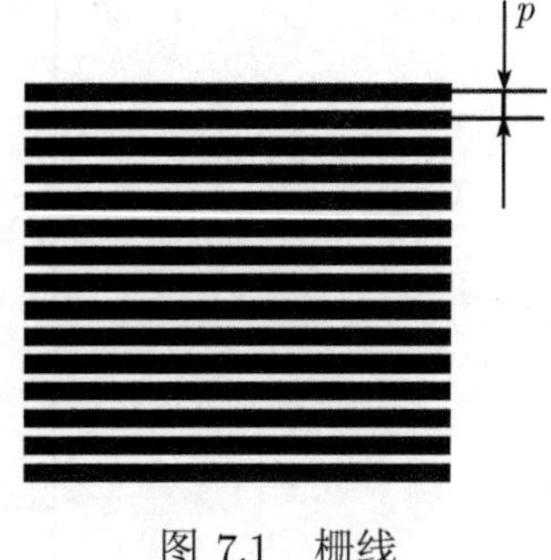

图 7.1　栅线

7.2　面内位移的测量

为了测量平面应力模型在垂直于厚度方向的平面内的位移, 通常采用以下两种方法.

1. 确定应变与云纹之间关系的几何法

(1) 轴向拉伸 (或压缩) 时应变的测量

① 平行云纹法

见图 7.2(a) 所示, 设 x 轴为试件的轴向, 在试件表面上用 502 胶水粘上胶片栅, 随后撕掉胶片只保留栅线在试件表面上, 此栅称为试件栅. 为了测量 ε_x, 需使栅线方向与 x 轴垂直. 当物体变形时, 试件栅随物体一起变形. 物体变形前将与试件栅等节距的栅贴近 (但不粘在一起) 试件栅的表面进行安置, 使两个栅线重合, 此栅不随物体变形, 称为基准栅 (或分析栅). 当光源垂直照射它们后, 在其成像面上对应的是试件栅和基准栅的重叠状态.

当对试件施加拉力 P 时, 见图 7.2(b) 所示, 试件栅相对于基准栅产生了相对变形. 假设试件栅的栅线 0 与基准栅的栅线 0′ 相对不动, 那么, 试件栅的栅线 1′ 将相

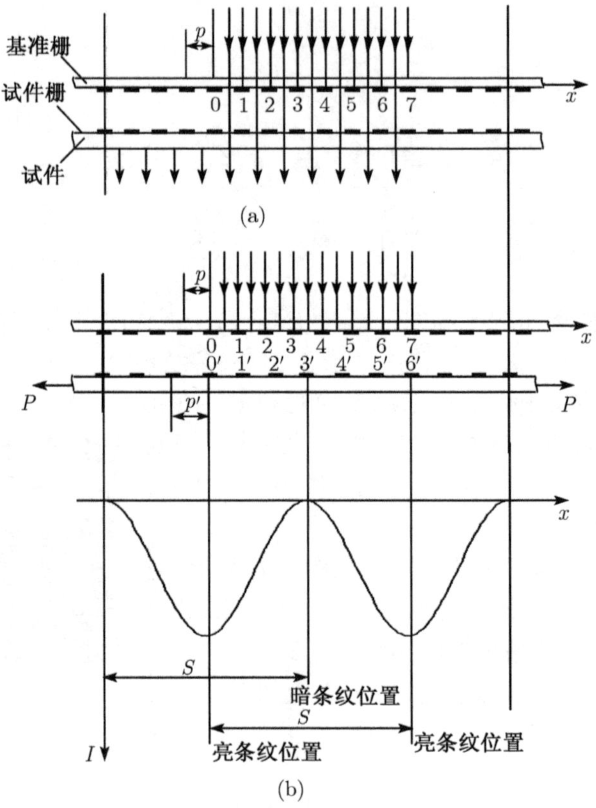

图 7.2　平行云纹法

对于基准栅 0 向右移动一段距离 Δp, 试件栅的栅线 $2'$ 将相对于基准栅 0 向右移动 $2\Delta p$, 同理栅线 $6'$ 相对于基准栅向右移动了 $6\Delta p$. 如果 $6\Delta p$ 等于节距 p, 则试件栅的栅线 $6'$ 与基准栅的栅线 7 重合. 于是, 试件栅的栅线 $3'$ 相对于基准栅的栅线向右移动了 $3\Delta p = \dfrac{1}{2}p$, 故知试件栅的栅线 $3'$ 正落在基准栅的两栅线 3 和 4 之间. 通过基准栅线 3 和 4 之间的入射光被试件栅线 $3'$ 所遮挡, 于是在此处形成暗条纹. 通过基准栅线 0 两旁的入射光通过试件栅线 $0'$ 的两旁, 于是在此处形成亮条纹. 这种暗 (或亮) 条纹称为云纹条纹, 简称云纹. 通过基准栅观察到的光强分布为正弦曲线.

设两条云纹之间的距离为 s, 在变形前试件上 $(s-p)$ 的距离内, 试件伸长了一个节距 p, 故试件的拉应变为

$$\varepsilon_x = \frac{p}{s-p}. \tag{a}$$

对于试件承受轴向压缩时, 其压应变为

$$\varepsilon_x = -\frac{p}{s+p}. \tag{b}$$

由于 $p \ll s$, 故式 (a), (b) 可写为

$$\varepsilon_x \approx \pm\frac{p}{s}. \tag{7.1}$$

根据 (7.1) 式得出应变的数值, 使用微转基准栅的办法, 根据云纹的走向可以判断应变的正或负, 即拉或压应变.

见图 7.3 所示, 如果试件栅和基准栅的节距相等, 使两者的栅线重合, 当 $\varepsilon_x = 0$ 时, 则无云纹产生. 如使基准栅作微小转动, 则基准栅和试件栅的栅线相交叉, 在交叉点的连线上形成亮云纹. 当基准栅的栅线穿过试件栅线之间的区域时, 则部分遮挡透过的光线, 于是在亮云纹之间形成暗云纹. 如果继续使基准栅作微小转动, 则云纹方向基本上不发生转动, 只是云纹之间的距离发生改变.

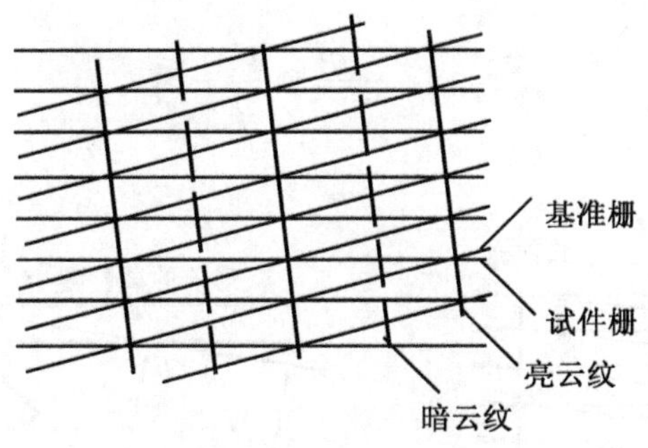

图 7.3 $\varepsilon_x = 0$ 情况

当 $\varepsilon_x > 0$ 时, 见图 7.4 所示, 试件栅的节距增加为 p'. 假设使基准栅微小转动 θ, 则对应产生的亮云纹位置为 AB. 在此基础上使基准栅继续同向微转 $\Delta\theta$, 则亮云纹 AB 转动到 AB', 其转动方向和基准栅的旋转方向一致.

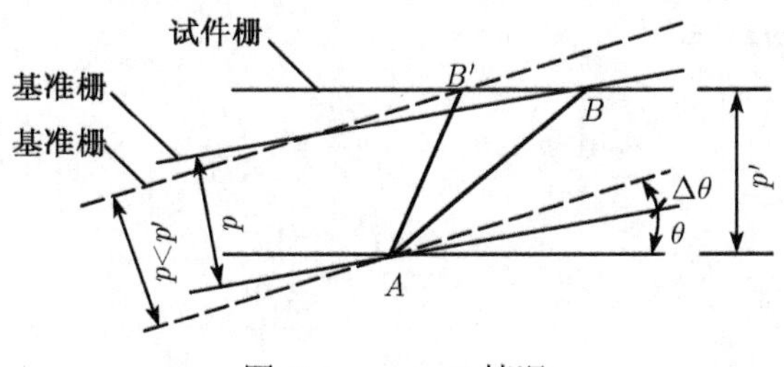

图 7.4 $\varepsilon_x > 0$ 情况

当 $\varepsilon_x < 0$ 时, 见图 7.5 所示, 试件栅的节距减小为 p''. 假设使基准栅微小转动 θ, 则对应产生的亮云纹位置为 AB. 在此基础上使基准栅继续同向微转 $\Delta\theta$, 则亮云纹 AB 转动到 AB', 其转动方向和基准栅的旋转方向相反.

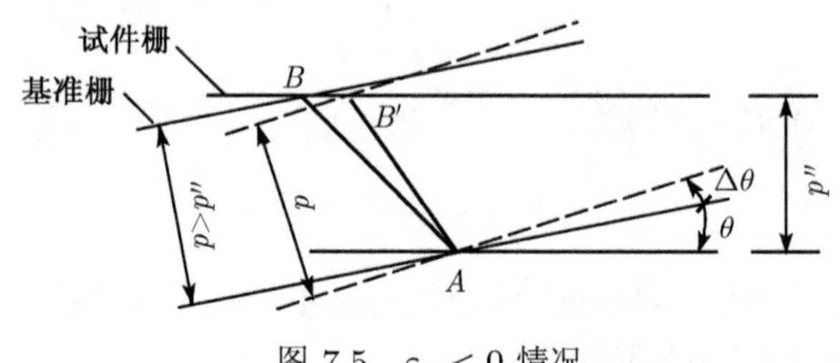

图 7.5　$\varepsilon_x < 0$ 情况

② 转角云纹法 (或错角云纹法)

见图 7.6(a) 所示, 试件栅的栅线方向垂直于试件的轴线. 试件变形前使基准栅的栅线相对于试件栅的栅线微小转动 $\theta = 0.2^\circ \sim 0.35^\circ$, 形成的亮云纹为 ABE, 当试件变形后, 试件栅的节距增加为 p', 见图 7.6(b) 所示, 亮云纹的位置改变到 AB', AB' 与基准栅的栅线夹角为 ϕ, 试件的拉应变为

$$\varepsilon_x = \frac{p' - p}{p} = \frac{p'}{p} - 1, \tag{c}$$

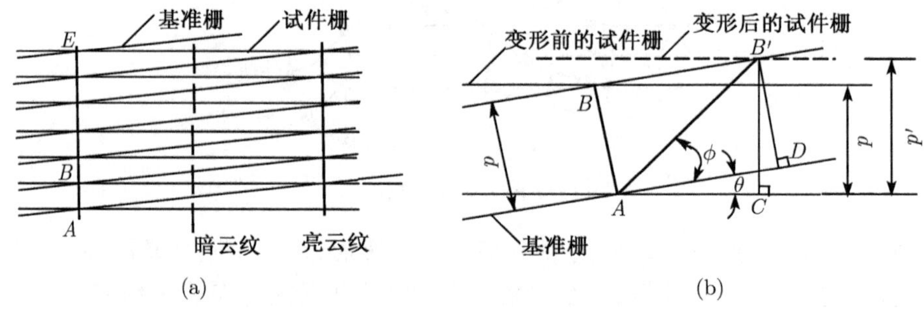

图 7.6　转角云纹法 ($\varepsilon_x > 0$)

在 $\Delta AB'C$ 和 $\Delta AB'D$ 中

$$\sin(\phi + \theta) = \frac{B'C}{AB'} = \frac{p'}{AB'},$$

$$\sin\phi = \frac{B'D}{AB'} = \frac{p}{AB'},$$

则

$$\frac{p'}{p} = \frac{\sin(\phi + \theta)}{\sin\phi},$$

将其代入 (c) 式得

$$\varepsilon_x = \frac{\sin(\phi + \theta)}{\sin\phi} - 1, \tag{7.2}$$

式中 θ 是已知的, ϕ 要通过测量得到. 应变的正负是根据 θ, ϕ 角的正负而定, 而 θ, ϕ 角以逆时针为正.

如果试件承受轴向压缩, 见图 7.7 所示, 当试件变形后, 则亮云纹的位置由 AB 改变到 AB', AB' 与基准栅的夹角为 ϕ, 同理可得

$$\varepsilon_x = \frac{p'-p}{p} = \frac{p'}{p} - 1 = \frac{\sin(\phi+\theta)}{\sin\phi} - 1.$$

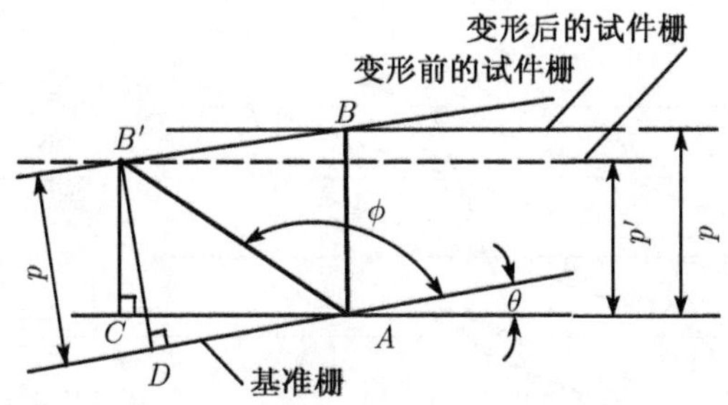

图 7.7 转角云纹法 ($\varepsilon_x < 0$)

如果基准栅的节距 p_a 和变形前试件栅的节距 p_b 不等, 同理可得

$$\varepsilon_x = \frac{p_a}{p_b} = \frac{\sin(\phi+\theta)}{\sin\phi} - 1. \tag{7.3}$$

在此应当指出, 为了得到 ε_x, 需要测量 θ 和 ϕ, 而精确测量角度是很困难的. 所以在实际应用中, 把角度测量改变为距离的测量[14].

① ϕ_1, ϕ_2 和 ϕ_3 的量测

见图 7.8(a) 所示, 设 x 轴是基准栅线方向, ϕ_1, ϕ_2 和 ϕ_3 角分别是 x_1, x_2 和 x_3 点处亮云纹的切线方向与基准栅线方向之间的夹角. 为了求出 ϕ_1, ϕ_2 和 ϕ_3, 在 x 轴上、下等距离处 (如选取 2mm) 作两条与 x 轴平行的直线, 它们分别与经过 x_1 点的亮云纹相交, 则

$$\tan\phi_1 = \frac{4}{\delta_1}, \tag{7.4a}$$

则

$$\phi_1 = \arctan\frac{4}{\delta_1}. \tag{7.4b}$$

同理, 可以求出 ϕ_2 和 ϕ_3.

② θ 的量测

见图 7.8(b) 所示, θ 角是变形前试件栅的栅线方向与基准栅的栅线之间的夹角. 因为

$$s = x_1x_2 = x_1F + Fx_2 = \frac{p}{\tan\phi_1} + \frac{p}{\tan\theta} = \frac{p\tan\theta + p\tan\phi_1}{\tan\phi_1\tan\theta},$$

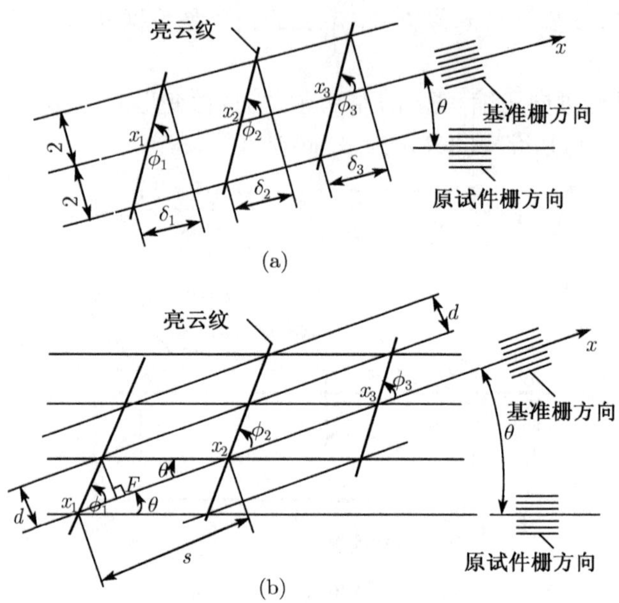

图 7.8　ϕ_1 和 θ 的计算

所以

$$\tan\theta=\frac{p\tan\phi_1}{s\tan\phi_1-p},$$

将 (7.4a) 式代入上式得

$$\tan\theta=\frac{4p}{4s-p\delta_1},\tag{7.5a}$$

所以

$$\theta=\arctan\frac{4p}{4s-p\delta_1},\tag{7.5b}$$

式中, s 称为沿基准栅线方向两相邻亮云纹的截距. s 和 δ_1 值由台式放大投影仪量出.

将 ϕ_1 和 θ 值代入 (7.2) 式, 则得 x_1 点的应变. 由于 θ 很小 (一般为 $0.2^\circ\sim0.35^\circ$), 则

$$\left.\begin{aligned}&\sin\theta\approx\tan\theta,\\&\cos\theta\approx1.\end{aligned}\right\}\tag{d}$$

将 (d) 和 (7.4a), (7.5a) 式代入 (7.2) 式得

$$\begin{aligned}\varepsilon_{x_1}&=\frac{\sin(\phi_1+\theta)}{\sin\phi_1}-1=\frac{\sin\phi_1\cos\theta+\cos\phi_1\sin\theta}{\sin\phi_1}-1\\&=\left(\cos\theta+\frac{\sin\theta}{\tan\phi_1}\right)-1=\frac{\tan\theta}{\tan\phi_1}=\frac{\delta_1}{4\dfrac{s}{p}-\delta_1}.\end{aligned}\tag{7.6a}$$

若使用 50 线/毫米栅频的栅线, 则栅线截距为

$$p=\frac{1}{50}=0.02\text{mm},$$

将其代入 (7.6a) 式得

$$\varepsilon_{x_1}=\frac{\delta_1}{200s-\delta_1},$$

由于 $200s\gg\delta_1$, 则上式可写成

$$\varepsilon_{x_1}=\frac{\delta_1}{200s}. \tag{7.6b}$$

(2) 纯剪切应变的测量

在研究纯剪切应变测量前, 首先分析两等节距的栅, 在相互平行的基础上相对倾斜 θ 角时, 所形成的亮带云纹与 θ 角之间的关系 (见图 7.9 所示), 可由直角 $\triangle OCA$ 求得

$$\sin\theta=\frac{p}{s}, \tag{7.7a}$$

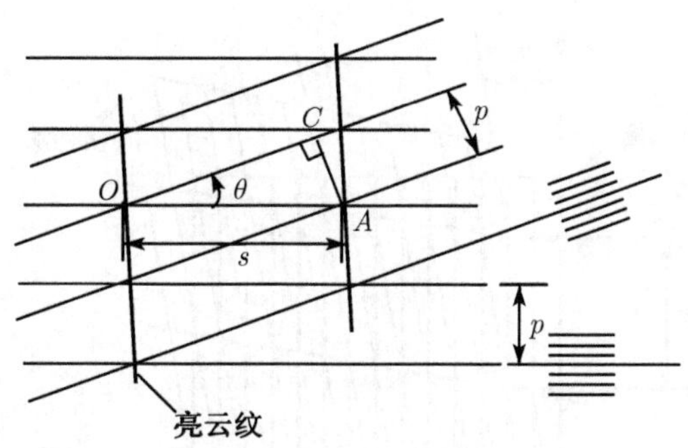

图 7.9 云纹与 θ 角的关系

如果 θ 很小, 则 (7.7a) 式可写成

$$\theta=\frac{p}{s}, \tag{7.7b}$$

式中, s 是水平栅线方向上两相邻云纹间的截距.

下面介绍利用此原理测量纯剪切应变的方法.

① 见图 7.10 所示, 试件变形前将试件栅和基准栅的栅线平行于 x 轴安置. 当试件产生纯剪切变形时, 转角 θ_y 仅使试件栅线沿 x 轴方向移动, 基本上不改变试件栅的节距 (这是由于 θ_y 很小的缘故), 所以不产生云纹. 转角 θ_x 使试件栅线相对于基准栅发生倾斜, 因此产生云纹. 如果忽略试件栅的节距变化, 则由 (7.7b) 式得

$$\theta_x=\frac{p}{s_x}. \tag{7.8a}$$

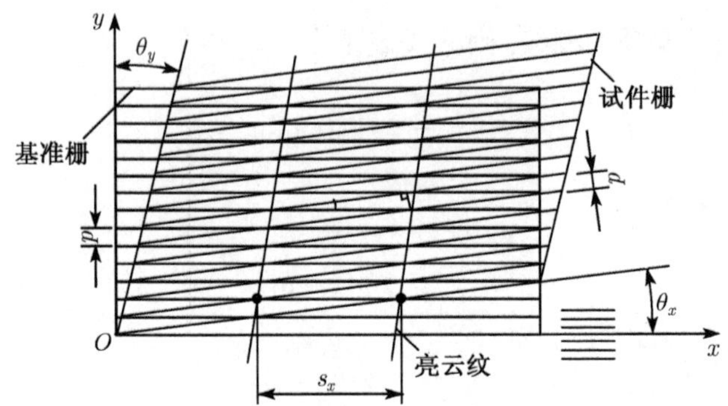

图 7.10　变形前试件栅和基准栅的栅线方向平行于 x 轴的情况

② 见图 7.11 所示, 试件变形前试件栅和基准栅的栅线垂直于 x 轴, 当试件产生纯剪切变形时, 同理由 (7.7b) 式可得

$$\theta_y = \frac{p}{s_y}. \tag{7.8b}$$

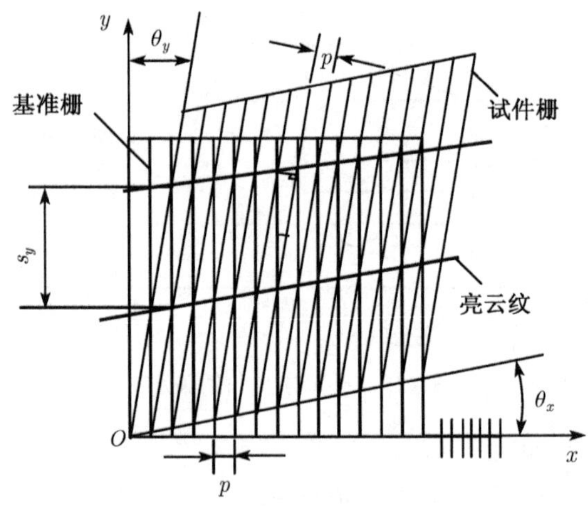

图 7.11　变形前试件栅和基准栅的栅线方向垂直于 x 轴的情况

根据剪应变的定义由 (7.8a) 和 (7.8b) 式得

$$\gamma_{xy} = \theta_x + \theta_y = p\left(\frac{1}{s_x} + \frac{1}{s_y}\right), \tag{7.9}$$

直角减小时 γ_{xy} 为正.

(3) 平面应力状态下 $\varepsilon_x, \varepsilon_y$ 和 γ_{xy} 的测量

为了得到 $\varepsilon_x, \varepsilon_y$ 和 γ_{xy}, 也需要分别进行两次试验.

第 1 次, 见图 7.12 所示, 试件变形前试件栅线平行于 x 轴. ε_x 仅引起试件栅的栅线伸长或缩短, θ_y 仅引起试件栅线沿 x 轴方向的移动, 所以 ε_x 和 θ_y 不产生云纹, 仅 ε_y 和 θ_x 产生云纹. 设变形前试件栅和基准栅的节距为 p, 变形后试件的节距变为 p'.

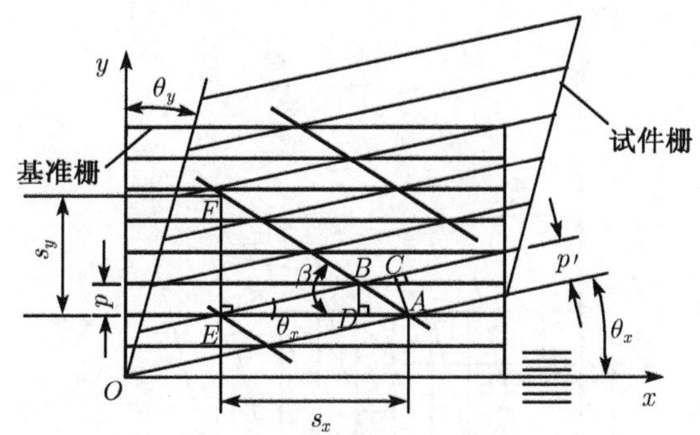

图 7.12 ε_y 和 θ_x 的测量

在直角 $\triangle ACE$ 中,

$$\sin\theta_x = \frac{p'}{s_x} = \frac{p + p\varepsilon_y}{s_x}, \tag{e}$$

式中 s_x 是在基准栅的栅线方向上相邻两云纹间的截距. 因为 θ_x 很小和 $\varepsilon_y \ll 1$, 则

$$\theta_x = \frac{p}{s_x}, \tag{f}$$

在直角 $\triangle AEF$ 和 $\triangle ADB$ 中,

$$\tan\beta = \frac{s_y}{s_x} = p\Big/\left(s_x - \frac{p}{\tan\theta_x}\right),$$

则

$$s_y = p\Big/\left(1 - \frac{p}{\tan\theta_x}\cdot\frac{1}{s_x}\right),$$

将 (e) 代入上式得

$$s_y = \frac{p}{1 - \dfrac{p}{p'}\cos\theta_x},$$

因为 θ_x 很小, 则 $\cos\theta_x \approx 1$, 代入上式得

$$s_y = \frac{p'}{\dfrac{p'-p}{p}} = \frac{p'}{\varepsilon_y},$$

则

$$\varepsilon_y = \frac{p'}{s_y} \approx \frac{p}{s_y}. \tag{7.10}$$

第 2 次, 见图 7.13 所示, 试件变形前试件栅的栅线垂直于 x 轴. 同理可知, 仅 ε_x 和 θ_y 产生云纹. 由直角 $\triangle ACE$, $\triangle AEF$ 和 $\triangle ADB$ 可得

$$\theta_x = \frac{p}{s_y}, \tag{g}$$

$$\varepsilon_x = \frac{p'}{s_x} \approx \frac{p}{s_x}, \tag{7.11}$$

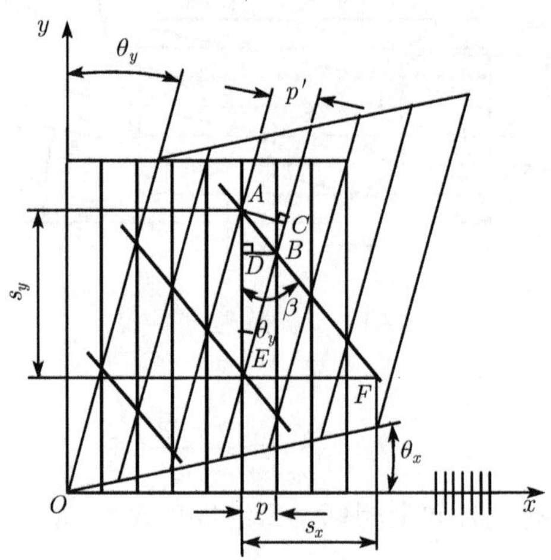

图 7.13　ε_x 和 θ_y 的测量

由 (f) 式和 (g) 式可得

$$\gamma_{xy} = \theta_x + \theta_y = p\left(\frac{1}{s_x} + \frac{1}{s_y}\right). \tag{7.12}$$

在 ε_x, ε_y 和 γ_{xy} 应变场中, 各点的应变不同, 所以云纹图是曲线族. 用以上方法测量出的应变是两相邻云纹间距内的平均应变.

2. 确定应变与云纹之间关系的位移导数法

(1) 应变与位移的关系式

见图 7.14 所示, 在物体发生小变形的情况下, 由弹性力学知道

$$\left.\begin{aligned} &\varepsilon_x = \frac{\partial u}{\partial x}, \\ &\varepsilon_y = \frac{\partial v}{\partial y}, \\ &\gamma_{xy} = \theta_x + \theta_y = \frac{\partial v}{\partial x} + \frac{\partial u}{\partial y}. \end{aligned}\right\} \tag{7.13}$$

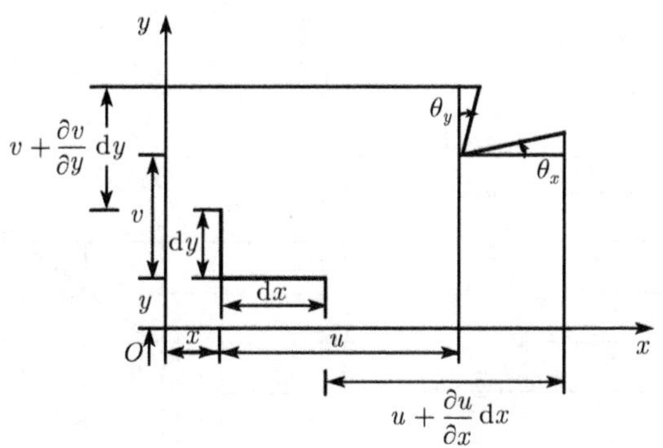

图 7.14 应变与位移的关系

在物体发生有限变形的情况下, 如仍以变形前的坐标作为自变量 (称为拉格朗日型式), 则由弹性力学知其应变与位移的关系为

$$\left.\begin{aligned}\varepsilon_x &= \frac{\partial u}{\partial x}+\frac{1}{2}\left[\left(\frac{\partial u}{\partial x}\right)^2+\left(\frac{\partial v}{\partial x}\right)^2\right],\\ \varepsilon_y &= \frac{\partial v}{\partial y}+\frac{1}{2}\left[\left(\frac{\partial u}{\partial y}\right)^2+\left(\frac{\partial v}{\partial y}\right)^2\right],\\ \gamma_{xy} &= \frac{\partial v}{\partial x}+\frac{\partial u}{\partial y}+\frac{\partial u}{\partial x}\frac{\partial u}{\partial y}+\frac{\partial v}{\partial x}\frac{\partial v}{\partial y}.\end{aligned}\right\}\tag{7.14}$$

(2) 位移导数法

假设试件变形前试件栅和基准栅栅线重合放置, 并与 x 轴平行, 见图 7.15(a) 所示, 基准栅和试件栅的栅线分别以 $a_{0,1,2,3,-1,-2,-3,\cdots}$ 和 $b_{0,1,2,3,-1,-2,-3,\cdots}$ 符号表示. 当试件变形以后, 在非均匀应变场下, 试件栅线一般由直线变为曲线, 它相对于基准栅的位置发生了改变, 见图 7.15(d) 所示, 因为基准栅的位置不动, 则编号相同的两种栅线的交点处, 在垂直于栅线方向上无位移, 如 A,B,C,D,E,F,G 点, 它们的连线是一条亮云纹. 因为这些点在垂直于基准栅线方向上位移为零, 故称此条云纹为零级条纹或零级 v 等位移线. 试件栅线 b_{n-1} 与基准栅线 a_n 的交点处, 在垂直于基准栅线方向上朝正 y 轴方向移动了一个节距 p, 于是 H,I,J,K,L,M 点的连线称为 1 级 v 等位移线. 同理, N,P,Q,R,S,T 点连线构成 -1 级 v 等位移线, 这些点在垂直于基准栅线方向上朝负 y 轴方向移动了一个节距 p. 依此类推, 可以定出 2, 3, $\cdots$, -2, -3, $\cdots$ 级 v 等位移线.

由 (7.13) 知道, 如求出物体表面任意点的 $\dfrac{\partial u}{\partial x}$, $\dfrac{\partial u}{\partial y}$, $\dfrac{\partial v}{\partial x}$ 和 $\dfrac{\partial v}{\partial y}$ 值, 则该点的应变分量 ε_x, ε_y 和 γ_{xy} 即可得出. 见图 7.15(d) 所示, 为了求 W 点的 ε_x, ε_y 和 γ_{xy}, 则过 W 点作平行于 x 轴的直线 ef 和平行于 y 轴的直线 gh, 它们与 v 等位移线相

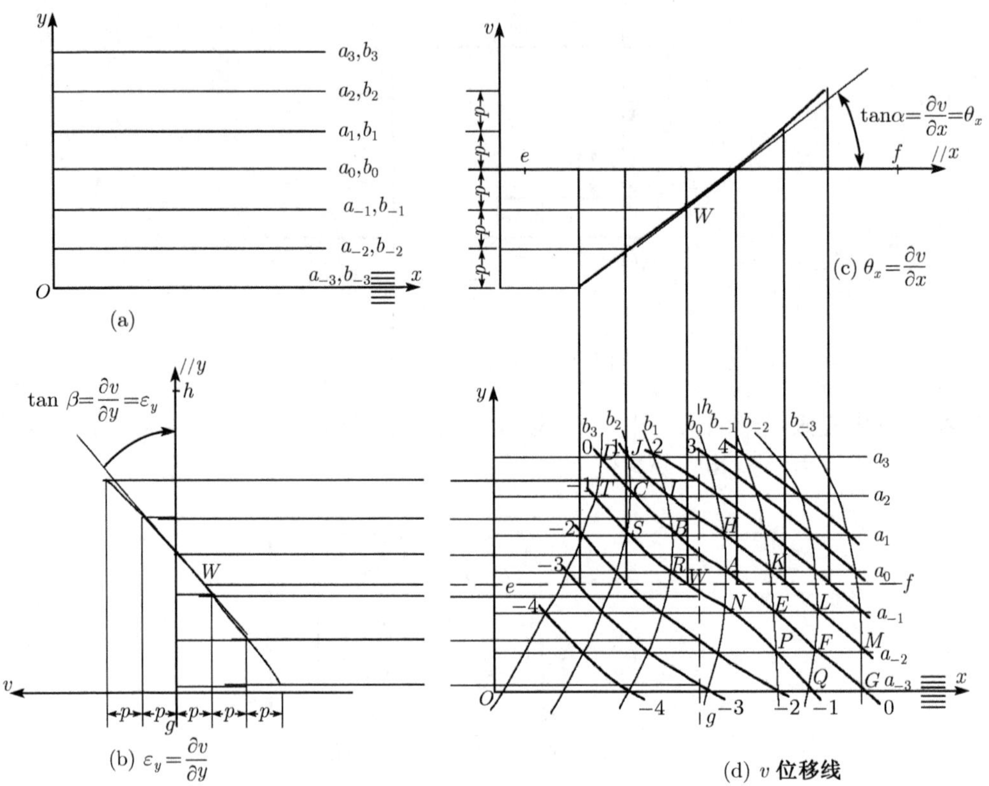

图 7.15　位移导数法

交. 见图 7.15(b) 所示, 画出沿 gh 线上各点 v 位移的分布曲线, 根据此曲线可以求得 W 点切线的斜率 $\tan\beta=\dfrac{\partial v}{\partial y}$, 即 ε_y. 然后再画出沿 ef 线上各点 v 位移的分布曲线, 见图 7.15(c) 所示, 根据此曲线即可求得 W 点切线的斜率 $\tan\alpha=\dfrac{\partial v}{\partial x}$(即 θ_x).

同理, 假如试件变形前使试件栅和基准栅相重合, 并与 y 轴平行, 则当试件变形以后, 便形成 u 等位移线. 那么, 根据 u 等位移线可以求得 W 点的 $\dfrac{\partial u}{\partial x}$(即 ε_x) 和 $\dfrac{\partial u}{\partial y}$(即 θ_y). 于是由 (7.13) 式即得 W 点的应变分量

$$\varepsilon_x=\frac{\partial u}{\partial x},$$

$$\varepsilon_y=\frac{\partial v}{\partial y},$$

$$\gamma_{xy}=\theta_x+\theta_y=\frac{\partial v}{\partial x}+\frac{\partial u}{\partial y}.$$

偏导数的正负是根据所选定的坐标系和等位移线的级次正负而决定的, 所以正确判断等位移线的级次正负是很重要的. 下面以径向受压圆盘为例介绍确定等位移线级次及其正负的方法.

见图 7.16(a) 所示, 试件受力前试件栅线垂直于 x 轴. 试件变形后, 则产生 u 等位移线. 由于试件几何形状和载荷对称于 y 轴, 则圆盘铅垂直径上各点不产生沿 x 轴方向的位移, 所以铅垂直径就是零级 u 等位移线. 在第一、四象限的圆盘上的点, 试件变形后都产生沿正 x 轴方向的位移, 而且距离 y 轴愈远的点 u 位移愈大, 所以, u 等位移线的级次按 0, 1, 2, 3, 4, 5, $\cdots$ 排列. 在第二、三象限的圆盘上的点, 试件变形后都产生沿负 x 轴方向的位移, 而且距离 y 轴愈远的点 u 位移的绝对值愈大, 所以, u 等位移线的级次按 0, −1, −2, −3, −4, −5, $\cdots$ 排列.

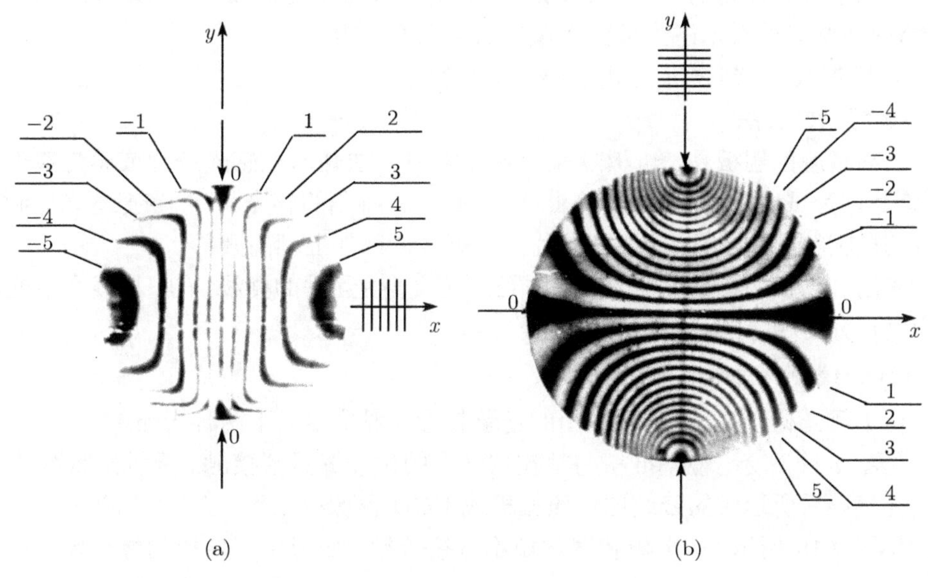

图 7.16 u 和 v 等位移线

见图 7.16(b) 所示, 试件受力前试件栅线垂直于 y 轴. 试件变形后, 则产生 v 等位移线. 由于试件几何和载荷对称于 x 轴, 则水平直径以上各点的 v 位移是朝向水平直径的. 水平直径以下各点的 v 位移也是朝向水平直径的, 故可假设水平直径为零级 v 位移线. 那么, 在第一、二象限的圆盘上的点, 试件变形后都产生沿负 y 轴方向的位移, 而且距离 x 轴愈远的点 v 位移的绝对值愈大, 所以 v 等位移线的级次按 0, −1, −2, −3, −4, −5, $\cdots$ 排列. 在第三、四象限的圆盘上的点, 试件变形后都产生沿正 y 轴方向的位移, 而且距离 x 轴愈远的点 v 位移愈大, 所以 v 等位移线的级次按 0, 1, 2, 3, 4, 5, $\cdots$ 排列.

在此指出, 圆盘在受压情况下, 下端点是固定的, 上端施加压力. 可以把圆盘下端点位移定为零, 则圆盘下端点以上各点的 v 等位移线可按 $-1, -2, -3, \cdots$ 排列.

3. 栅板的制造和云纹图的记录装置

(1) 栅板的制造

云纹方法的测量精度与栅板的制造质量紧密相关. 要求栅线呈直线, 栅线黑白反差大. 测量弹性小变形的构件常用栅频为 50～100 线/毫米的栅板; 测量大变形的构件常用栅线频率为 10～50 线/毫米的栅板.

一般使用以下几种方法制造栅板:

① 试件栅直接刻在试件表面上

a. 光刻法. 先将试件表面上涂上感光材料 (如光刻胶), 用高精度的栅板作 "母板", 面对感光药膜进行曝光, 显影后用清水冲洗, 然后进行腐蚀, 如果使用的是负型光刻胶, 则对栅板未感光部分在试件表面上留下栅线.

b. 机刻法. 在刻线机上用刀具给试件刻线.

② 照相拷贝法

用高精度的栅板作 "母板", 采用照相拷贝方法翻印在感光胶片或感光玻璃板上, 将其作为试件栅和基准栅. 在此指出, 有一种特制的感光胶片, 当把感光后制成栅线的药膜粘贴到试件上以后, 胶片片基可以从试件上剥离开.

常用的栅板的栅线是平行线的. 还有正交型 (互垂的栅线) 的. 栅线和透光线的宽度也分为相等的和不相等的两类.

(2) 云纹图的记录装置

对于透光材料的试件, 云纹图的记录装置一般采用如下两种光路.

见图 7.17 所示, 使基准栅与粘在试件上的试件栅紧密接触. 漫射光照射试件. 当试件变形后所形成的云纹图用照相机或 CCD 摄像机采集.

见图 7.18 所示, 基准栅和试件栅不直接接触. 变形后试件栅的像呈现在照相

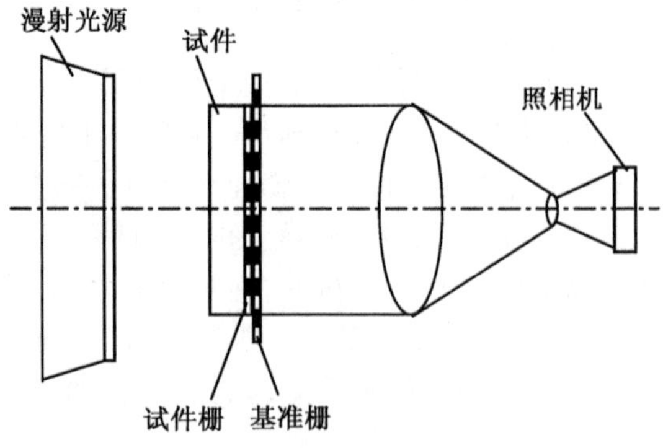

图 7.17　两种栅线紧密接触

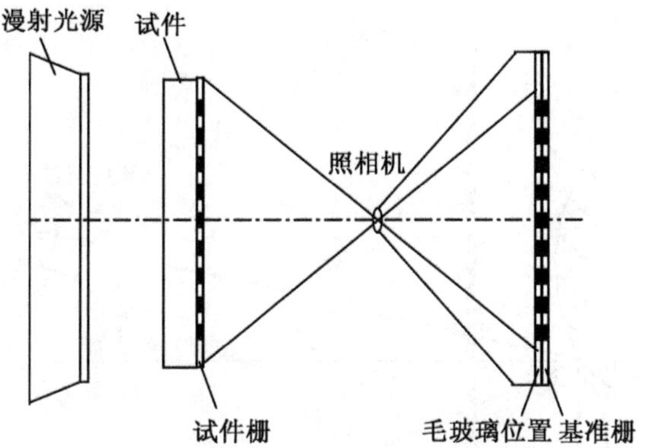

图 7.18 两种栅线不直接接触

机的毛玻璃片位置, 而基准栅也放在此处, 试件变形后在基准栅后就可以观察到云纹图. 由于基准栅不和试件栅在一起, 则对于高温应变测量, 此法具有优越性.

此外, 对于不透光试件, 需要在试件表面做反光层或在栅线底面做一反光层. 入射光与试件表面法线有一夹角, 在试件表面法线方向上观察云纹图.

7.3 离面位移的测量 —— 投影云纹法

对于三维的模型, 在载荷作用下, 试件除产生面内位移外, 还产生离面位移. 另外, 对于曲面物体有时需要测量曲面上的等高线. 而投影云纹法就可以测量离面位移和等高线.

见图 7.19 所示, 在被测试件前方放一玻璃的基准栅, 在垂直于栅线的平面内, 用与栅板法线成 α 角方向的平行光照射基准栅, 使栅线投影在试件的表面上. 设其中一线束光经基准栅栅线之间的一点 m, 投影到试件表面上成为一个亮点 m', 当观察方向也在垂直于栅板的平面内, 并与基准栅栅板法线成 β 角方向时, 如果 m'' 点正是基准栅线之间的透光点, 则观察到一个亮点. 因为照射光线是多线束平行光, 故可观察到一系列的亮点, 这些亮点的连线形成多条亮云纹, 由图 7.19 可以明显的看出这种情况下的 l 长度一定是基准栅节距 p 的整倍数, 所以

$$l = np, \quad (n = 0, 1, 2, \cdots). \tag{h}$$

因为

$$l = mo + om'' = W \cdot \tan\alpha + W \cdot \tan\beta, \tag{i}$$

将 (i) 代入 (h) 得

$$W = \frac{np}{\tan\alpha + \tan\beta}. \tag{7.15}$$

因为观察距离在远处, 则对试件上诸点的 $\tan\beta$ 可认为近似相等,

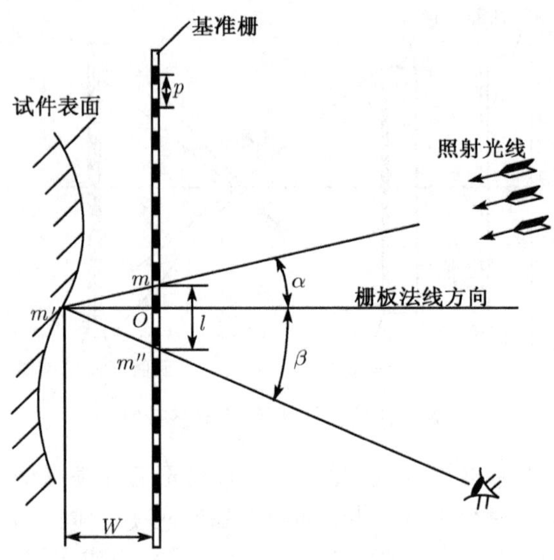

图 7.19　投影云纹法

如果 $\beta = 0°$, 则 (7.15) 式可写为

$$W = \frac{np}{\tan\alpha}, \tag{7.16}$$

式中 p, α 是已知数, 根据产生亮云纹的级次 n 就可以计算出对应点的 W 值. 如果试件变形前测出 W_0, 试件变形后测出 W_1, 则 (W_1-W_0) 即为试件产生的离面位移.

投影云纹法记录设备见图 7.20 所示, 当把基准栅板接触到试件表面上一点时,

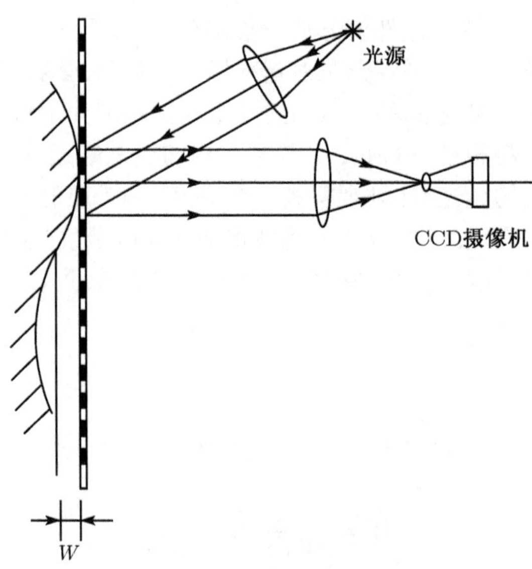

图 7.20　投影云纹法的记录装置

假设接触点正处在栅线之间的点, 则由 (7.16) 式可以看出, 因为 $\tan\alpha \neq 0$, 所以接触点处 ($W=0$) 的明云纹的级次 $n=0$. 其他各级次 $n=1,2,3,\cdots$ 的亮云纹即为等高线. 图 7.21 表示曲面等高线的投影云纹图.

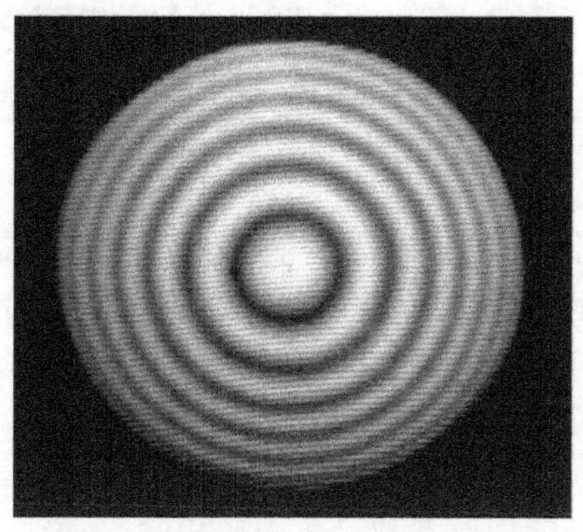

图 7.21 曲面等高线的投影云纹图

投影云纹法的灵敏度定义为

$$s=\frac{n}{W}. \tag{7.17a}$$

将 (7.16) 式代入 (7.17a) 式得

$$s=\frac{\tan\alpha}{p}. \tag{7.17b}$$

第 8 章　模型相似理论

8.1　概　　述

实际工程结构 (包括机械或土木结构) 的构件 (简称实物) 的尺寸和载荷比较大, 也可能很小, 在工程设计中, 常利用模型实验来确定实物的应力、应变和变形. 在进行模型实验时要考虑:

(1) 模型与实物尺寸之比.

(2) 模型与实物载荷之比.

(3) 模型和实物材料的力学参数是否需要相同.

(4) 根据模型实验结果如何计算出实物的应力、应变和变形.

这些问题的解决要通过模型相似理论来完成. 解决的途径有两个:

(1) 如果已知描写物理现象的基本方程, 则可根据基本方程建立模型相似条件.

(2) 如果描写物理现象的基本方程是未知的, 则需要通过量纲分析建立模型相似条件.

8.2　量 纲 分 析

在工程单位制中, 选取力、长度和时间作为基本量, 以 F, L 和 T 分别表示这些基本量的基本单位. 其他物理量的单位均可通过定义或物理定律用这三个基本单位导出, 称之为导出单位.

但应注意, 导出单位不是唯一的, 速度 v=20cm/s 是用 cm/s 导出单位表示的, 也可使用 v 导出单位 m/min 来表示. 如果用 F 表示力、用 L 表示长度和用 T 表示时间, 则速度这一导出单位只有一种形式, 被表示为

$$[V]=\left[\frac{L}{T}\right]=[LT^{-1}], \tag{8.1a}$$

加速度导出单位可表示为

$$[a]=\left[\frac{V}{T}\right]=\left[\frac{L/T}{T}\right]=[LT^{-2}], \tag{8.1b}$$

质量导出单位可表示为

$$[M]=\left[\frac{F}{a}\right]=[F/LT^{-2}]=[FL^{-1}T^{2}], \tag{8.1c}$$

故在固体力学中任何一个导出单位可用一个通式表达

$$[Q]=[F^pL^qT^r], \tag{8.2}$$

(8.2) 式表达导出单位和基本单位之间的关系, 称之为量纲公式. $[Q]$ 称为导出单位 Q 的量纲. 导出单位 Q 对力、长度和时间基本单位的量纲分别为 p, q 和 r, 如导出单位 Q 与某个基本单位没关系时, 则对应这个基本单位的量纲 p 或 q 或 r 为零. 表 8.1 给出固体力学中常用量的量纲.

当一个物理方程包括两项以上时, 每一项的量纲都用基本量的量纲 $[F]$, $[L]$, $[T]$ 来表示, 每一项的量纲应相同, 通常称该物理方程在量纲上是齐次的, 或称该物理方程为完全方程或是量纲齐次式.

表 8.1 在工程单位制中力学量的量纲 $[F^pL^qT^r]$

物理量	符号	p	q	r
力	P	1	0	0
长度	l	0	1	0
时间	t	0	0	1
质量	m	1	−1	2
加速度	a	0	1	−2
角度	φ	0	0	0
角速度	ω	0	0	−1
角加速度	α	0	0	−2
面积	A	0	2	0
密度	ρ	1	−4	2
弹性模量	E	1	−2	0
频率	f	0	0	−1
泊松比	μ	0	0	0
力矩或力偶	M	1	1	0
转动惯量	I	1	1	2
截面惯性矩	J	0	4	0
周期	T	0	0	1
功率	N	1	1	−1
压强	p	1	−2	0
剪切弹性模量	G	1	−2	0
容重	γ	1	−3	0
阻尼系数	R	1	−1	1
应力	σ 或 τ	1	−2	0
速度	V	0	1	−1
弹簧常数	C	1	−1	0
体积	V_l	0	3	0
功	W	1	1	0

8.3 弹性构件大变形下的应力相似问题

根据理论分析与实验, 认为弹性构件大变形的应力 σ 可表示为载荷、尺寸、材料的弹性模量 E 和泊松系数 μ 的函数:

$$\sigma = f(P, l, E, \mu), \tag{8.3}$$

这五个物理量之间的量纲关系可表示为

$$[\sigma] = [P^a l^b E^c \mu^d], \tag{8.4}$$

式中，a,b,c,d 是待定常数.

这五个物理量的量纲分别为

$$[\sigma] = [FL^{-2}], \quad [P] = [F], \quad [l] = [L], \quad [E] = [FL^{-2}], \quad [\mu] = [F^0 L^0 T^0], \tag{8.5}$$

将 (8.5) 式代入 (8.4) 式得

$$[FL^{-2}] = [F^a L^b F^c L^{-2c}] = [F^{a+c} L^{b-2c}], \tag{8.6}$$

由上式得

$$a + c = 1, \tag{a}$$

$$b - 2c = -2, \tag{b}$$

解 (a) 和 (b) 联立方程组得

$$a = 1 - c,$$

$$b = -2 + 2c,$$

将上式代入 (8.4) 式得

$$[\sigma] = [P^{1-c} l^{-2+2c} E^c \mu^d] = \left[\frac{P}{P^c}\frac{l^{2c}}{l^2}E^c\mu^d\right] = \left[\left(\frac{P}{l^2}\right)\left(\frac{l^2E}{p}\right)^c\mu^d\right],$$

即

$$\left[\frac{\sigma l^2}{P}\right] = \left[\left(\frac{l^2E}{P}\right)^c\mu^d\right], \tag{8.7}$$

式中, $\dfrac{\sigma l^2}{P}$, $\left(\dfrac{l^2E}{P}\right)^c$ 和 μ^d 皆为量纲为一的量, 设这三个量纲为一的量分别用 π_1, π_2 和 π_3 来表示, 即

$$\left.\begin{aligned} \pi_1 &= \sigma l^2/P, \\ \pi_2 &= l^2E/P, \\ \pi_3 &= \mu, \end{aligned}\right\} \tag{8.8}$$

于是, 原来所涉及 5 个物理量 σ,P,l,E 和 μ 之间的函数式 (8.3) 经过量纲分析变为 3 个量纲为一的量 π_1,π_2 和 π_3 的关系式:

$$\frac{\sigma l^2}{P}=\varPhi\left(\frac{l^2E}{P},\mu\right), \tag{8.9a}$$

$$\pi_1=\phi(\pi_2,\pi_3). \tag{8.9b}$$

由 (8.8) 式可以看出, π_1,π_2 和 π_3 是独立的, 即不能用 π_1,π_2 和 π_3 中的任何两个量纲为一的量表示另外一个量纲为一的量. 此外, 根据物理量 σ,P,l,E 和 μ 组成的其他量纲为一的量, 例如 $\dfrac{\sigma}{E}$ 也不是独立的, 它可以通过 (8.8) 式 π_1,π_2 和 π_3 量纲为一量的乘积来表达, 即 $\dfrac{\sigma}{E}=\dfrac{\sigma l^2}{p}\bigg/\dfrac{l^2E}{p}=\pi_1/\pi_2$, 称 π_1,π_2 和 π_3 为所讨论问题的量纲为一量的完全组. 通过这个例子表明: 针对一个物理问题中诸物理量之间关系的函数式 (8.3), 利用量纲分析将其转化为量纲为一量完全组的各项 π 的函数关系式 (8.9), 这就是 π 定理的基本思路.

(8.9) 式对于原型和模型都是适用的

$$\left.\begin{aligned}&\text{对于原型}\ \frac{\sigma l^2}{P}=\varPhi\left(\frac{l^2E}{P},\mu\right),\\&\text{对于模型}\ \frac{\sigma' l'^2}{P'}=\varPhi\left(\frac{l'^2E'}{P'},\mu'\right),\end{aligned}\right\} \tag{8.10}$$

如果使原型和模型满足如下相似条件:

$$\left.\begin{aligned}&\frac{l^2E}{P}=\frac{l'^2E'}{P'}\quad(\text{称胡克相似律}),\\&\mu=\mu'\qquad\qquad(\text{称泊松相似律}),\end{aligned}\right\} \tag{8.11}$$

则由 (8.10) 式可得相似关系:

$$\frac{\sigma l^2}{P}=\frac{\sigma' l'^2}{P'}, \tag{8.12}$$

假设

$$k_P=\frac{P}{P'},\quad k_E=\frac{E}{E'},\quad k_l=\frac{l}{l'},\quad k_\mu=\frac{\mu}{\mu'},\quad k_\sigma=\frac{\sigma}{\sigma'}, \tag{8.13}$$

称为相似数.

将 (8.13) 式代入 (8.11) 式和 (8.12) 式得

$$\left.\begin{aligned}\frac{k_l^2k_E}{k_P}&=1,\\k_\mu&=1,\end{aligned}\right\} \tag{8.14}$$

$$k_\sigma = \frac{k_P}{k_l^2} = k_E. \tag{8.15}$$

由 (8.14) 和 (8.15) 式可以看出, 在做模型实验时, 相似数 k_P, k_E, k_l, k_μ 的选取要满足相似条件. 但应注意, (8.14) 式中 k_P, k_E, k_l 三个相似数不能任意选, 要满足 (8.14) 第一式, 通常是先确定模型材料, 再选取 k_l 和 k_P.

根据模型实验测出的应力 σ, 由相似关系 (8.15) 式便可计算出实物应力.

8.4 弹性构件大变形下的位移和应变相似问题

根据理论分析与实验, 认为弹性构件大变形的位移 u 可表示为载荷, 尺寸, 材料的弹性模量 E 和泊松系数 μ 的函数.

$$u = f_1(P, l, E, \mu), \tag{8.16}$$

这五个物理量之间的量纲关系可表示为

$$[u] = [P^a l^b E^c \mu^d], \tag{8.17}$$

这五个物理量的量纲分别为

$$[u] = [L], \quad [P] = [F], \quad [l] = [L], \quad [E] = [FL^{-2}], \quad [\mu] = [F^0 L^0 T^0]. \tag{8.18}$$

将 (8.18) 式代入 (8.17) 式得

$$[L] = [F^a L^b (FL^{-2})^c \mu^d] = [F^{a+c} L^{b-2c}],$$

由上式知

$$a + c = 0, \tag{a}$$

$$b - 2c = 1, \tag{b}$$

解 (a) 和 (b) 联立方程得

$$a = -c,$$

$$b = 1 + 2c,$$

将 a, b 代入 (8.17) 式得

$$[u] = [P^{-c} l^{1+2c} E^c \mu^d] = \left[\left(\frac{P}{El}\right)\left(\frac{El^2}{P}\right)^{c+1} \mu^d\right],$$

由上式得

$$\left[\frac{uEl}{P}\right]=\left[\left(\frac{El^2}{P}\right)^{c+1}\mu^d\right],$$

式中, $\pi_1=\dfrac{uEl}{P},\pi_2=\dfrac{El^2}{P},\pi_3=\mu$ 是量纲为一的量, 于是原来所涉及 5 个物理量 σ,P,l,E,μ 之间的函数式 (8.16), 经过量纲分析变为 3 个量纲为一的量 π_1,π_2 和 π_3 的关系式

$$\frac{uEl}{P}=\varPhi_1\left(\frac{El^2}{P},\mu\right), \tag{8.19a}$$

或者

$$\pi_1=\phi_1(\pi_2,\pi_3), \tag{8.19b}$$

该式对原型和模型都是适用的,

$$\left.\begin{aligned}&\text{对于原型}\ \frac{uEl}{P}=\varPhi_1\left(\frac{El^2}{P},\mu\right),\\&\text{对于模型}\ \frac{u'E'l'}{P'}=\varPhi_1\left(\frac{E'l'^2}{P'},\mu'\right),\end{aligned}\right\} \tag{8.20}$$

如果使原型和模型满足如下相似条件:

$$\left.\begin{aligned}&\frac{El^2}{P}=\frac{E'l'^2}{P'},\\&\mu=\mu',\end{aligned}\right\} \tag{8.21a}$$

即

$$\left.\begin{aligned}&\frac{k_l^2k_E}{k_P}=1,\\&k_\mu=1,\end{aligned}\right\} \tag{8.21b}$$

则由 (8.20) 式得相似关系:

$$k_u=\frac{k_P}{k_Ek_l}, \tag{8.22}$$

将 (8.21b) 式代入 (8.22) 式得

$$k_u=k_l. \tag{8.23}$$

相似数 k_P,k_E,k_l,k_μ 在满足 (8.21b) 相似关系的条件下, 根据模型实验测出的位移 u, 由相似关系式 (8.23) 就可计算出原型的位移.

原型和模型的应变相似关系用线性应变式近似表达为

$$k_\varepsilon=\frac{\varepsilon_x}{\varepsilon_x'}=\frac{\partial u/\partial x}{\partial u'/\partial x'}=\partial u/\partial u'\cdot\partial x'/\partial x, \tag{8.24}$$

由于

$$\left.\begin{aligned} k_u = \frac{u}{u'}, \text{ 则} \frac{\partial u}{\partial u'} = k_u, \\ k_l = \frac{x}{x'}, \text{ 则} \frac{\partial x'}{\partial x} = \frac{1}{k_l}, \end{aligned}\right\} \tag{8.25}$$

将 (8.25) 和 (8.23) 式代入 (8.24) 式得

$$k_\varepsilon = \frac{k_u}{k_l} = 1. \tag{8.26}$$

8.5 弹性构件小变形 (即线性变形) 下的应力相似问题

对于弹性构件线性变形问题, 应力和载荷之比为常数关系, 所以, 在应用弹性构件大变形 (8.9) 式应注意等号之左项 $\dfrac{\sigma l^2}{P}$ 与 P 无关, 所以等号之右与 P 有关的项 $\dfrac{l^2E}{P}$ 不应存在. (8.9) 式可简化为

$$\frac{\sigma l^2}{P} = \varPhi(\mu), \tag{8.27}$$

$$\left.\begin{aligned} \text{对于原型} \quad \frac{\sigma l^2}{P} = \varPhi(\mu), \\ \text{对于模型} \quad \frac{\sigma' l'^2}{P'} = \varPhi(\mu'), \end{aligned}\right\} \tag{8.28}$$

如果使原型和模型满足相似条件

$$\mu = \mu',$$

则由 (8.28) 式得相似关系:

$$\frac{\sigma l^2}{P} = \frac{\sigma' l'^2}{P'},$$

即

$$k_\sigma = \frac{k_P}{k_l^2}. \tag{8.29}$$

8.6 弹性构件小变形 (即线性变形) 下的位移和应变相似问题

对于弹性构件线性变形的问题, 位移和载荷成正比, 与上节同理, (8.19) 式可简化为

$$\frac{uEl}{P} = \varPhi_1(\mu), \tag{8.30}$$

$$\left.\begin{aligned} &\text{对于原型}\frac{uEl}{P}=\Phi(\mu),\\ &\text{对于模型}\frac{u'E'l'}{P'}=\Phi(\mu'),\end{aligned}\right\} \tag{8.31}$$

则相似条件为

$$\mu=\mu',$$

原型与模型的位移和应变相似关系由 (8.31) 式得

$$k_u=\frac{k_P}{k_E k_l}, \tag{8.32}$$

将 (8.25) 和 (8.32) 式代入 (8.24) 式得

$$k_\varepsilon=\frac{k_u}{k_l}=\frac{k_P}{k_E k_l^2}. \tag{8.33}$$

8.7 不同种类载荷作用下线性构件的应力、位移和应变的相似关系

线性构件在小变形下的应力–应变关系是线性的, 称之为线性构件. 在不同种类载荷作用下弹性构件应力、位移和应变的相似关系和各种载荷的相似数分别见表 8.2 和 8.3 所示.

表 8.2 线性构件的相似关系

加载方式	应力换算	应变换算	位移换算
集中载荷 P	$k_\sigma=\frac{k_P}{k_l^2}$	$k_\varepsilon=\frac{k_P}{k_E k_l^2}$	$k_u=\frac{k_P}{k_E k_l}$
力偶 M	$k_\sigma=\frac{k_M}{k_l^3}$	$k_\varepsilon=\frac{k_M}{k_E k_l^3}$	$k_u=\frac{k_M}{k_E k_l^2}$
单位面积的分布力 p	$k_\sigma=k_p$	$k_\varepsilon=\frac{k_p}{k_E}$	$k_u=\frac{k_p k_l}{k_E}$
单位体积的分布力 γ	$k_\sigma=k_r\cdot k_l$	$k_\varepsilon=\frac{k_r k_l}{k_E}$	$k_u=\frac{k_r k_l^2}{k_E}$
单位长度的分布力 q	$k_\sigma=\frac{k_q}{k_l}$	$k_\varepsilon=\frac{k_q}{k_E k_l}$	$k_u=\frac{k_q}{k_E}$

表 8.3 线性构件中各种载荷的相似数

集中载荷 P	力偶 M	单位体积上的分布力 γ	单位面积上的分布力 p	单位长度上的分布力 q
$k_P=\frac{P'}{P}$	$k_M=k_p k_l$	$k_r=\frac{k_P}{k_l^3}$	$k_p=\frac{k_P}{k_l^2}$	$k_q=\frac{k_P}{k_l}$

在此指出, 对同一构件同时承受多种类型载荷的情形, 不同种类载荷的相似数不能独立选取, 由表 8.2 第一行和第三行得知: 单独受集中力 P 载荷的应力换算式为 $k_\sigma = \dfrac{k_P}{k_l^2}$. 单独受内压力 p 载荷的应力换算式为 $k_\sigma = k_p$. 如果一个模型同时受内压力 p 和集中力 P 两种载荷的作用, 以上两个相似关系式应该相等, 即

$$k_p = \frac{k_P}{k_l^2}, \tag{8.34}$$

故对于受内压 p 和集中力 P 联合作用的模型在选定相似数时, 应使 k_p, k_P 和 k_l 满足 (8.34) 式.

8.8 广义相似

在模型实验中, 有时遇到按几何相似数从实物换算模型尺寸时, 有一个尺寸特别小, 以致影响实验的进行, 例如平面应力状态下的板状物体或小挠度弯曲平板, 会遇到模型厚度远小于板面内尺寸的情况, 为此, 几何尺寸选择两个相似数, 分别是面内尺寸 l 和厚度 d 几何相似数. 现以应力、位移都和载荷成正比的平面应力状态物体为例, 说明广义相似的概念和其实施办法[17]. 针对此问题, 在建立 (8.3) 式时多了一个物理量 d, 于是

$$\sigma = f_1(P, l, d, E, \mu). \tag{8.35}$$

对于平面应力状态, 当板厚改变时, 只要 P/d 维持不变, 则应力和位移不改变, 而且应力、位移和 P/d 的正比常数相等, 即

$$\frac{\sigma}{P/d} = \frac{u}{P/d} = \text{常数},$$

所以在 (8.35) 式中, 把 σ, P, d 三个独立量用一个综合量 $\dfrac{\sigma}{P/d}$ 来代替, 则可写为

$$\frac{\sigma\, d}{P} = f(l, E, \mu), \tag{8.36}$$

这 4 个物理量之间的量纲关系可表示为

$$\left[\frac{\sigma d}{P}\right] = [l^a E^b \mu^c], \tag{8.37}$$

这 4 个物理量的量纲为

$$\left.\begin{aligned} &\left[\frac{\sigma d}{P}\right] = \left[\frac{FL^{-2}L}{F}\right] = [L^{-1}],\\ &[l] = [L],\\ &[E] = [FL^{-2}],\\ &[\mu] = [F^0L^0T^0]. \end{aligned}\right\} \tag{8.38}$$

将 (8.38) 式代入 (8.37) 式得

$$[L^{-1}] = [L^a(FL^{-2})^b] = [L^{a-2b}F^b], \tag{8.39}$$

由 (8.39) 式得

$$a - 2b = -1, \tag{a}$$

$$b = 0, \tag{b}$$

将 (a) 和 (b) 式代入 (8.37) 式得

$$\left[\frac{\sigma d}{P}\right] = [l^{-1}\mu^c].$$

即

$$\left[\frac{\sigma dl}{P}\right] = [\mu^c].$$

于是经量纲分析变为 2 个量纲为一量的乘积 π_1 和 π_2 的关系式

$$\frac{\sigma dl}{P} = \Phi(\mu),$$

$$\left.\begin{array}{ll}\text{对于原型} & \dfrac{\sigma dl}{P} = \Phi(\mu), \\ \text{对于模型} & \dfrac{\sigma' d' l'}{P'} = \Phi(\mu'),\end{array}\right\} \tag{8.40}$$

则应力相似条件为

$$\mu = \mu', \tag{8.41}$$

应力相似关系为

$$\frac{\sigma dl}{P} = \frac{\sigma' d' l'}{P'},$$

即

$$k_\sigma = \frac{k_P}{k_l k_d}. \tag{8.42}$$

通常把 $k_l \neq k_d$ 的模型称为变态模型, 属于广义相似的范畴.

对于该变态模型, 有关位移和应变的相似问题, 同理, 根据量纲分析可得出

$$\frac{uEd}{P} = \Phi_1(\mu), \tag{8.43}$$

则位移相似条件为

$$\mu = \mu', \tag{8.44}$$

位移相似关系为

$$\frac{uEd}{P}=\frac{u'E'd'}{P'},$$

即

$$k_u=\frac{k_P}{k_E k_d}, \tag{8.45}$$

将 (8.25) 和 (8.45) 式代入 (8.24) 式得应变相似关系为

$$k_\varepsilon=\frac{k_u}{k_l}=\frac{k_P}{k_E k_d k_l}. \tag{8.46}$$

另外, 对于承受横向分布力 p 的小挠度弯曲平板, 其应力相似关系为

$$k_\sigma=\frac{k_p k_l^2}{k_d^2}, \tag{8.47}$$

其挠度相似关系为

$$k_w=\frac{k_p k_l^4}{k_E k_d^3}. \tag{8.48}$$

第 9 章　全息干涉法

9.1 概　　述

全息照相得名于希腊词 “holos”(是全部和完全的意思) 和 “graphen”(是记录的意思). 它是一种记录和再现光波的技术. 1948 年 D.Gabor 为了再现物体的三维像, 提出了无透镜的全息照相方法[18~20]. 1962 年以来, E.N.Leith 和 J.Upatnieks 提出了离轴参考光技术, 利用激光光源实现了全息照相[21~23]. 1965 年以来, J.M.Burch, R.J.Collier, E.T.Doberty 和 K.S.Pennington, K.A.Steton 和 R.L.Powell, K.A.Haines 和 B.P.Hildebrand 应用两次曝光全息干涉法测量了物体的表面变形[24~27]. 1965 年, R.L.Powell 和 K.A.Steton 开展了时间平均法全息干涉的振动分析[28]. 1968 年, M.E.Fourney 利用全息干涉法得到等和线和等差线的组合条纹图[29]. 这些方法属于非接触式测量. 适合于静、动载和热载情况下的测量. 没有附加质量的影响.

9.2 全 息 照 相

全息照相分成记录和再现两个步骤:

1. 记录–全息图的形成

全息照相的光路布置见图 9.1 所示, 由激光器射出的平面偏振光经过分光镜 BS 分成两束光, 其中一束光经全反镜 M_1, 扩束镜 EP_1 照射到物体 M' 上, 物体上的反射光又投射到全息干板 HP 上, 这束光称为物光. 另一束光经过全反镜 M_2、扩束镜 EP_2 射到同一全息干板 HP 上, 这束光波称为参考光. 等光程的物光和参考光波在全息干板上发生干涉, 其对应的光强既与它们的振幅有关也与它们的相位有关.

激光光源发射出平面偏振光, 设物光和参考光在全息干板上的复振幅分别为

$$\begin{aligned} O(x,y) &= a_0(x,y)\mathrm{e}^{\mathrm{i}\phi_0(x,y)}, \\ R(x,y) &= a_r(x,y)\mathrm{e}^{\mathrm{i}\phi_r(x,y)}, \end{aligned} \tag{9.1}$$

式中, a_0, a_r 分别为物光波和参考光波的振幅, ϕ_0 和 ϕ_r 分别为物光波和参考光波的相位, 物光和参考光在全息干板上干涉后光波的复振幅为

$$a(x,y) = O(x,y) + R(x,y), \tag{9.2}$$

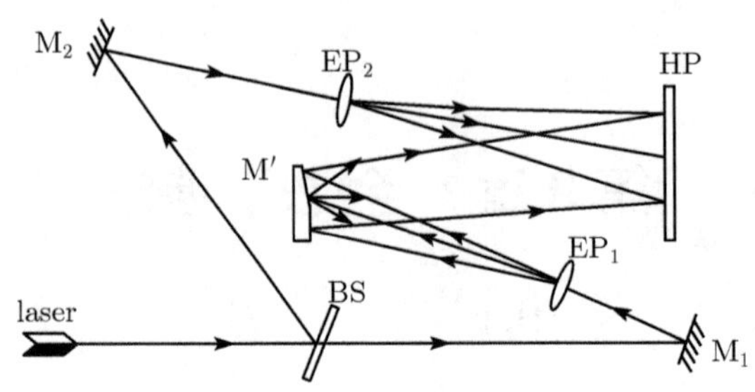

图 9.1 全息照相光路布置

Laser：激光器; EP$_1$,EP$_2$：扩束镜; BS：分光镜; M′：物体; M$_1$,M$_2$：全反镜; HP：全息干板

其对应的光强为

$$\begin{aligned} I(x,y) &= [O(x,y)+R(x,y)][O^*(x,y)+R^*(x,y)] \\ &= OO^*+RR^*+OR^*+RO^*, \end{aligned} \tag{9.3}$$

式中, O^* 为 O 的共轭光波的复振幅, R^* 为 R 的共轭光波的复振幅,

$$\left.\begin{aligned} O^* &= a_o\mathrm{e}^{-\mathrm{i}\phi_o}, \\ R^* &= a_r\mathrm{e}^{-\mathrm{i}\phi_r}. \end{aligned}\right\} \tag{9.4}$$

将 (9.1) 式代入 (9.3) 式得

$$\begin{aligned} I(x,y) &= a_0^2+a_r^2+a_0a_r\mathrm{e}^{\mathrm{i}(\phi_0-\phi_r)}+a_0a_r\mathrm{e}^{-\mathrm{i}(\phi_0-\phi_r)} \\ &= a_0^2+a_r^2+2a_0a_r\cos(\phi_0-\phi_r). \end{aligned} \tag{9.5}$$

经过显影和定影处理曝光后的全息干板称为全息图. 全息图上的图案花纹并不是物体的外貌形状, 它上面的图案反映了物光波和参考光波由于相位差发生干涉的结果.

2. 全息图的再现

从 (9.5) 式可以看出, 全息图上记录了包含有物光波振幅和相位的项. 为了把物光波再现出来, 将全息图放回原光路位置, 用原参考光照射这张全息图, 见图 9.2 所示, 当把物光波遮住, 则从全息图透射出的光波, 有再现的物光波.

设透射光波的振幅与入射光波的振幅之比为 T, 称为振幅透过率. 通过实验知道, 振幅透过率与全息干板的曝光量 E(其值等于光强与曝光时间 t 的乘积) 成线性关系, 如图 9.3 所示, 为计算简便设比例常数为 1, 则振幅透过率可写为

$$T = It, \tag{9.6}$$

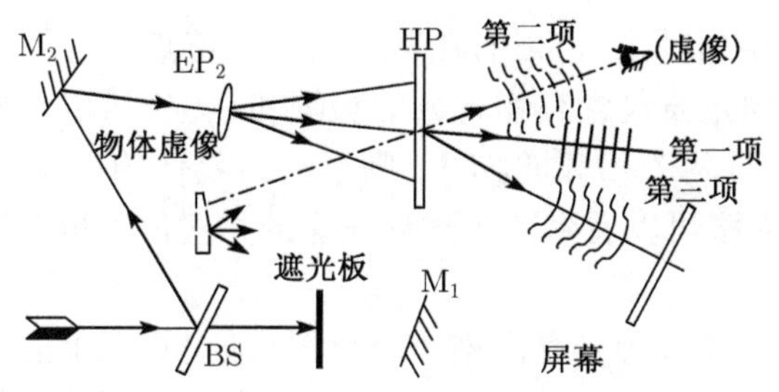

图 9.2 全息图的再现

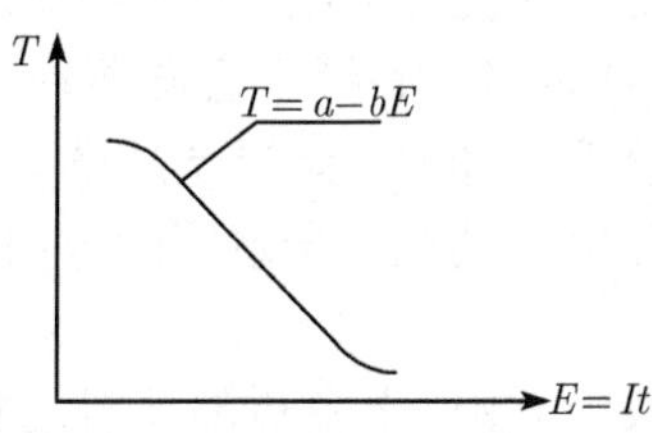

图 9.3 振幅透过率与曝光量的关系曲线

当参考光波照射全息图后, 透射光波的复振幅由 (9.6) 式得

$$A = a_r \mathrm{e}^{\mathrm{i}\phi_r} It, \tag{9.7}$$

将 (9.5) 式代入 (9.7) 式得

$$A = t\left\{ \left[a_r(a_0^2 + a_r^2)\right] \mathrm{e}^{\mathrm{i}\phi_r} + a_r^2 a_0 \mathrm{e}^{\mathrm{i}\phi_0} + a_r^2 a_0 \mathrm{e}^{-\mathrm{i}(\phi_0 - 2\phi_r)} \right\}, \tag{9.8}$$

这是对全息图再现后透射光波的基本方程.

由 (9.8) 式可以看出, 当用参考光照射全息图时, 由于光栅的衍射, 从全息图后可以观察到三种光波, 其中, 第一项代表通过全息图后沿参考光方向射出的光波, 乃零级衍射波. 对应的第二项代表沿原物光方向再现出的物光波, 人眼可以观察到物体的虚像, 图 9.4 表示出物光波再现后的虚像照片. 对应的第三项代表物光波的共轭光波, 在屏幕上可以观察到物体的实像. 物体虚像和物体实像两个光波分别是正负一级衍射波, 它们的方向对称于零级衍射波. 在此指出, 考虑到扩束参考光亮度的影响, 使用线光束参考光代替扩束参考光, 可以观察到清晰的物体实像.

图 9.4 再现后的物光波 (虚像) 照片

综上所述, 将全息照相与普通照相相对比, 可以看出其具有以下特点：

(1) 立体性：经全息图再现出的物光波包含有物光波的振幅和相位, 所以看到的物体是三维像. 如果全息图记录的是两个相邻的物体, 则当观察物体的虚像时, 人眼稍微变动观察全息图的方向, 则人眼可以看到两个物体虚像的相对位置也在改变.

(2) 从物体上各点漫反射的物光波和参考光布满整个全息图, 故全息图上的任意一个非常小的区域都能记录下整个物体上所有点的信息. 所以, 当全息图被分割为若干部分时, 从其中任意部分都可再现出物体的全部.

(3) 如果物光波的方向不变, 而参考光的方向分别采用不同的方向. 则在一块全息干板上, 可以记录多个物光波. 使用不同方向的参考光照射全息图, 则可以分别再现出多个物光波. 这种技术可用于信息储存. 在图 9.2 所示的光路中, 物光与参考光的轴线不重合, 称之为离轴全息光路. 如果两个光路的轴线重合, 则称为同轴全息光路.

注：用复数的指数式表达光矢量的振动方程为

$$E = a\mathrm{e}^{\mathrm{i}(\omega t+\alpha)} = a\left[\cos(\omega t+\alpha) + \mathrm{i}\sin(\omega t+\alpha)\right], \tag{a}$$

式中，$\mathrm{e}^{\mathrm{i}\omega t}$ 是时间因子, $a\mathrm{e}^{\mathrm{i}\alpha}$ 称为复振幅. 其光强为

$$I = EE^{*} = a\mathrm{e}^{\mathrm{i}(\omega t+\alpha)}a\mathrm{e}^{-\mathrm{i}(\omega t+\alpha)} = a^2. \tag{b}$$

因为光强与振幅 a 的平方成正比, 两者相差一个比例常数. 所以通常用复振幅与其共轭乘积来计算光强.

9.3　双曝光全息干涉法测量位移

全息干涉法测量位移的光路布置如图 9.5 所示, 物体变形前在全息干板 HP 上曝光一次, 记录下变形前的物光和参考光. 物体受荷载 P 后再曝光一次, 把变形后的物光和参考光也记录在同一张全息干板上. 对经过两次曝光的全息干板进行显影和定影后得到一张全息图. 把这张全息图放回原光路位置, 用参考光照射这张全息图, 遮住物光, 与全息照相的原理相同, 能够把变形前后的两个物光波再现出来, 因为这两个物光波有相位差, 于是它们产生干涉而得到干涉条纹图, 显然, 该干涉图与物体的变形有关.

设物体变形前和后在全息干板上物光波和参考光波的复振幅分别为

$$\left.\begin{aligned} O_1(x,y) &= a_0(x,y)\,\mathrm{e}^{\mathrm{i}\phi_1(x,y)},\\ O_2(x,y) &= a_0(x,y)\,\mathrm{e}^{\mathrm{i}\phi_2(x,y)},\\ R(x,y) &= a_r(x,y)\,\mathrm{e}^{\mathrm{i}\phi_r(x,y)}, \end{aligned}\right\} \tag{9.9}$$

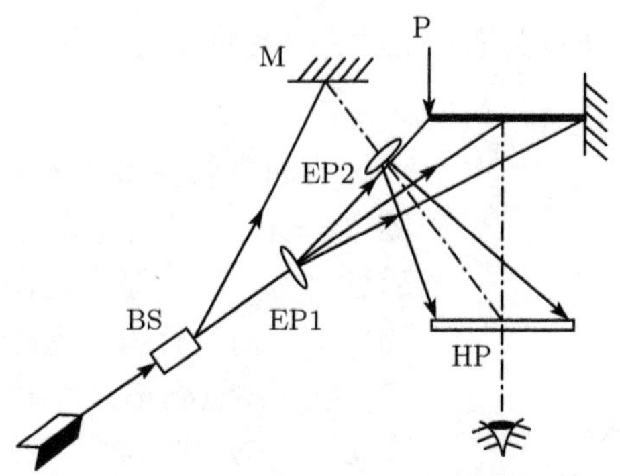

图 9.5 全息干涉法测量位移的光路布置

式中, $\phi_1(x,y)$ 和 $\phi_2(x,y)$ 是物体变形前和后物光的相位, $\phi_r(x,y)$ 是参考光的相位, 两次曝光后, 在全息干板上记录的光强由 (9.3) 式得

$$I=(O_1+R)(O_1+R)^*+(O_2+R)(O_2+R)^*,$$

式中, $(O_1+R)^*$ 和 $(O_2+R)^*$ 分别为 (O_1+R) 和 (O_2+R) 的共轭光波.

将 (9.9) 式代入上式得

$$\begin{aligned}I=&2(a_0^2+a_r^2)+a_0a_r\mathrm{e}^{\mathrm{i}(\phi_1-\phi_r)}[1+\mathrm{e}^{\mathrm{i}(\phi_2-\phi_1)}]\\&+a_0a_r\mathrm{e}^{-\mathrm{i}(\phi_1-\phi_r)}[1+\mathrm{e}^{-\mathrm{i}(\phi_2-\phi_1)}].\end{aligned}\tag{9.10}$$

用原参考光照射该全息图, 则透过全息图的光波复振幅由 (9.7) 式得

$$A=a_r\mathrm{e}^{\mathrm{i}\phi_r}It,$$

将 (9.10) 式代入上式得

$$\begin{aligned}A=&2ta_r\left(a_0^2+a_r^2\right)\mathrm{e}^{\mathrm{i}\phi_r}+ta_0a_r^2\mathrm{e}^{\mathrm{i}\phi_1}[1+\mathrm{e}^{\mathrm{i}(\phi_2-\phi_1)}]\\&+ta_0a_r^2\mathrm{e}^{-\mathrm{i}(\phi_1-2\phi_r)}\left[1+\mathrm{e}^{-\mathrm{i}(\phi_2-\phi_1)}\right],\end{aligned}\tag{9.11}$$

式中, 第一项是零级衍射波, 它是透过全息图沿参考光方向的光波. 第二项是一级衍射波, 它与物体变形前和后两个物光波的相位差有关, 是物体变形前和后两个物光波的再现, 从全息图可以观察到它们的干涉条纹图, 其光强分布为 (9.11) 式中第二项与其共轭项的乘积:

$$I'=2t^2a_0^2a_r^4[1+\cos(\phi_2-\phi_1)]=G\cos^2\frac{\phi_2-\phi_1}{2}=G\cos^2\frac{\alpha}{2},\tag{9.12}$$

式中, G 为常数, 相位差 $\alpha=\phi_2-\phi_1$ 是由于物体变形后的位移产生的. 从 (9.12) 式可以看出, 当相位差

$$\alpha=2N\pi\ (N=0,\pm1,\pm2,\cdots)\text{时},\tag{9.13}$$

$I' = I_{\max}$, 出现亮条纹, N 称为条纹级次, 一系列条纹称为 0, 1, 2, 3, $\cdots$ 和 -1, -2, -3, $\cdots$ 级等位移线.

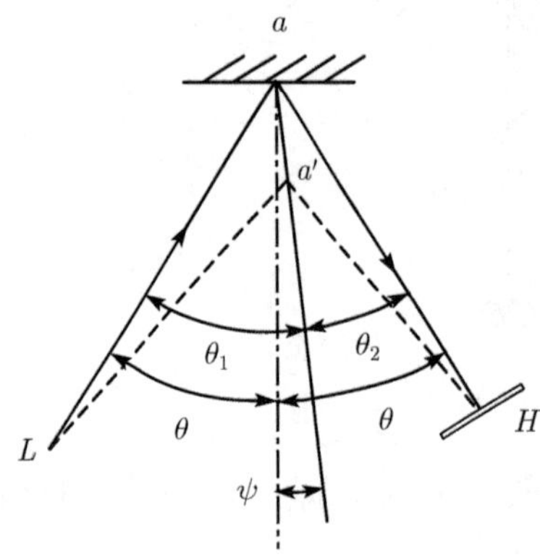

图 9.6 物体变形前和后的光程分析

下面求解条纹级次与位移大小的关系, 如图 9.6 所示, 设物体表面任一点 a 在物体变形后移至 a'. L 为激光光源位置, H 为全息干板. 物体变形前进行第一次曝光时, 从光源照射到 a 点, 再由 a 点到记录介质 (即全息干板) 上的距离 $La + aH$ 称为物体变形前物光的光程. 物体变形后第二次曝光时, 从光源照射到 a' 点, 又由 a' 点到全息干板上的距离 $La' + a'H$ 为物体变形后物光的光程. 由于位移 $d = aa'$ 与光程相比是微小量, 故可把夹角 θ_1 和 θ_2 对应物体变形前后的变化量略去不计, 所以由于位移 d 引起物光光程的变化为

$$\delta = (La' + a'H) - (La + aH) = d\,(\cos\theta_1 + \cos\theta_2)\,, \tag{9.14}$$

其对应的相位差为

$$\alpha = d\,(\cos\theta_1 + \cos\theta_2)\,\frac{2\pi}{\lambda}, \tag{9.15}$$

式中, λ 为激光的波长.

设 θ 代表角 LaH 的一半, $\theta = \dfrac{1}{2}(\theta_1 + \theta_2)$, ψ 为 a 点位移方向与角 LaH 平分线的夹角, $\psi = \dfrac{1}{2}(\theta_1 - \theta_2)$, 利用以上关系, 则 (9.15) 式可写为

$$\alpha = \frac{4d\pi}{\lambda}\cos\psi\cos\theta, \tag{9.16}$$

将 (9.13) 式代入 (9.16) 式得

$$d\cos\psi = \frac{N\lambda}{2\cos\theta}, \tag{9.17}$$

式中, $d\cos\psi$ 表示 a 点位移在角 LaH 平分线上的投影, 于是, 根据试验测得的干涉条纹级次和已知参数 λ 和 θ, 可以求得位移 d 在角 LaH 平分线上的投影.

例如一个四边固定的矩形薄板, 见图 9.7 所示, 在其形心施加横向集中力 P, 如果 z 轴为角 LPH 平分线, o 点位移沿 z 轴方向, 即 $\psi = 0$, 则形心 o 在 z 轴方向的位移, 即 o 点的离面位移由 (9.17) 式得

$$d = \frac{N\lambda}{2\cos\theta}.$$

其离面等位移线参见图 9.8, 如果照明方向 La、记录方向 aH 和物体被测点的法线方向重合, 如图 9.9 所示, 即 $\theta=0$, 但 a 点的位移不一定与该点法线方向重合, 即 $\psi\neq 0$, 则 a 点位移在法线方向上的投影, 即在 z 轴上的投影由 (9.16) 式得

$$d\cos\psi=\frac{N\lambda}{2}. \tag{9.18}$$

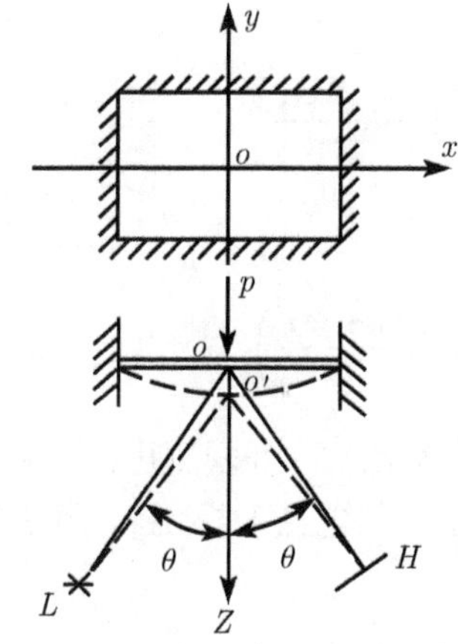

图 9.7 矩形薄板形心处位移

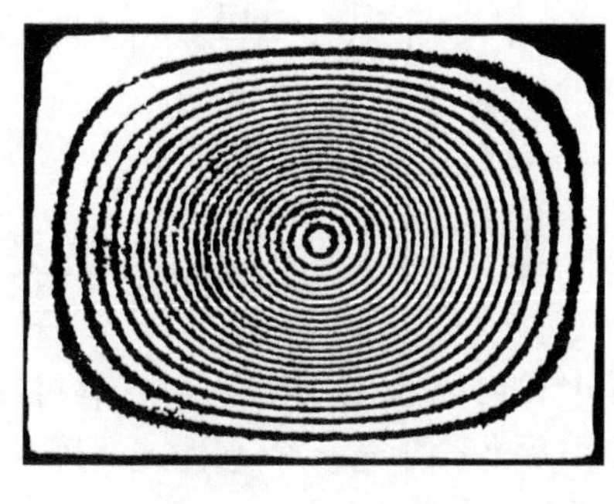

图 9.8 矩形薄板的离面等位移线图

此外, 对于物体表面点 a 的位移 d 在 x 和 z 轴方向都有分量情况, 如图 9.10 所示, 设 a 点表面的切线方向为 x 轴, a 点表面的法线方向为 z 轴. 针对照明方向 La, 记录方向 aH_1 和 a 点位移方向共面的情况, 由 (9.16) 式知

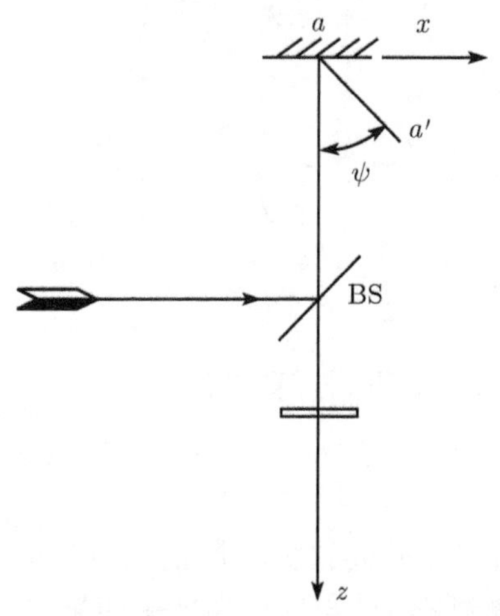

图 9.9 照明、记录和被测点法线方向重合情况

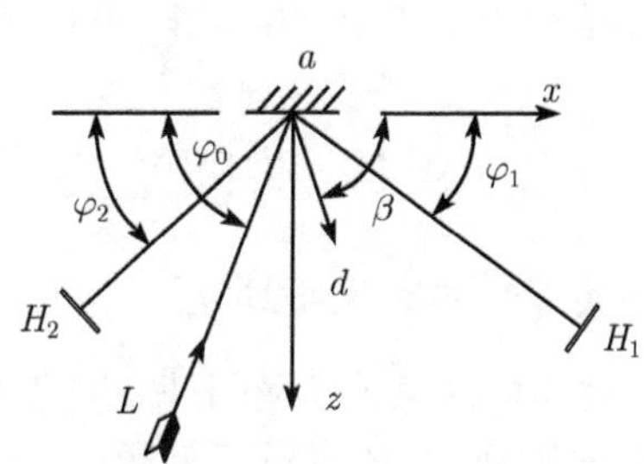

图 9.10 二维位移场分析

$$\alpha_1 = \frac{4d\pi}{\lambda}\cos\psi\cos\theta,$$

式中,

$$\theta = \frac{1}{2}\left[\pi - (\varphi_0 + \varphi_1)\right],$$
$$\psi = \varphi_1 + \theta - \beta = \frac{\pi}{2} - \left(\frac{\varphi_0 - \varphi_1}{2} + \beta\right),$$

将 θ 和 ψ 代入上两式得

$$\alpha_1 = \frac{4d\pi}{\lambda}\sin\left(\frac{\varphi_0 - \varphi_1}{2} + \beta\right)\sin\left(\frac{\varphi_0 + \varphi_1}{2}\right),$$

将 (9.13) 式代入上式得

$$N_1 = \frac{2d}{\lambda}\sin\left(\frac{\varphi_0 - \varphi_1}{2} + \beta\right)\sin\left(\frac{\varphi_0 + \varphi_1}{2}\right). \tag{9.19}$$

从 (9.19) 式可以看出, 夹角 φ_0, φ_1 可以度量, 条纹级次 N 可以测出, 待求量为位移 d 和 β. 故需补充一个方程式. 其办法是布置另一个全息干板 H_2、照明光方向不变, θ 和 ψ 改变为

$$\theta = \frac{1}{2}(\varphi_0 - \varphi_2),$$

$$\psi = \pi - \varphi_2 - \theta - \beta = \pi - \left(\frac{\varphi_0 + \varphi_2}{2} + \beta\right),$$

将 θ 和 ψ 代入 (9.16) 式得

$$\alpha_2 = -2d\cos\left(\frac{\varphi_0 + \varphi_2}{2} + \beta\right)\cos\left(\frac{\varphi_0 + \varphi_2}{2}\right),$$

将 (9.13) 式代入上式得

$$N_2 = -\frac{2d}{\lambda}\cos\left(\frac{\varphi_0 + \varphi_2}{2} + \beta\right)\cos\left(\frac{\varphi_0 + \varphi_2}{2}\right). \tag{9.20}$$

联立解 (9.19) 和 (9.20) 式即可得到位移的大小和方向.

9.4　时间平均全息干涉法测量振幅和振型

1. 一次曝光的时间平均法

设物体在某一频率下振动, 仅做一次曝光 (曝光时间较振动周期长得多) 得到一张全息图, 其光路布置见图 9.11 所示. 在曝光过程中, 全息干板把振动物体两个极限位移之间的所有状态都记录到同一张干板上. 对曝光后的全息干板进行显影

和定影后得到一张全息图. 然后, 用原参考光照射全息图时, 透过全息图可以再现出所有状态的物光, 这些物光干涉形成的干涉条纹表达出物体振动的振幅和振型.

设物体做简谐振动, 其振动方程为

$$d(x,y,t) = A(x,y)\sin\omega t, \tag{9.21}$$

式中, $A(x,y)$ 为振幅, $d(x,y,t)$ 为瞬时的位移.

如图 9.12 所示, 物体静止时, 其表面任一点 a 的相位设为 $\phi_0(x,y)$, 物体振动时, 对应某一时刻物体上 a 点变位到 a' 点, 则这两个瞬时所产生的对应相位差由 (9.15) 和 (9.21) 式得

$$\alpha(x,y,t) = A(x,y)\sin\omega t(\cos\theta_1 + \cos\theta_2)\frac{2\pi}{\lambda}, \tag{9.22}$$

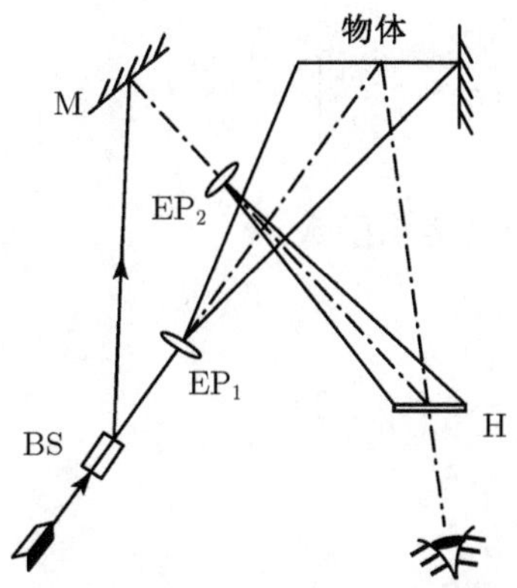

图 9.11 振动测量的光路布置

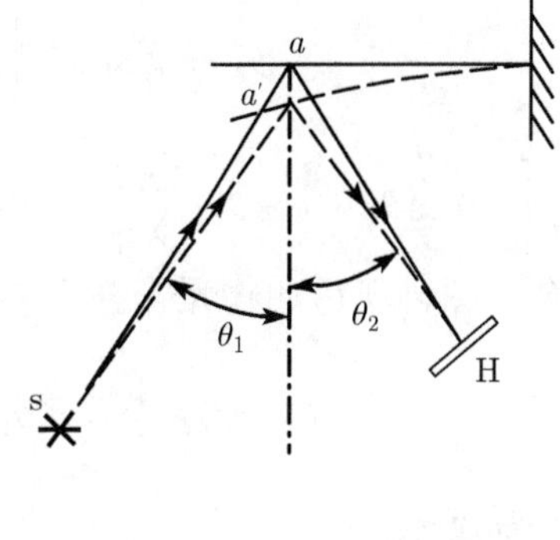

图 9.12 悬臂梁的振动

故知对应每一瞬时, 物体表面点 a' 的相位为

$$\phi(x,y,t) = \phi_0(x,y) + A(x,y)\sin\omega\, t(\cos\theta_1 + \cos\theta_2)\frac{2\pi}{\lambda}. \tag{9.23}$$

在物体振动过程中, 对应每一瞬时的物光和参考光的复振幅为

$$\left.\begin{aligned} &O(x,y,t) = a_0 \mathrm{e}^{\mathrm{i}\phi(x,y,t)},\\ &R = a_r \mathrm{e}^{\mathrm{i}\phi_r}, \end{aligned}\right\} \tag{9.24}$$

对全息干板进行曝光, 所记录的光强分布由 (9.3) 式得

$$I = (O+R)(O+R)^*,$$

将全息干板进行显影和定影, 用原参考光照射这张全息图, 则在原物光方向上可以观察到多时态物光的合成复振幅, 由 (9.7) 式知其为

$$\begin{aligned}\psi =& a_r\mathrm{e}^{\mathrm{i}\phi_r}\int_0^t I\mathrm{d}t = ta_r\left(a_0^2+a_r^2\right)\mathrm{e}^{\mathrm{i}\phi_r}+a_r^2\int_0^t a_0\mathrm{e}^{\mathrm{i}\phi(x,y,t)}\mathrm{d}t\\&+\left(a_r\mathrm{e}^{\mathrm{i}\phi_r}\right)^2\int_0^t a_0\mathrm{e}^{-\mathrm{i}\phi(x,y,t)}\mathrm{d}t,\end{aligned}\tag{9.25}$$

式中, 第一项是零级衍射波, 它沿参考光方向; 第二项是再现后的物光波, 是一级衍射波; 第三项是第二项的共轭波, 是负一级衍射波. 把 (9.23) 式代入第二项得

$$\psi_2 = a_r^2 a_0\mathrm{e}^{\mathrm{i}\phi_0}\int_0^t \mathrm{e}^{\mathrm{i}A\sin\omega t(\cos\theta_1+\cos\theta_2)\frac{2\pi}{\lambda}}\mathrm{d}t,\tag{9.26}$$

当曝光时间 t 远大于物体振动周期 $\left(\dfrac{2\pi}{\omega}\right)$ 时, 则 (9.26) 式可写为

$$\psi_2 = a_r^2 a_0 t J_0\left[A\left(\cos\theta_1+\cos\theta_2\right)\frac{2\pi}{\lambda}\right],\tag{9.27}$$

式中, $J_0\left[A\left(\cos\theta_1+\cos\theta_2\right)\dfrac{2\pi}{\lambda}\right]$称为第一类零阶贝赛尔函数.

对全息图再现后的物光光强由 (9.27) 式得

$$I_\psi = \psi_2\psi_2^* = KJ_0^2\left[A\left(\cos\theta_1+\cos\theta_2\right)\frac{2\pi}{\lambda}\right],\tag{9.28}$$

式中, K 为常数.

第一类零阶贝赛尔函数$J_0\left[A\left(\cos\theta_1+\cos\theta_2\right)\dfrac{2\pi}{\lambda}\right]$ 的图形见图 9.13(a) 所示; 第一类零阶贝赛尔函数的平方 $J_0^2\left[A\left(\cos\theta_1+\cos\theta_2\right)\dfrac{2\pi}{\lambda}\right]$的图形见 9.13(b) 所示. 对于振幅 A 为零的位置, 横坐标 $A\left(\cos\theta_1+\cos\theta_2\right)\dfrac{2\pi}{\lambda}=0$, 对应的光强为 $I_\psi = I_{\max}$, 呈现亮条纹, 它显示出振动物体的节线位置.

对于横坐标 $\beta_i = A_i\left(\cos\theta_1+\cos\theta_2\right)\dfrac{2\pi}{\lambda} = 2.405, 5.520, 8.654,\cdots$的位置, 对应点的光强 $I_\psi = 0$, 呈现暗条纹, 该处的振幅为

$$A_i = \beta_i\frac{1}{\cos\theta_1+\cos\theta_2}\frac{\lambda}{2\pi}.\tag{9.29}$$

对于横坐标 $\gamma_i = A_i(\cos\theta_1+\cos\theta_2)\dfrac{2\pi}{\lambda} = 3.832, 7.016, 10.173,\cdots$的位置, 对应点的光强 $I_\psi \neq 0$, 呈现亮条纹, 该处的振幅为

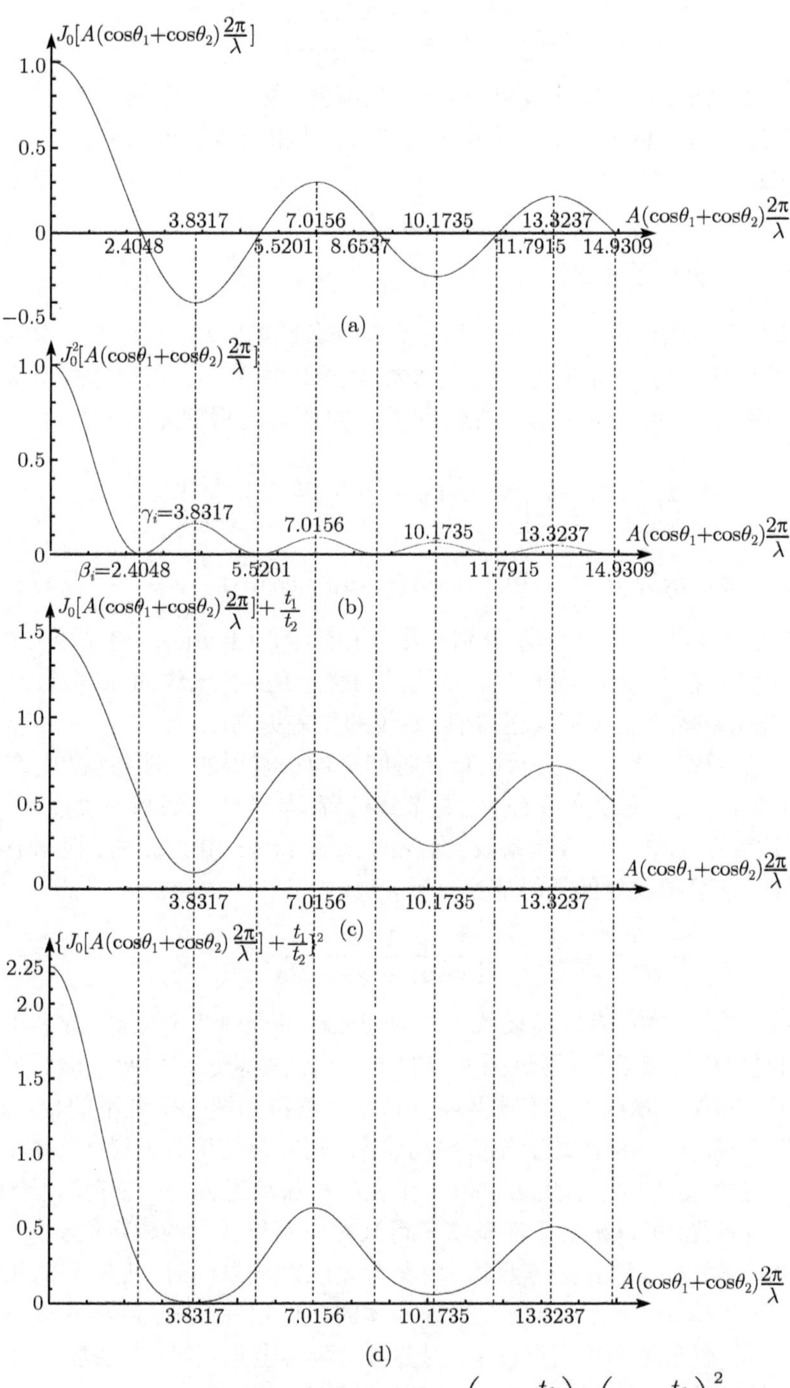

图 9.13 第一类零阶贝赛尔函数 $J_0, J_0^2, \left(J_0+\frac{t_1}{t_2}\right), \left(J_0+\frac{t_1}{t_2}\right)^2$ 曲线

$$A_i = \gamma_i \frac{1}{\cos\theta_1 + \cos\theta_2} \frac{\lambda}{2\pi}. \tag{9.30}$$

这些亮条纹的光强开始衰减比较快, 后来逐渐减慢, 条纹图的反差不好.

当照明光源和全息干板距振动物体比较远, 且和物体上点的位移方向一致时, 则由 (9.29) 式得

$$A_i = \beta_i \frac{\lambda}{4\pi}. \tag{9.31}$$

2. 两次曝光的时间平均法

为了增加干涉条纹的暗、亮反差程度和拉开条纹的距离, 提出了两次曝光的时间平均法. 物体在静态下先进行第一次曝光, 曝光时间为 t_1. 在物体振动状态下再进行第二次曝光, 曝光时间为 t_2. 同理, 可得全息图再现后的光强分布为

$$I_\psi = K \left\{ J_0 \left[A(\cos\theta_1 + \cos\theta_2) \frac{2\pi}{\lambda} \right] + \frac{t_1}{t_2} \right\}^2, \tag{9.32}$$

第一类零阶贝赛尔函数与 $\dfrac{t_1}{t_2}$ 之和 $\left\{ J_0 \left[A(\cos\theta_1 + \cos\theta_2) \dfrac{2\pi}{\lambda} \right] + \dfrac{t_1}{t_2} \right\}$及两者之和的平方的函数曲线 (设 $t_1/t_2 = 0.5$) 分别见图 9.13(c) 和 (d) 所示. 将图 9.13(b) 和图 9.13(d) 相比可以看出, 两次曝光时间平均法的优点是: 亮条纹的亮度增加, 条纹的间距增大, 亮条纹的亮度衰减减慢, 所以条纹的反差提高了.

图 9.14 是悬臂梁振动下由两次曝光时间平均法测得的干涉条纹图. 在左方固定端处振幅为零, 对应最亮的条纹, 它是节线位置. 与节线相邻暗条纹位置, 参看图 9.13(d), 依次为 1, 2, 3, $\cdots$ 级暗条纹, 对应的 $\beta_i = 3.832, 10.173, \cdots$, 根据 (9.29) 式就可求出每一条暗条纹处的振幅值:

$$A_i = \beta_i \frac{1}{\cos\theta_1 + \cos\theta_2} \frac{\lambda}{2\pi}. \tag{9.33}$$

在实际工程问题中, 有时需要找一个周期振动过程中两个位置 (或者说两个相位) 间的相对位移值, 这可以通过频闪照明光分别在振动过程中两个位置下对全息干板进行第一和第二次曝光, 通过再现全息图便可得到两个位置下的相对位移值, 此法称为频闪法. 如果物体处于随机振动状态, 则需要使用脉冲激光, 例如红宝石激光器产生的光脉冲宽度可达 30~50ns, 可在随机振动过程中, 在任意两个位置下, 分别进行两次曝光, 可以根据干涉条纹图得到对应两位置下的相对位移值.

在全息干涉法中, 例如全息照相, 用参考光照射全息图时, 观察到的物体是三维虚像. 当观察方向略变, 则再现的三维物体的虚像也在改变, 就如同以不同视角观看物体一样. 在全息干涉测位移中, 用参考光再现全息图时, 当观察方向改变时, 则看到的干涉条纹也在移动. 于是, 在全息干涉法测试光路中, 如图 9.1, 9.5, 9.11 所示, 通常在物体和全息干板之间放入成像透镜, 物体上的一个点通过成像透镜与全

息干板上的一个点对应. 在这种情况下, 再现的物体虚像或干涉条纹就不随观察方向而变了, 使用白光照射作为参考光, 选择合适的白光照射方向, 就可以再现出清晰的物体虚像或干涉条纹, 这种方法称为图像全息干涉法. 前面推导的再现物光的基本方程仍然适用. 对于全息光弹性方法也不例外.

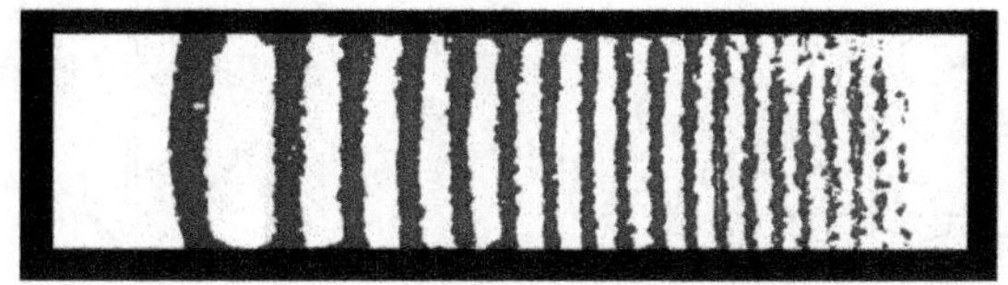

图 9.14 悬臂梁振动下的干涉条纹图

9.5 全息光弹性

在光弹性方法中, 可以得到等差线和等倾线. 在全息干涉法中, 通过模型受载前和后的两次曝光法, 可以得到主应力等和线和等差线的组合条纹, 通过一些光学方法可以把等和线和等差线分离, 根据等和线和等差线两组数据可以得到模型上任意一点的主应力 σ_1 和 σ_2, 这一方法称为全息光弹性.

1. 两次曝光法

全息光弹性的光路布置见图 9.15 所示, 物光和参考光是同旋圆偏振光. 在 $\dfrac{\lambda}{4}$ 片前, 设通过偏振镜的物光和参考光的复振幅分别为

$$\left.\begin{aligned} O &= a_0 \mathrm{e}^{\mathrm{i}\phi}, \\ R &= a_r \mathrm{e}^{\mathrm{i}\phi_r}. \end{aligned}\right\} \tag{9.34}$$

(1) 模型受载前, 见图 9.16 所示, 平面偏振物光通过 $\lambda/4$ 片 Q 后, 沿快、慢轴分解为两列平面偏振光

$$\left.\begin{aligned} O'_f &= \frac{a_0}{\sqrt{2}} \mathrm{e}^{\mathrm{i}\phi}, \\ O'_s &= \frac{a_0}{\sqrt{2}} \mathrm{e}^{\mathrm{i}\left(\phi - \frac{\pi}{2}\right)}. \end{aligned}\right\} \tag{9.35}$$

因为模型材料和空气的折射率不等, 所以 O'_f 和 O'_s 光通过没受载模型 M′ 时, 它相对于通过空气时具有相位差, 设为 ϕ_0, 则这两列平面偏振光为

$$\left.\begin{aligned} O_1 &= \frac{a_0}{\sqrt{2}} \mathrm{e}^{\mathrm{i}(\phi + \phi_0)}, \\ O_2 &= \frac{a_0}{\sqrt{2}} \mathrm{e}^{\mathrm{i}\left(\phi - \frac{\pi}{2} + \phi_0\right)}. \end{aligned}\right\} \tag{9.36}$$

模型受载前, 在参考光路上, 设经过 $\lambda/4$ 片 Q 的参考光和物光是同旋圆偏振光, 所以参考光通过 $\lambda/4$ 片 Q 后沿快、慢轴分解的两列平面偏振光为

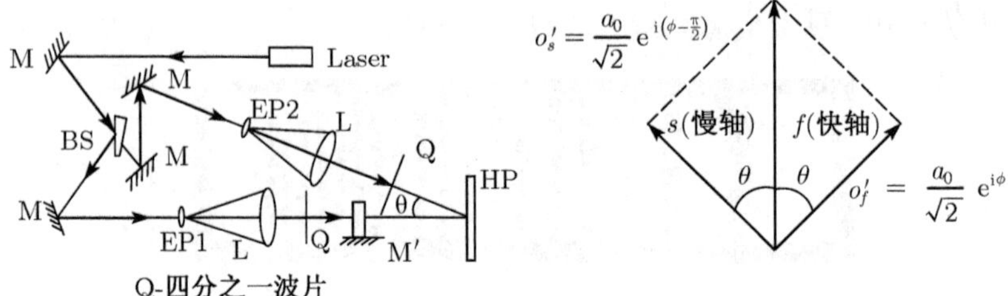

图 9.15 全息光弹性的光路布置

图 9.16 平面偏振光通过四分之一波片

$$\left.\begin{aligned} R_1 &= \frac{a_r}{\sqrt{2}} e^{i\phi_r}, \\ R_2 &= \frac{a_r}{\sqrt{2}} e^{i\left(\phi_r - \frac{\pi}{2}\right)}. \end{aligned}\right\} \tag{9.37}$$

第一次曝光后, 物光和参考光在全息干板上记录的光强由 (9.3), (9.36) 和 (9.37) 式得

$$\begin{aligned} I_1 &= (O_1 + R_1)(O_1^* + R_1^*) + (O_2 + R_2)(O_2^* + R_2^*) \\ &= a_0^2 + a_r^2 + a_0 a_r e^{i(\phi_r - \phi - \phi_0)} + a_0 a_r e^{-i(\phi_r - \phi - \phi_0)}. \end{aligned} \tag{9.38}$$

(2) 当 O_f' 和 O_s' 通过受载模型时, 它们沿主应力 σ_1 和 σ_2 方向分解为 O_3 和 O_4, 设它们通过受载模型时相对于通过光在空气中行进时产生的相位差为 ϕ_1 和 ϕ_2, 则

$$\left.\begin{aligned} O_3 &= \frac{a_0}{\sqrt{2}} e^{i(\phi + \phi_1)}, \\ O_4 &= \frac{a_0}{\sqrt{2}} e^{i\left(\phi - \frac{\pi}{2} + \phi_2\right)}. \end{aligned}\right\} \tag{9.39}$$

对应第二次曝光, 物光和参考光在全息干板上记录下的光强由 (9.3), (9.39) 和 (9.37) 式得

$$\begin{aligned} I_2 &= (O_3 + R_1)(O_3^* + R_1^*) + (O_4 + R_2)(O_4^* + R_2^*) \\ &= a_0^2 + a_r^2 + \frac{a_0 a_r}{2} e^{-i\phi_r} \left[e^{i(\phi + \phi_1)} + e^{i(\phi + \phi_2)} \right] \\ &\quad + \frac{a_0 a_r}{2} e^{i\phi_r} \left[e^{-i(\phi + \phi_1)} + e^{-i(\phi + \phi_2)} \right]. \end{aligned} \tag{9.40}$$

对两次曝光的全息干板进行显影和定影, 用原参考光照射这张全息图, 透过全息图

观察到的光波复振幅由 (9.7) 式得

$$\begin{aligned}\psi &= a_r e^{i\phi_r}\left(I_1 t_1 + I_2 t_2\right)\\ &= a_r e^{i\phi_r}\left(a_0^2 + a_r^2\right)\left(t_1 + t_2\right) + \frac{1}{2}a_0 a_r^2\left\{t_2\left[e^{i(\phi+\phi_1)} + e^{i(\phi+\phi_2)}\right] + 2t_1 e^{i(\phi+\phi_0)}\right\}\\ &\quad + \frac{1}{2}a_0 a_r^2 e^{2i\phi_r}\left\{t_2\left[e^{-i(\phi+\phi_1)} + e^{-i(\phi+\phi_2)}\right] + 2t_1 e^{-i(\phi+\phi_0)}\right\},\end{aligned}$$

式中, 第二项表示再现出的物光波, 观察到的虚像光强为该项与其共轭的乘积：

$$I' = K\left\{\frac{1}{2} + \eta^2 + \eta\cos\left(\phi_1 - \phi_0\right) + \eta\cos\left(\phi_2 - \phi_0\right) + \frac{1}{2}\cos\left(\phi_2 - \phi_1\right)\right\}, \tag{9.41}$$

式中, K 为常数. $\eta = \dfrac{t_1}{t_2}$, 如果 $\eta = 1$ 则

$$I' = K\left\{1 + \cos\left(\phi_1 - \phi_0\right) + \cos\left(\phi_2 - \phi_0\right) + \cos^2\frac{\phi_2 - \phi_1}{2}\right\}. \tag{9.42}$$

下面求 (9.42) 式中的 ϕ_0, ϕ_1 和 ϕ_2 的值. 设 v 和 v_0 分别表示光在空气中和无应力模型中的速度. v_1 和 v_2 分别表示光在受载模型中沿主应力 σ_1 和 σ_2 方向的速度. $\dfrac{d}{v}$ 和 $\dfrac{d}{v_0}$ 分别表示光在空气和无应力模型中经过厚度 d 的时间. 故光在无应力模型厚度 d 中所行进的时间比在空气厚度 d 中进行的时间长 $\left(\dfrac{d}{v_0} - \dfrac{d}{v}\right)$, 所以可以求得光通过无应力模型和有应力模型 (沿主应力 σ_1 或 σ_2) 时, 相对于光通过空气时产生的光程差分别为

$$\left.\begin{aligned}\delta_0 &= \left(\frac{d}{v_0} - \frac{d}{v}\right)v = \left(N_0 - 1\right)d,\\ \delta_1 &= \left(\frac{d'}{v_1} - \frac{d'}{v}\right)v = \left(N_1 - 1\right)d',\\ \delta_2 &= \left(\frac{d'}{v_2} - \frac{d'}{v}\right)v = \left(N_2 - 1\right)d',\end{aligned}\right\} \tag{9.43}$$

对应的相位差为

$$\left.\begin{aligned}\phi_0 &= \left(N_0 - 1\right)d\frac{2\pi}{\lambda},\\ \phi_1 &= \left(N_1 - 1\right)d'\frac{2\pi}{\lambda},\\ \phi_2 &= \left(N_2 - 1\right)d'\frac{2\pi}{\lambda},\end{aligned}\right\} \tag{9.44}$$

式中，N_0, N_1 和 N_2 分别是光在无应力和有应力模型中 (分别沿主应力 σ_1 和 σ_2 方向) 的折射率, d' 为受载模型厚度.

对于平面应力状态

$$d' = d - \frac{\mu}{E}(\sigma_1 + \sigma_2)\, d, \tag{9.45}$$

由 (9.44) 和 (9.45) 式得

$$\left.\begin{aligned} \phi_1 - \phi_0 &= \frac{2\pi}{\lambda} d\left\{(N_1 - 1)\left[1 - \frac{\mu}{E}(\sigma_1 + \sigma_2)\right] - (N_0 - 1)\right\}, \\ \phi_2 - \phi_0 &= \frac{2\pi}{\lambda} d\left\{(N_2 - 1)\left[1 - \frac{\mu}{E}(\sigma_1 + \sigma_2)\right] - (N_0 - 1)\right\}, \\ \phi_2 - \phi_1 &= \frac{2\pi}{\lambda} d\left\{(N_2 - N_1)\left[1 - \frac{\mu}{E}(\sigma_1 + \sigma_2)\right]\right\}, \end{aligned}\right\} \tag{9.46}$$

由应力–光性定律知

$$\left.\begin{aligned} N_1 - N_0 &= A\sigma_1 + B\sigma_2, \\ N_2 - N_0 &= A\sigma_2 + B\sigma_1, \end{aligned}\right\} \tag{9.47}$$

式中, A, B 称为应力–光性常数.

将 (9.47) 式代入 (9.46) 式得

$$\left.\begin{aligned} \phi_1 - \phi_0 &= d\,(A'\sigma_1 + B'\sigma_2)\frac{2\pi}{\lambda}, \\ \phi_2 - \phi_0 &= d\,(B'\sigma_1 + A'\sigma_2)\frac{2\pi}{\lambda}, \\ \phi_2 - \phi_1 &= -dC\,(\sigma_1 - \sigma_2)\frac{2\pi}{\lambda}, \end{aligned}\right\} \tag{9.48}$$

式中,

$$\left.\begin{aligned} A' &= A - \frac{\mu}{E}(N_0 - 1), \\ B' &= B - \frac{\mu}{E}(N_0 - 1), \\ C &= A' - B' = A - B, \end{aligned}\right\} \tag{9.49}$$

其中, C 称为相对应力–光性系数.

将 (9.48) 式代入 (9.42) 式得虚像光强表达式:

$$I' = K\left\{1 + 2\cos\frac{\pi d}{\lambda}(A' + B')(\sigma_1 + \sigma_2)\cos\frac{\pi d}{\lambda}c(\sigma_1 - \sigma_2) + \cos^2\frac{\pi d}{\lambda}c(\sigma_1 - \sigma_2)\right\}. \tag{9.50}$$

下面对该式进行分析:

(1) 从 (9.50) 式可以看出, 式中第一项是常数, 它表示均匀分布的光场; 第二项包含主应力和及主应力差的函数; 第三项是光弹性圆偏振光明场下的等差线控制方程. 所以再现物光时观察到的是等和线和等差线的组合条纹. 对于应力为零的点, 即 $\sigma_1 = \sigma_2 = 0$ 点, 由 (9.50) 式得 $I' = I_{\max}$, 呈现为最亮点.

(2) 当 $\cos\dfrac{\pi d}{\lambda}c(\sigma_1-\sigma_2)=\cos n_c\pi=0$ 时 $\left(n_c=\dfrac{1}{2},\dfrac{3}{2},\dfrac{5}{2},\cdots\right)$, 式中,

$$n_c=\frac{d}{\lambda}c(\sigma_1-\sigma_2), \tag{9.51a}$$

$I'=K$(为不太暗的等差线条纹, 它是明场下暗色半级次的等差线), 见图 9.17(a) 所示. 由 (9.51a) 式得

$$\sigma_1-\sigma_2=\frac{\lambda}{cd}n_c=\frac{f_\sigma}{d}n_c, \tag{9.51b}$$

式中, $f_\sigma=\dfrac{\lambda}{c}$ 称为材料等差线条纹值, n_c 称为等差线条纹级次.

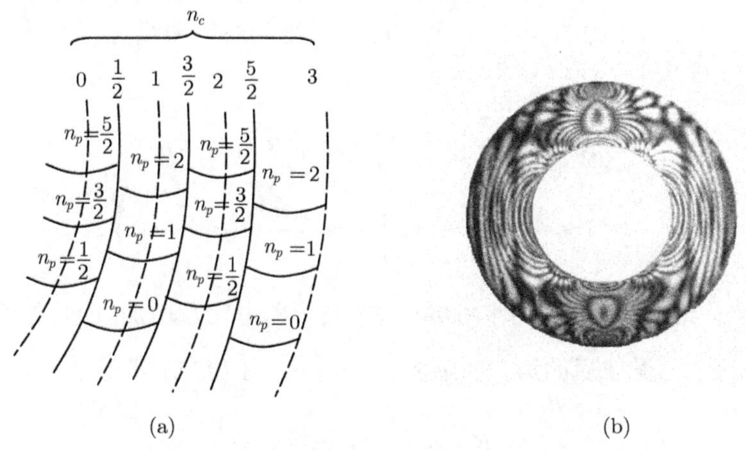

(a) (b)

图 9.17 等和线与等差线组合条纹图

(3) 在 $n_c=1,3,5,\cdots$ 的位置, $\cos\dfrac{\pi d}{\lambda}c(\sigma_1-\sigma_2)=\cos n_c\pi=-1$, 代入 (9.50) 式得

$$I'=K\left\{2-2\cos\frac{\pi d}{\lambda}(A'+B')(\sigma_1+\sigma_2)\right\}. \tag{9.52}$$

当 $\cos\dfrac{\pi d}{\lambda}(A'+B')\ (\sigma_1+\sigma_2)=2\cos 2n_p\pi=2$ 时 $(n_p=0,\pm1,\pm2,\pm3,\cdots)$, 式中,

$$n_p=\frac{d}{2\lambda}(A'+B')(\sigma_1+\sigma_2), \tag{9.53a}$$

$I'=0$, 为明场下最暗等和线条纹, 见图 9.17(a) 所示, 由 (9.53a) 式得

$$\sigma_1+\sigma_2=\frac{2\lambda}{A'+B'}\frac{n_p}{d}=\frac{f_p}{d}n_p, \tag{9.53b}$$

式中, $f_p=\dfrac{2\lambda}{A'+B'}$ 称为材料等和线条纹值, n_p 称为等和线条纹级次.

(4) 在 $n_c=0,2,4,\cdots$ 的位置, 从 (9.51a) 知道 $\cos\dfrac{\pi d}{\lambda}c(\sigma_1+\sigma_2)=\cos n_c\pi=1$, 代入 (9.50) 式得

$$I'=K\left\{2+2\cos\frac{\pi d}{\lambda}(A'+B')(\sigma_1+\sigma_2)\right\}, \tag{9.54}$$

当 $\cos\dfrac{\pi d}{\lambda}(A'+B')(\sigma_1+\sigma_2)=2\cos 2n_p\pi=-2$ 时 $\left(n_p=\pm\dfrac{1}{2},\pm\dfrac{3}{2},\pm\dfrac{5}{2},\cdots\right)$, 式中 $n_p=\dfrac{d}{2\lambda}(A'+B')\ (\sigma_1+\sigma_2)$, $I'=0$为明场下最暗等和线条纹, 见图 9.17(a) 所示.

由图 9.17(a) 可以看出, 当等和线穿过半级次不太暗的等差线条纹时, 发生暗等和线不连续而错开的现象. 如果等和线与等差线接近平行, 则区别它们很困难. 图 9.17(b) 表示受径向压力的圆环, 在两次曝光下得到的等和线与等差线的组合条纹图. 将 (9.48) 式代入 (9.41) 式得

$$\begin{aligned}I'=K&\left\{\eta^2+\eta\left[2\cos\frac{\pi d}{\lambda}(A'+B')(\sigma_1+\sigma_2)\right.\right.\\&\left.\left.\cos\frac{\pi d}{\lambda}c(\sigma_1-\sigma_2)\right]+\cos^2\frac{\pi d}{\lambda}c(\sigma_1-\sigma_2)\right\},\end{aligned} \tag{9.55}$$

式中 $\eta=\dfrac{t_1}{t_2}$. 如果减小 η 值, 则 (9.55) 式第三项所占比重增加, 即等差线能见度增加. 当只进行模型受载后的第二次曝光, 即 $\eta=0$, 由 (9.55) 式得

$$I'=K\left\{\cos^2\frac{\pi d}{\lambda}c(\sigma_1-\sigma_2)\right\}, \tag{9.56}$$

该式为圆偏振光明场下的暗半级次等差线的光强表达式. 不产生等和线条纹.

当 $\cos\dfrac{\pi d}{\lambda}c(\sigma_1-\sigma_2)=\cos n_c\pi=0\left(n_c=\dfrac{1}{2},\dfrac{3}{2},\dfrac{5}{2},\cdots\right)$ 时, 式中, $n_c=\dfrac{d}{\lambda}c(\sigma_1-\sigma_2)$, $I'=0$, 为圆偏振光明场下的暗半级次等差线条纹, 根据 (9.51b) 式知

$$\sigma_1-\sigma_2=\frac{f_\sigma}{d}n_c.$$

图 9.18 表示出圆环受集中压力仅进行第二次曝光时, 再现后的明场等差线照片.

如果增大 η 值, 让 $t_1\gg t_2$, 则 (9.55) 式中的第三项所占的比重减小, 即等差线能见度降低.

2. 组合条纹的分离法

(1) 两种模型法

① 用有机玻璃材料模型测等和线

因为有机玻璃材料的应力–光性系数 $c=0$, 由 (9.50) 式得

$$I' = K\left\{2 + 2\cos\frac{\pi d}{\lambda}(A' + B')(\sigma_1 + \sigma_2)\right\}, \tag{9.57}$$

当 $2\cos\frac{\pi d}{\lambda}(A' + B')(\sigma_1 + \sigma_2) = 2\cos 2n_p\pi = -2(n_p = \pm\frac{1}{2}, \pm\frac{3}{2}, \pm\frac{5}{2}, \cdots)$ 时, 式中, $n_p = \frac{d}{2\lambda}(A' + B')(\sigma_1 + \sigma_2)$, $I' = 0$ 为明场下暗半级次等和线条纹, 由 (9.53b) 式知

$$\sigma_1 + \sigma_2 = \frac{f_p}{d}n_p.$$

图 9.19 为圆环受集中压力进行二次曝光时, 再现后的明场等和线照片.

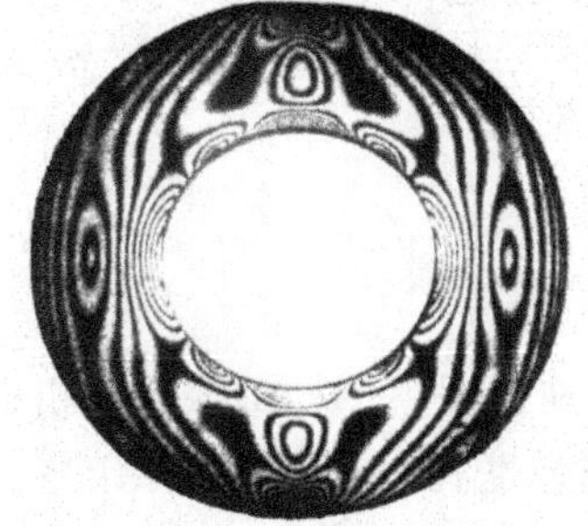

图 9.18 圆环明场下等差线

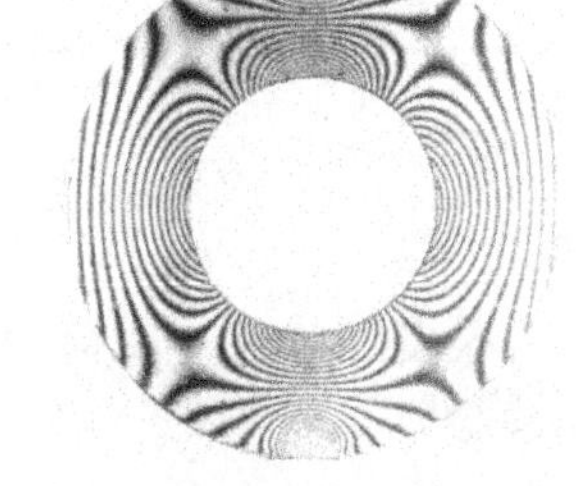

图 9.19 圆环明场下等和线

② 用光弹性材料模型测等差线

参看 (9.56) 式, 仅进行第二次曝光, 则只产生圆偏振光明场下的暗半级次条纹, 由 (9.51b) 式知

$$\sigma_1 - \sigma_2 = \frac{f_\sigma}{d}n_c.$$

如果两个模型的几何尺寸与载荷相同, 根据两种模型试验可以分别测出等和线与等差线条纹级次 n_p 和 n_c, 在已知材料等和线条纹值 f_p 与等差线条纹值 f_σ 的情况下, 联立解 (9.53b) 和 (9.51b) 式, 便可求得主应力 σ_1 和 σ_2.

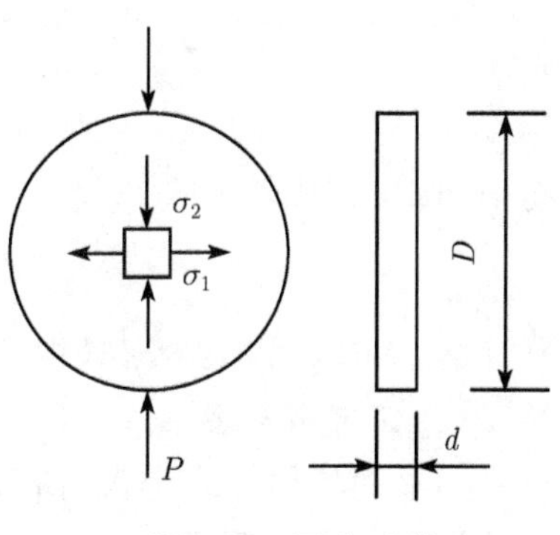

图9.20 圆盘试件

注1：确定材料两种条纹值 f_p 和 f_σ 的方法.

根据弹性理论, 见图 9.20 所示, 可计算出受集中压力圆盘试件中心点的主应力和与主应力差为

$$\left.\begin{aligned} \sigma_1 + \sigma_2 &= \left(\frac{2P}{\pi dD} - \frac{6P}{\pi dD}\right), \\ \sigma_1 - \sigma_2 &= \left(\frac{2P}{\pi dD} + \frac{6P}{\pi dD}\right). \end{aligned}\right\} \tag{9.58}$$

将 (9.58) 式代入 (9.53b) 和 (9.51b) 式便可求得

$$f_p = \left|\frac{4P}{\pi D n_p}\right|, \tag{9.59}$$

$$f_\sigma = \frac{8P}{\pi D n_c}. \tag{9.60}$$

注 2

在进行模型实验时, 如果两个模型的几何尺寸与载荷不同, 则根据两个模型分别测到的等差线和等和线数据通过模型相似率可以换算到一个模型上去. 设光弹性材料和有机玻璃的模型尺寸、载荷分别为 d_c, D_c, p_c 和 d_p, D_p, p_p, 由 (9.51b) 和 (9.53b) 式得

$$\sigma_1 - \sigma_2 = \frac{f_\sigma}{d_c} n_c, \tag{9.61a}$$

$$\sigma_1' + \sigma_2' = \frac{f_p}{d_p} n_p. \tag{9.61b}$$

如果以光弹性材料模型的尺寸与载荷为准, 则根据模型相似率把有机玻璃材料尺寸模型测到的等和线数据 $(\sigma_1' + \sigma_2')$ 换算到光弹性材料尺寸模型上的数据 $(\sigma_1 + \sigma_2)$, 设模型相似数 $K_d = \dfrac{d_c}{d_p}$, $K_l = \dfrac{D_c}{D_p}$, $K_p = \dfrac{P_c}{P_p}$, 由 (8.42) 式知道

$$K_\sigma = \frac{K_p}{K_l K_d} = \frac{P_c D_p d_p}{P_p D_c d_c},$$

则

$$\sigma_1 + \sigma_2 = K_\sigma(\sigma_1' + \sigma_2'),$$

将 (9.61b) 式代入上式得

$$\sigma_1 + \sigma_2 = K_\sigma \frac{f_p}{d_p} n_p, \tag{9.62}$$

联立解 (9.61a) 和 (9.62) 式得有机玻璃模型的主应力 σ_1 和 σ_2.

(2) *石英旋光器法*

当平面偏振光垂直入射石英晶片时, 设入射方向和石英晶体的光轴方向平行, 则透过石英晶片后平面偏振光发生旋转, 旋转角和石英片的厚度以及光的波长有关, 对氦氖激光而言, 晶片厚度选为 4.813mm. 利用这种原理可实现组合条纹的分离.

模型未受载时, 物光不通过石英晶片, 见图 9.21 所示, 平面偏振光经过分束镜 BS_1 后, 其中物光经全反镜 M_1、四分之一波片、扩束镜 EP_1、准直镜 L_1、模型 M′、准直镜 L_2, 不经过石英晶片 F 而通过准直镜 L_3、全反镜 M_2 返回, 又经过 L_3、L_2、M′、L_1、半反半透镜 BS_2、L 后到达全息干板 HP. 模型受载后, 从模型射出的沿 σ_1 和 σ_2 方向的两束平面偏振光经过 L_2、L_3 到达全反镜 M_2 返回, 在 L_2 和 L_3 共焦处放入石英晶片, 使这两束平面偏振光同旋 90°, 当它们再通过模型时,

则这两束平面偏振光各自的方向正好与原来 σ_1 和 σ_2 方向的两束平面偏振光的方向相反, 所以对应模型受载产生的相位差变为零, 因此经过 BS_2、L 到达全息干板 HP 处的等差线信息消失了, 只剩下等和线信息.

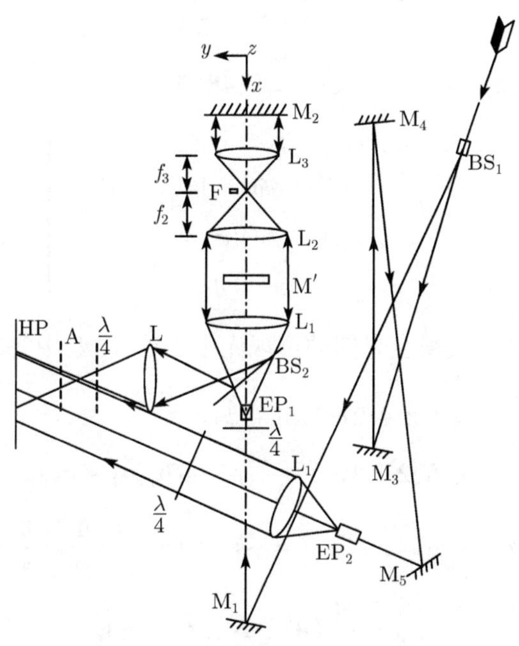

图 9.21 石英旋光光路布置

BS_1：分光镜; BS_2：半反半透镜; M_1, M_2, M_3, M_4, M_5：全反镜; EP_1, EP_2：扩束镜; M′：模型; L_1, L_2, L_3：准直镜; L：成像透镜; λ/4：四分之一波片; A：分析镜; F：石英旋光镜; HP：全息干板

见图 9.21 所示, 设物光和参考光是同旋圆偏振光, 第一、第二次曝光时间相等.

当物光通过没受载模型, 它相对于物光不经过模型而通过空气时的相位差由 (9.44) 式知

$$\phi_0' = (N_0 - 1)d\frac{2\pi}{\lambda}, \tag{9.63}$$

该物光经过模型 M′ 后通过 L_2, L_3 和全反镜 M_2 反射回来, 又通过模型 M′ 时, 则该物光相对于物光不经过模型而通过空气时的相位差为

$$\phi_0 = 2\phi_0' = 2(N_0 - 1)d\frac{2\pi}{\lambda}, \tag{9.64}$$

当物光通过受载模型时, 它沿模型中主应力 σ_1 和 σ_2 方向分解, 它们相对于物光不经过模型而通过空气时的相位差由 (9.43) 式得知

$$\left.\begin{aligned} \phi_1' &= (N_1 - 1)d'\frac{2\pi}{\lambda}, \\ \phi_2' &= (N_2 - 1)d'\frac{2\pi}{\lambda}. \end{aligned}\right\} \tag{9.65}$$

该物光经过 L_2, L_3 和全反镜 M_2 反射回来, 使其通过石英晶片, 则原来沿 σ_1 和 σ_2 方向的两个平面偏振光旋转 90°, 则物光两次通过模型, 沿原来 σ_1 和 σ_2 方向的两个平面偏振光相对于不经过模型而通过空气时的相位差为

$$\phi_1 = \phi_2 = \phi_1' + \phi_2'. \tag{9.66}$$

将 (9.64), (9.66), (9.63) 和 (9.65) 式代入 (9.48) 式得

$$\left.\begin{aligned} \phi_1 - \phi_0 &= \phi_2 - \phi_0 \\ &= (\phi_1' - \phi_0') + (\phi_2' - \phi_0') \\ &= (A' + B')(\sigma_1 + \sigma_2) d \frac{2\pi}{\lambda}, \\ \phi_1 - \phi_2 &= \phi_2 - \phi_1 = 0. \end{aligned}\right\} \tag{9.67}$$

将 (9.67) 式代入 (9.42) 式得全息图的再现光强表达式, 其中等差线项被消除, 仅存在等和线项

$$\begin{aligned} I &= K[2 + 2\cos(\phi_1 - \phi_2)] \\ &= K[2 + 2\cos\frac{2\pi d}{\lambda}(A' + B')(\sigma_1 + \sigma_2)], \end{aligned} \tag{9.68}$$

当 $\cos\dfrac{2\pi d}{\lambda}(A' + B')(\sigma_1 + \sigma_2) = \cos 4n_p\pi = -1$ 时 $(n_p = \pm\dfrac{1}{4}, \pm\dfrac{3}{4}, \pm\dfrac{5}{4}, \cdots)$, 式中,

$$n_p = \frac{d}{2\lambda}(A' + B')(\sigma_1 + \sigma_2), \tag{9.69a}$$

$I = 0$, 呈现等和线暗条纹, 由 (9.69a) 式得

$$(\sigma_1 + \sigma_2) = \frac{2\lambda}{A' + B'} \frac{n_p}{d} = f_p \frac{n_p}{d}, \tag{9.69b}$$

式中, $\dfrac{2\lambda}{A' + B'} = f_p$, 称为材料等和线条纹值, n_p 称为等和线条纹级次.

在此着重指出:

① 在进行第二次曝光时, 使全反镜 M_2 绕 z 轴转动一微小角度, 使从 M_2 反射回来的光线在石英晶片中聚焦并通过之, 起到旋光 90° 的效果. 或者使准直镜 L_3 沿 y 轴做微小移动, 使从 M_2 反射回来的光线聚焦在石英晶片中并通过之, 也可起到旋光 90° 的效果.

② 在调节光路时, 见图 9.21 所示, 为了观察消除等差线的效果, 在全息干板 HP 前安置了 $\lambda/4$ 和 A. 当进行两次曝光全息光弹性实验时, 要把这两个光学元件拿掉.

③ 如不使用石英旋光器, 仅做加载全息光弹性的第二次曝光, 则在全息干板上仅记录下等差线信息, 但等差线条纹数增加了, 明场下暗条纹级次为 $\dfrac{1}{4}, \dfrac{3}{4}, \dfrac{5}{4}, \cdots$.

(3) 法拉第旋光法

见图 9.21 所示, 在准直镜 L_2 和 L_3 之间的共焦点处, 放入一个法拉第旋光器, 其构造见图 9.22 所示, 当平面偏振光经过直流磁场内的旋光玻璃 (例如磷酸盐玻璃) 时, 其偏振方向发生旋转, 旋转角 θ 为

$$\theta = VHL \tag{9.70}$$

式中, V 为维尔德常数, 它与旋光玻璃的性质、温度和使用光的波长有关; H 表示磁场强度; L 表示玻璃棒长度.

模型未受载时, 对法拉第旋光器的线圈不通电, 则不产生旋光效应. 当模型受载后, 调节磁旋光器的线圈电流量, 使通过模型 M' 的物光通过 L_2 和法拉第旋光器后产生 45° 旋转角. 然后, 由全反镜 M_2 反射回来的物光通过 L_3 和磁旋器继续向同方向旋转 45°, 总计旋转 90°, 这种旋光效果与石英器旋光方法相同, 也起到消除等差线的效果.

3. 等和线条纹级次的判别

(1) 零级等和线条纹位置的确定

在平面应力模型的自由边界上, 对于 $\sigma_1 = \sigma_2 = 0$(奇点) 的点, 等差线和等和线条纹级次皆为零. 在模型的自由方角处也是如此. 对于不易判定零级等和线条纹位置的情况, 可以在第二次曝光的时间内, 让模型上的载荷慢慢地改变, 这相当于在第二次曝光过程中, 记录了多种载荷下的状态, 每一个载荷对应一组等和线条纹, 在多组等和线条纹中, 只有对应每组等和线的零级条纹位置是重合的, 所以对这张全息图再现时, 发现等和线零级次条纹位置特别亮, 其他地方条纹模糊. 这样便可确定零级等和线位置. 图 9.23 表示圆环径向受集中压力的等和线零级条纹位置.

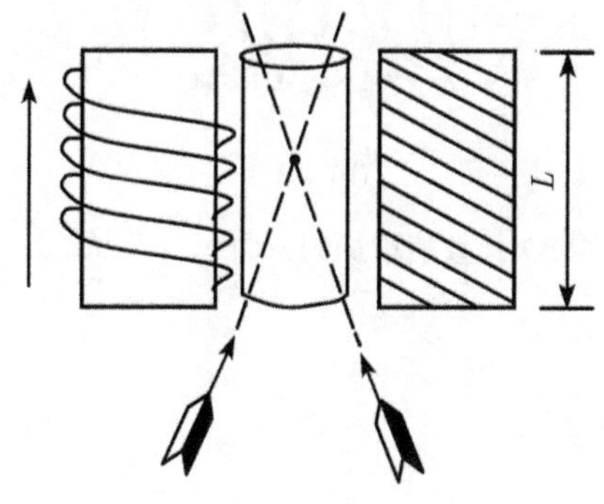

图 9.22 法拉第旋光器

图 9.23 等和线零级条纹位置

(2) 判断等和线条纹级次代数值大小的顺序

主应力和可能为正或负值, 故等和线条纹级次也有正负之区分. 对于平面应力模型, 在模型厚度方向的应变:

$$\varepsilon_3 = -\frac{\mu}{E}(\sigma_1 + \sigma_2). \tag{9.71}$$

由该式可知, 等和线条纹级次为正 (或负) 的点对应该点的模型厚度减小 (或增加).

根据这个道理, 把平板玻璃叠加到部分模型上, 见图 9.24(a) 所示, 平板玻璃与模型表面平行. 使用两次曝光法, 其中第一次曝光与过去一样, 在第二次曝光时, 让平板玻璃绕铅垂轴做微小转动, 使通过玻璃的物光光程略微增加. 若模型上某点等和线条纹级次为正值, 由 (9.71) 式可以看出, 该点条纹级次愈高, 则该点的模型厚度愈小, 因此玻璃微转使物光光程增加即相当于增加了模型的厚度, 所以该点的条纹级次减小. 若模型上某点条纹级次为负值, 由 (9.71) 式可以看出, 该点条纹级次的代数值愈大, 则该点的模型厚度愈小, 因此玻璃微转使物光光程增加, 所以该点的条纹级次代数值减小. 于是, 根据微转玻璃处和其相邻的无玻璃处等和线相对错动处方向就可判定条纹级次代数值大小的顺序. 在图 9.24(b) 试件中心圆孔的铅垂分界线上, 有叠加玻璃处的等和线条纹相对于无玻璃处的条纹发生错动, 各区域的错动方向都是向条纹级次代数值增加的方向移动.

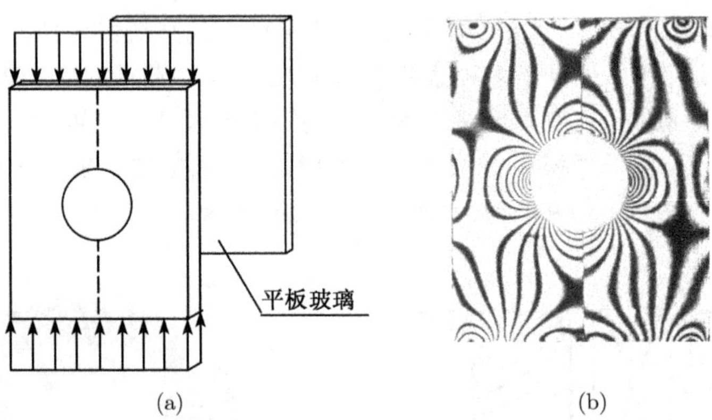

图 9.24　等和线错动的方向为条纹级次代数值增加的方向

第 10 章　散斑干涉法

10.1　概　　述

20 世纪 60 年代初激光器问世以来, 当激光照射到漫反射物体表面时, 物体表面的近前方形成许多明点和暗点, 称之为 "散斑". 在全息干涉法中就发现了这种现象, 当时认为这是一种 "噪声". 随后人们发现用 "散斑" 做载体可以进行物体位移的测量.

1970 年 E.Archbold, J.M.Burck 和 E.Ennos 发表了单光束散斑干涉法 (或称散斑照相)[30], J.A.Leendertz 发表了双光束散斑干涉法[31], 1974 年 Y.Y.Hung 发表了散斑剪切干涉法. 它可以测量物体的面内位移和位移导数, 进行振动测量和无损检验等[32].

10.2　散斑的形成

当物体的漫反射表面被激光 (准直光或扩束光) 照射时, 见图 10.1 所示, 物体表面上的每一个点都可视为子光源, 因为激光有高度相干性, 在物体的近前方由于诸多子光源的干涉而形成极多亮点和暗点, 即散斑. 物体表面各点的粗糙度不同, 所

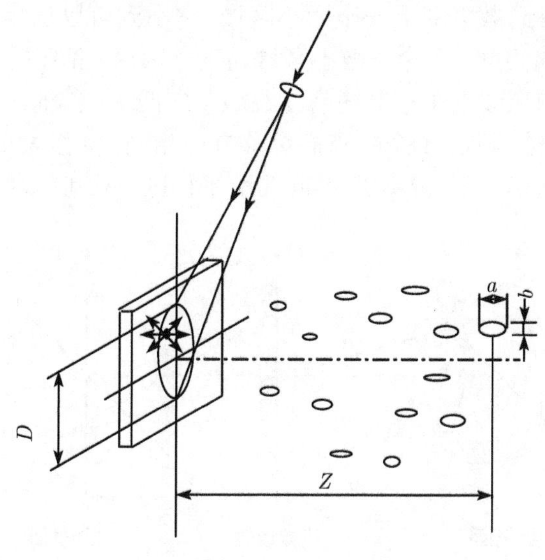

图 10.1　散斑场的形成

以这些“散斑”的分布是随机的, 它在空间上的形状如同雪茄烟, 由物体表面向远场成辐射状分布. 在距离物体为 Z 的位置散斑的纵向和横向尺寸分别为 a 和 b, 其尺寸大小与激光波长、照明区直径 D 和距离 Z 有关. 在距离物体表面为 Z 处散斑的纵向和横向尺寸为

$$\left.\begin{aligned} a &\approx 5\frac{\lambda Z^2}{D^2}, \\ b &\approx 1.2\frac{\lambda Z}{D}, \end{aligned}\right\} \tag{10.1}$$

其中, D 为照明区的直径, λ 为激光的波长.

10.3　单光束散斑干涉法 —— 面内位移的测量

1. 散斑图的记录

见图 10.2 所示, 通过成像透镜把靠近物体表面上的散斑成像在全息干板上. 这种散斑场的记录方式称为散斑照相或主观散斑. 图 10.3 是物体表面的激光散斑照片.

物体变形前, 在记录平面上用全息干板进行第一次曝光, 把物体表面的散斑场记录下来. 当物体受载后产生位移, 对同一全息干板进行第二次曝光, 又把一个新的散斑场记录下来, 对这张全息干板进行显影和定影处理后得到一个散斑图. 如果两个散斑场面内的相对移动量大于散斑的横向尺寸, 则在散斑图上形成“双孔”结构, 它们和两次曝光时物表面上的两组暗点散斑相对应, 这两组散斑点携带了物体位移的信息. 现在考虑散斑图上一个微小区域, 它小到可以认为这个区域内各点的位移大小相等, 方向相同, 称这个微小区域为准平移区, 见图 10.4 所示, 假设第一次曝光后, 在散斑图上该准平移区内有 A, B, C, D 四个散斑暗点. 当物体产生位移后进行第二次曝光时, 则这 4 个暗点的位移方向相同, 位移大小相等, 其相应位置为 A', B', C', D' 形成“双孔”结构. 不同的准平移区“双孔”的连线方向、两孔距

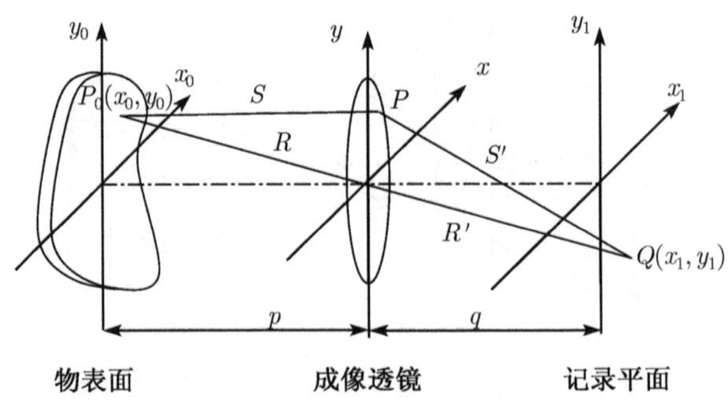

图 10.2　散斑场的记录

图 10.3 散斑照片

离和物体表面点的位移有关的. 因此“双孔”包含有物体位移的信息.

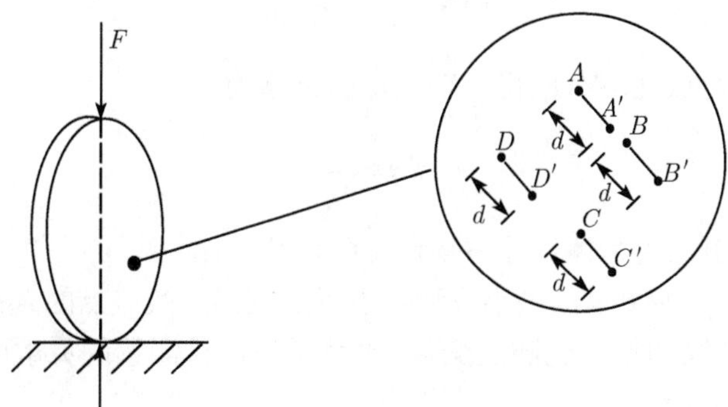

图 10.4 准平移区

2. 根据散斑图提取物体位移的信息

为了获得物体的位移, 对散斑图提取位移信息的分析方法有两种:

(1) 逐点分析法

逐点分析法的光路布置见图 10.5 所示, 在两次曝光的散斑图上, 存在有若干个“双孔”. 当用细微激光束垂直照射到散斑图的 M 点时, 由于在散斑图上被照射的区域很小, 可近似认为这个区域是一个准平移区, 即认为该区域上各点的位移方向和大小都是相同的. 根据夫琅禾费 (Fraunhofer) 衍射原理得知在准平移区里若干随机分布的“双孔”形成的衍射相干叠加, 在投影屏上衍射晕的范围内产生等间距的互相平行的干涉条纹, 它类似于杨氏 (Young's) 条纹, 在衍射晕的中心还有一个光强很大的亮心, 条纹的方向与“双孔”的联线垂直, 即条纹的垂直方向是准平移区内各点的位移方向. 条纹的间距反映位移的大小, 其值为

$$d = \frac{\lambda L}{b}, \tag{10.2}$$

式中, λ 是激光的波长, L 是散斑图与投影屏的距离, b 是相邻两条纹之间的距离.

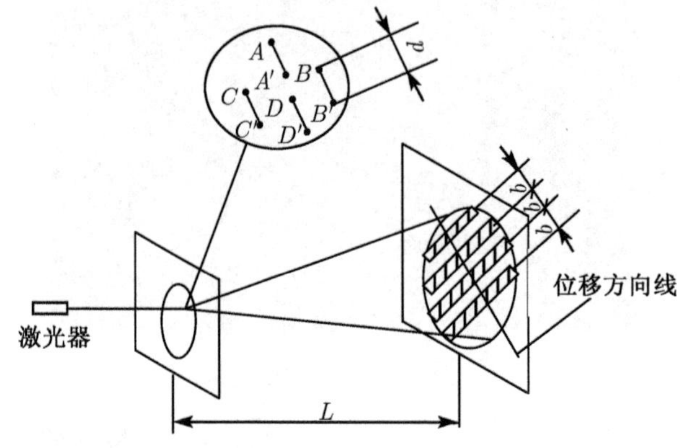

图 10.5　逐点分析

则散斑图上被照射点处所对应物体表面点的位移为

$$d' = \frac{d}{M}, \tag{10.3}$$

式中, M 为散斑图上的物体尺寸与物体实际尺寸之比.

显然, 这种方法能测量的最小位移相当于散斑图上散斑点的直径, 约几微米. 当 L 长度改变时, 条纹间距 b 也随之变化, 也就是说位移测量的灵敏度是可调的.

(2) 全场分析法

见图 10.2 所示, $P_0(x_0, y_0)$ 是物体表面点, $Q(x_1, y_1)$ 是 $P_0(x_0, y_0)$ 点在记录平面上的成像点, x, y 表示透镜的孔径平面.

设 $P_0(x_0, y_0)$ 点的光波复振幅为 $h(x_0, y_0)$, 根据惠更斯–菲涅耳 (Huygens-Fresnel) 原理得知, 以 P_0 点为次级波光源, 在透镜前表面 P 点的光波复振幅为

$$\frac{h(x_0, y_0)\mathrm{e}^{-\mathrm{i}ks}}{s}, \tag{10.4}$$

式中, $k = \dfrac{2\pi}{\lambda}$, 则从物面上所有点发射出的次级波源在透镜前表面任意点 P 的光波复振幅为

$$\iint \frac{h(x_0, y_0)\mathrm{e}^{-\mathrm{i}ks}}{s}\mathrm{d}x_0\mathrm{d}y_0, \tag{10.5}$$

由傅里叶光学可知, 在记录平面上任意点的光波复振幅 (例如针对 P_0 的成像点 $Q(x_1, y_1)$ 而言) 为

$$F(x_1, y_1) = \iint \left[\iint \frac{h(x_0, y_0)\mathrm{e}^{-\mathrm{i}ks}}{s}\mathrm{d}x_0\mathrm{d}y_0\right] A(x, y)\mathrm{e}^{-ks\left(\frac{x^2+y^2}{2f}\right)}\frac{\mathrm{e}^{-\mathrm{i}ks'}}{s'}\mathrm{d}x\mathrm{d}y, \tag{10.6a}$$

式中, f 是成像透镜的焦距, $A(x,y)$ 是成像透镜的孔径照射函数.

由于成像透镜的孔径和物面尺寸远小于物距 p 和像距 q, 则 $s \approx p, s' \approx q$. (10.6a) 式可写为

$$F(x_1,y_1) \approx \frac{1}{pq}\iiiint h(x_0,y_0)A(x,y)\mathrm{e}^{\frac{-\mathrm{i}k(x^2+y^2)}{2f}}\mathrm{e}^{-\mathrm{i}ks}\mathrm{e}^{-\mathrm{i}ks'}\mathrm{d}x_0\mathrm{d}y_0\mathrm{d}x\mathrm{d}y. \tag{10.6b}$$

参看图 10.2, 可求得

$$S^2 = p^2 + [(x_0-x)^2 + (y_0-y)^2 = R^2 - 2(x_0x + y_0y) + (x^2+y^2)$$

则

$$S = R\left[1 - \frac{2(x_0x+y_0y)}{R^2} + \frac{(x^2+y^2)}{R^2}\right]^{\frac{1}{2}},$$

将上式用泰勒级数展开, 取前两项得

$$S \approx R - \frac{x_0x+y_0y}{R} + \frac{x^2+y^2}{2R},$$

由于物平面上点的 x_0, y_0 远小于物距 p, 所以 $R \approx p$, 则上式

$$S \approx p - \frac{x_0x+y_0y}{p} + \frac{x^2+y^2}{2p},$$

同理可得

$$S' \approx q - \frac{x_0x+y_0y}{q} + \frac{x^2+y^2}{2q}.$$

将 S 和 S' 代入 (10.6b) 式, 并利用透镜公式 $\left(\frac{1}{p}+\frac{1}{q}-\frac{1}{f}=0\right)$ 得

$$F(x_1,y_1) = \eta\iiiint\left\{h(x_0,y_0)A(x,y)\mathrm{e}^{\mathrm{i}k\left[x\left(\frac{x_0}{p}+\frac{x_1}{q}\right)+y\left(\frac{y_0}{p}+\frac{y_1}{q}\right)\right]}\right\}\mathrm{d}x_0\mathrm{d}y_0\mathrm{d}x\mathrm{d}y, \tag{10.6c}$$

式中, $\eta = \dfrac{1}{pq}\mathrm{e}^{-\mathrm{i}k(p+q)}$, 该式表达出在记录平面上 $P_0(x_0,y_0)$ 点的成像点 $Q(x_1,y_1)$ 处光波的复振幅.

物体变形前, 在记录平面放置的全息干板上进行第一次曝光, 记录的光波复振幅由 (10.6c) 式给出. 当物体变形后, 设其面内位移分量为 u 和 v, 则在同一全息干板上进行第二次曝光, 记录的光波复振幅为 $F(x_1+u, y_1+v)$.

于是, 在全息干板上两次曝光所记录的总光强 I 为

$$I = |F(x_1,y_1)|^2 + |F(x_1+u,y_1+v)|^2, \tag{10.7}$$

对这张全息干板进行显影和定影后得到散斑图, 下面介绍如何从它提取位移的信息. 把这张散斑图放到进行全场分析用的傅里叶 (Fourier) 变换光学系统中, 见图 10.6 所示, 用复振幅为 $a(x_1,y_1)$ 的准直激光垂直照射散斑图, 则从散斑图透过光的复振幅由 (9.7) 和 (10.7) 式得

$$\begin{aligned} A(x_1,y_1) &= a(x_1,y_1)It \\ &= a(x_1,y_1)\left[|F(x_1,y_1)|^2+|F(x_1+u,y_1+v)|^2\right]t, \end{aligned} \tag{10.8}$$

式中, t 为两次曝光的各自曝光时间.

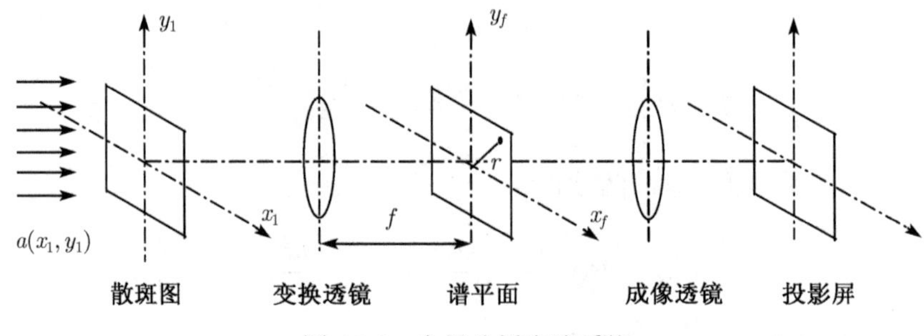

图 10.6 全场分析光路系统

它经过变换透镜进行傅里叶变换, 在谱平面 (或称变换平面) 上的光强分布为

$$\begin{aligned} I(x_f,y_f) = \Bigg|\iint & a(x_1,y_1)[|F(x_1,y_1)|^2 \\ & +|F(x_1+u,y_1+v)|^2]t\mathrm{e}^{-\mathrm{i}k\left(\frac{x_1x_f+y_1y_f}{f}\right)}\mathrm{d}x_1\mathrm{d}y_1\Bigg|^2, \end{aligned} \tag{10.9a}$$

式中, f 为变换透镜的焦距.

利用傅里叶变换中的平移定理, 并考虑位移 u,v 很小, 则 (10.9a) 式可写为

$$\begin{aligned} I(x_f,y_f) &= \mathrm{const}\cdot\left|\iint|F(x_1,y_1)|^2\,\mathrm{e}^{-\mathrm{i}k\left(\frac{x_1x_f+y_1y_f}{f}\right)}\mathrm{d}x_1\mathrm{d}y_1\cdot\left[1+\mathrm{e}^{\mathrm{i}k\left(\frac{ux_f+vy_f}{f}\right)}\right]\right|^2 \\ &= 4I_1(x_f,y_f)\cos^2\frac{\pi}{\lambda f}(ux_f+vy_f), \end{aligned} \tag{10.9b}$$

式中, $I_1(x_f,y_f)=\mathrm{const}\cdot\left|\iint|F(x_1,y_1)|^2\,\mathrm{e}^{-\mathrm{i}k\left(\frac{x_1x_f+y_1y_f}{f}\right)}\mathrm{d}x_1\mathrm{d}y_1\right|^2$, 是物体变形前对应第一次曝光在谱平面上的光强分布.

如果在谱平面上选择一个滤波孔对光强 $I(x_f,y_f)$ 进行滤波. 设小孔开在 x_f 轴上, 即 y_f=0, 代入 (10.9b) 式得像平面上的光强分布为

$$I(x_f,y_f)=4I(x_f,y_f)\cos^2\frac{\pi}{\lambda f}(ux_f), \tag{10.10}$$

当

$$\frac{\pi}{\lambda f}u\,|x_f| = n\pi \quad (n = 0, \pm 1, \pm 2, \pm 3, \cdots) \tag{10.11a}$$

时, $I(x_f, y_f) =$ 最大值, 呈现亮条纹, 从谱平面上小孔处人眼可以观察到物面全场上的条纹图, 或者在小孔后安置成像透镜记录条纹图. 在一条亮条纹上的位移 u 相等, 称为等位移线, 由 (10.11a) 式得

$$u = n\frac{\lambda f}{|x_f|}, \tag{10.11b}$$

同理, 可以把小孔开在 y_f 轴上, 即 x_f=0, 由 (10.9b) 式得

$$v = n\frac{\lambda f}{|y_f|}. \tag{10.12}$$

如果小孔开在谱平面上的任意位置, 设 $\boldsymbol{r} = x_f\boldsymbol{i} + y_f\boldsymbol{j}$, 在散斑图上物体的位移设为 $\boldsymbol{d} = u\boldsymbol{i} + v\boldsymbol{j}$, 则

$$\boldsymbol{r}\cdot\boldsymbol{d} = (x_f\boldsymbol{i} + y_f\boldsymbol{j})(u\boldsymbol{i} + v\boldsymbol{j}) = ux_f + vy_f, \tag{10.13}$$

将 (10.13) 式代入 (10.9b) 式得

$$I(x_f, y_f) = 4I_1(x_f, y_f)\cos^2\frac{\pi}{\lambda f}(|\boldsymbol{r}||\boldsymbol{d}|\cos\theta), \tag{10.14}$$

式中, θ 为 $\boldsymbol{r}$ 与 $\boldsymbol{d}$ 的夹角:

$$\text{当}\frac{\pi}{\lambda f}(|\boldsymbol{r}||\boldsymbol{d}|\cos\theta) = n\pi(n = 0, \pm 1, \pm 2, \pm 3\cdots),\ \text{即}|\boldsymbol{d}|\cos\theta = n\frac{\lambda f}{|\boldsymbol{r}|}\text{时}, \tag{10.15}$$

$I(x_f, y_f) =$ 最大值, 呈现亮条纹. 亮条纹表示位移 d 在 $\boldsymbol{r}$ 方向的投影分量.

由 (10.11b), (10.12) 和 (10.15) 式可以看出, 当物体位移一定时, 滤波孔 $|x_f|$, $|y_f|$ 或 $|\boldsymbol{r}|$ 值越大, 则等位移线越密.

如果滤波孔开在三个方向, 则可分别得到任意点在这三个方向上的位移分量, 然后对各自方向的位移求导, 则可求出三个方向上任意点的应变.

如果物体的离面位移使散斑场在离面方向的移动超过一个散斑在离面方向的长度, 则两次曝光的散斑图不相关, 于是观察不到干涉条纹.

如果物体的面内位移小于散斑的横向尺寸, 则两次曝光的散斑图也不相关, 也观察不出干涉条纹.

如果不要成像透镜, 把全息干板的药膜朝向物体的表面, 并把全息底板固定在物体表面上的某点, 照射光透过全息干板射向物体表面, 由物体表面反射的光所形

成的散斑记录在全息底板上, 这种记录方式称为客观散斑. 这也是散斑图的一种记录方式, 提取位移信息的分析方法与上述方法是相同的.

例题: 散斑法测量刚体转动圆轴的面内位移.

试验装置见图 10.7(a) 所示, 圆轴试件滑配在套筒中, 套筒装卡在试验台上. 在圆轴试件的径向固定一个拨杆. 在距离圆盘中心 R 处安装一个外径千分尺, 使其装卡在实验台上. 让外径千分尺的活动测头与拨杆接触, 从拨杆铅垂位置开始, 调节外径千分尺使圆轴做定量转动, 其转动角为

$$\Delta\varphi = \frac{S}{R}, \tag{a}$$

式中, S 是外径千分尺的调节距离.

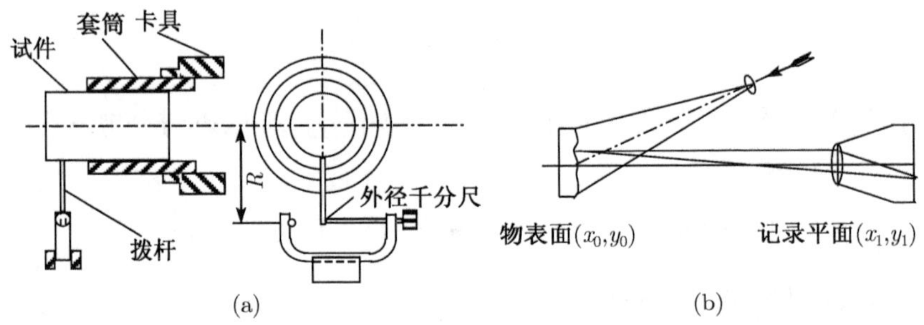

图 10.7　测量面内位移

圆盘转动前的位置如图 10.8 中拨杆的实线位置, 取此方向的原始坐标轴 y_0. 当

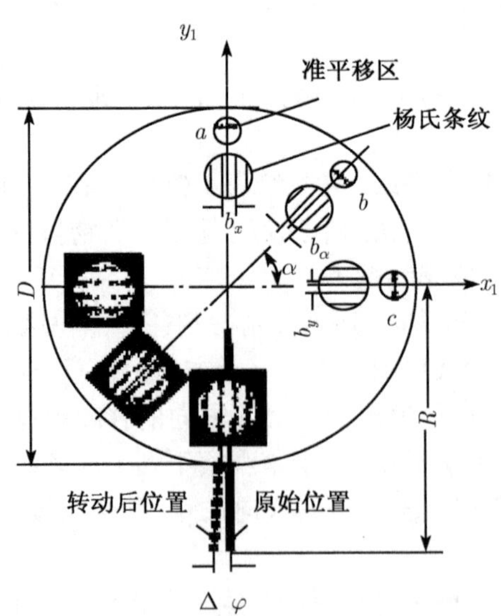

图 10.8　刚体转动圆轴散斑图的逐点分析

圆轴围绕中心转动 $\Delta\varphi$ 后, 拨杆到达虚线位置. 在图 10.7(a) 光路中经两次曝光记录到散斑图. 然后对该散斑图进行逐点分析或全场分析, 得到的杨氏条纹见图 10.8 所示.

① 逐点分析

根据图 10.5 逐点分析光路布置, 分别对图 10.8 x_1, y_1 轴和 α 角方向上的 a, b, c 点进行逐点分析时, 在准平移区内的 "双孔" 联线分别垂直 x_1, y_1 轴和 α 角的方向线, 对应各分析点的杨氏条纹方向分别平行于 x_1, y_1 轴和 α 角的方向线. 把杨氏条纹的间距 b_y, b_x 和 b_α 分别代入 (10.2) 和 (10.3) 式即可得到各被分析点的位移值.

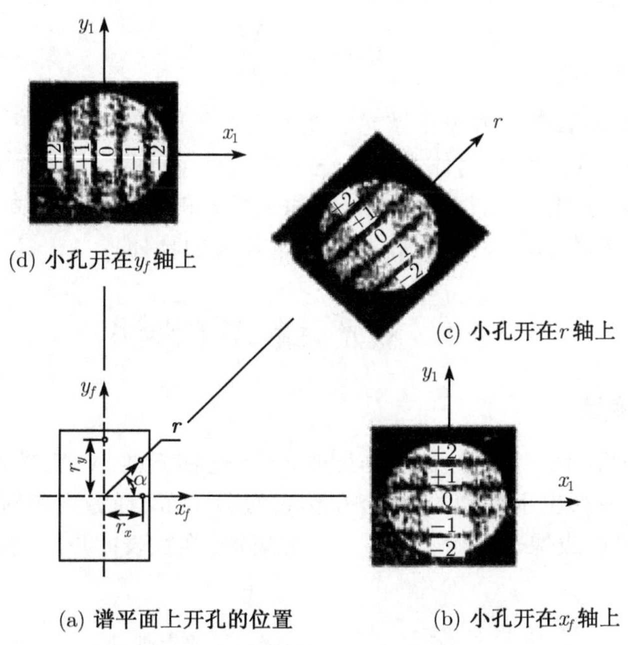

图 10.9 刚体转动圆轴散斑图的全场分析

② 全场分析

将两次曝光的散斑图安置在图 10.6 的光路中, 在谱平面上 x_f 轴上开一滤波孔 (距原点为 r_x 处), 见图 10.9(a) 所示. 从而在像平面上得到圆轴端面上全场各点沿 x_1 轴方向的等位移条纹, 见图 10.9(b) 所示, 零级等位移亮条纹上各点沿 x_1 轴方向的位移为零. +1 级等位移亮条纹上各点沿正 x_1 轴方向的位移相等, 由 (10.11b) 式得

$$u = \frac{\lambda f}{|r_x|}, \tag{b}$$

−1 级等位移亮条纹上各点沿负 x_1 轴方向的位移为

$$u = -\frac{\lambda f}{|r_x|}. \tag{c}$$

如果滤波孔开在 y_f 轴上 (距原点为 r_y 处), 则在像平面上得到圆轴端面上各点沿 y_1 轴方向的等位移条纹, 见图 10.9(d) 所示, 零级等位移亮条纹上各点沿 y_1 轴方向的位移为零. +1 级等位移亮条纹上各点沿 y_1 轴方向的位移为

$$v = \frac{\lambda f}{|r_y|}. \tag{d}$$

如果滤波孔开在与 x_f 轴夹角为 α 方向的矢量 r 处, 则在像平面上得到圆轴端面上各点沿 r 方向的等位移条纹, 见图 10.9(c) 所示, 零级等位移亮条纹上各点沿 r 方向的位移为零; +1 级等位移亮条纹上各点沿正 r 方向的位移由 (10.15) 式得

$$|d|\cos\alpha = \frac{\lambda f}{|\boldsymbol{r}|}. \tag{e}$$

激光散斑干涉法中的散斑由激光的相干性而形成的, 如果使用非相干光 (如白光) 作为照射光, 人为地在物体表面制造一些斑点 (如喷涂黑白颜色漆) 或利用物体表面的自然斑点, 也可以使用逐点分析和全场分析提取位移信息. 由于光源不采用激光, 则白光的功率可大大提高, 故能测量较大的物体.

10.4 双光束散斑干涉法

1. 离面位移的测量

见图 10.10 所示, 有两个漫反射表面, 一个是物表面 A, 它携带物体变形的信息, 另一个是不变形也不移动的表面 B, 称它为参考面. 在激光照射下, 这两个漫反射表面的反射光在成像平面相干产生一个散斑场, 当物表面点沿物面法线产生位移

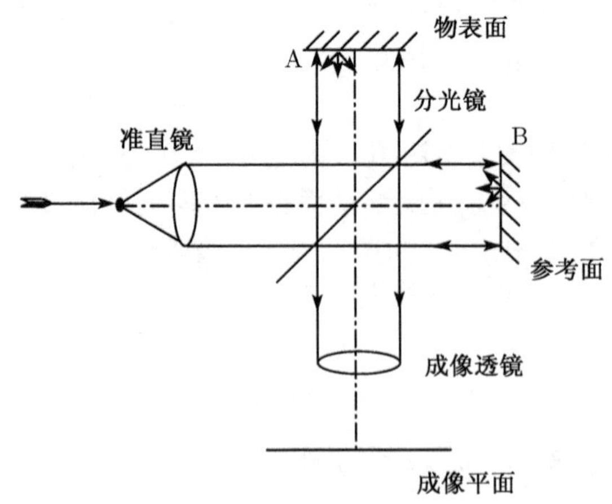

图 10.10 离面位移测量的光路布置

时, 从分光镜到物面的光程发生变化, 则像平面上的斑点也发生明暗变化. 当物面点沿物面法线方向移动半个波长时, 从分光镜到物面, 又从物面到成像面的光程产生一个波长的变化, 则散斑点的亮度发生一个周期的改变, 即由弱变强, 又由强变弱, 而恢复到该斑点原来亮度 (或其亮度由强变弱, 又由弱变强而恢复到该斑点的原来亮度). 由于物体变形时, 物面上各点的离面位移不一定相等, 当某点离面位移为半波长或半波长整倍数的地方, 在成像面上斑点的亮度经过一个循环又恢复到原来亮度, 将这种区域称为散斑场的相关部分. 在相关部分产生相关条纹, 同一条相关条纹上的各点, 它的离面位移相等, 其值为

$$w = \frac{\lambda n}{2}, \quad (n = 0, \pm 1, \pm 2, \pm 3, \cdots). \tag{10.16}$$

但是, 变形前后两次曝光法得到全息干板上散斑点的分布和单独一次曝光散斑点的分布是一样的, 所以从散斑图是观察不到相关条纹的. 下面介绍两种观测相关条纹的方法.

(1) 实时法

在成像平面安置全息干板, 物体变形前曝光一次, 实际散斑场中的暗斑点, 在显影和定影后的全息底板上对应的是透光点. 物体变形后, 凡是物面上离面位移为半波长 (或半波长的整数倍) 的点, 在实际散斑场中对应的是暗斑点, 所以实时观察到该点只有微弱光通过. 而离面位移不等于半波长的点, 则有较多的光通过. 故凡是离面位移等于半波长的地方可观察到暗色相关条纹, 即离面位移的等位移线.

(2) 过度曝光法

对物体变形前后的散斑场进行大曝光量 (或称之为过度曝光) 的两次曝光, 经过显影和定影后得到散斑图, 在其相关部分原散斑场的暗斑点, 在物体变形后离面位移为半波长 (或半波长的整数倍) 时, 对应这时的散斑场, 该点也为暗散斑点, 经显影和定影, 在全息干板上的相关部分呈现出亮条纹.

2. 面内位移的测量

见图 10.11 所示, 两束准直光 I 和 II 对称地照射物体的漫反射表面, 在成像平面上相干产生一个散斑场. 像平面上散斑场内亮度 (或称灰度分布) 的分布, 取决于两束光到达物面点的光程差. 如果物面上某点沿 z 轴 (或 y 轴) 发生位移时, 则两束光之间不产生光程差. 物体变形前, 在像平面上散斑场中对应物面 A 点的位置有一定亮度, 当物面上某点 A 产生 u 向位移达到 B 点时, 则 I 方向光从 A 点到 B 点减少了 $u\sin\theta$, II 方向光从 A 点到 B 点增加了 $u\sin\theta$, 所以两束光从 A 点到 B 点产生了 $2u\sin\theta$ 的光程差. 于是, 物面上凡是 u 向位移满足

$$2u\sin\theta = n\lambda, \quad (n = 0, \pm 1, \pm 2, \pm 3, \cdots) \tag{10.17}$$

的点, 在物体变形后像平面散斑场中对应物面 B 点位置的亮度, 经过一个循环变化, 又恢复到原亮度. 在这些区域上产生相关条纹, 即等位移线. 相关条纹的观察方法与上节相同.

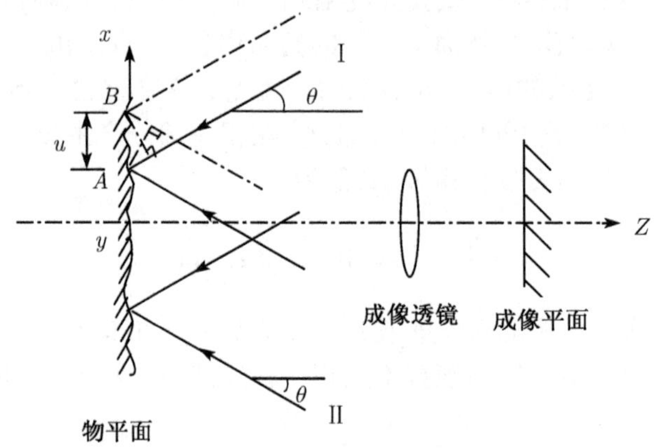

图 10.11　面内位移测量的光路布置

10.5　剪切 (或错位) 散斑干涉法

剪切散斑干涉法可以直接测量物体的位移导数. 其方法是在物面和成像透镜之间靠近成像透镜处安置一个玻璃光楔. 其测试原理见图 10.12(a) 所示, 光楔下部分的两个表面相互平行, 它与 xoz 平面垂直, 上部分的两个表面有微小夹角 α, 两个表面也与 xoz 平面垂直. 物表面通过光楔上和下部分在成像平面上像是稍微错开的两个像, 其错动方向沿 x 轴. 例如物表面的 A 点, 在成像平面上则有两个成像

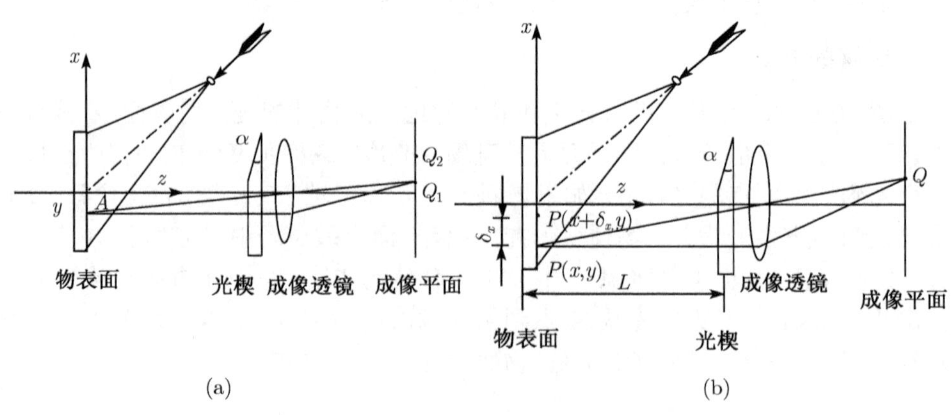

图 10.12　剪切散斑干涉法光路布置

点 Q_1 和 Q_2. 换句话说, 见图 10.12(b) 所示, 由于光楔的存在, 物表面上沿 x 方向相邻的两个点 $P(x,y)$ 和 $P(x+\delta_x,y)$ 在成像平面上能重合为一个点 Q, 根据折射原理 $P(x,y)$ 和 $P(x+\delta_x,y)$ 两点的距离应满足

$$\delta_x = L(\mu-1)\alpha, \tag{10.18}$$

式中, μ 为玻璃光楔材料的折射率, L 为物表面到光楔的距离, α 为光楔倾角, 约 1° 左右.

物体变形前, 设由物表面 $P(x,y)$ 和 $P(x+\delta_x,y)$ 点漫反射光在像平面上 Q 点的光波复振幅分别为

$$\left.\begin{aligned} A(x,y) &= a(x,y)\mathrm{e}^{\mathrm{i}\varPhi(x,y)}, \\ A(x+\delta_x,y) &= a(x,y)^{\mathrm{i}\varPhi(x+\delta_x,y)}, \end{aligned}\right\} \tag{10.19a}$$

其中, $a(x,y)$ 虽不是常数, 但它与干涉条纹的形成无关, 故可将其视为常数, 则 (10.19a) 式可写为

$$\left.\begin{aligned} A(x,y) &= a\mathrm{e}^{\mathrm{i}\varPhi(x,y)}, \\ A(x+\delta_x,y) &= a\mathrm{e}^{\mathrm{i}\varPhi(x+\delta_x,y)}. \end{aligned}\right\} \tag{10.19b}$$

在成像平面上放置全息干板进行第一次曝光, 物表面上 $P(x,y)$ 和 $P(x+\delta_x,y)$ 两个点, 在像平面上是一个点 Q, 记录下的光强为

$$\begin{aligned} I &= [A(x,y)+A(x+\delta_x,y)]\,[A(x,y)+A(x+\delta_x,y)]^* \\ &= 2a^2 + a^2\left\{\mathrm{e}^{\mathrm{i}[\varPhi(x+\delta_x,y)-\varPhi(x,y)]} + \mathrm{e}^{-\mathrm{i}[\varPhi(x+\delta_x,y)-\varPhi(x,y)]}\right\} \\ &= 2a^2\left\{1+\cos\beta\right\}, \end{aligned} \tag{10.20}$$

其中,

$$\beta = \varPhi(x+\delta_x,y) - \varPhi(x,y). \tag{10.21}$$

物体变形后, 设 $P(x,y)$ 点移至 $P'(x,y)$, $P(x+\delta_x,y)$ 点移至 $P'(x+\delta_x,y)$, 则 $P'(x,y)$ 和 $P'(x+\delta_x,y)$ 点漫反射光在像平面上 Q' 点的光波复振幅分别为

$$\left.\begin{aligned} A'(x,y) &= a\mathrm{e}^{\mathrm{i}[\varPhi(x,y)+\Delta\varPhi(x,y))]}, \\ A'(x+\delta_x,y) &= a\mathrm{e}^{\mathrm{i}[\varPhi(x+\delta_x,y)+\Delta\varPhi(x+\delta_x,y)]}, \end{aligned}\right\} \tag{10.22}$$

由于物体变形是微小的, 另外, 光学系统的分辨能力也是有限的, 所以物表面上的 $P(x,y)$, $P(x+\delta_x,y)$, $P'(x,y)$ 和 $P'(x+\delta_x,y)$ 这四个点在像平面上是四个相搭接的小区域, 故认为这四个点重合为一个点, 仍为 Q, 对全息干板进行第二次曝光, 记录下的光强为

$$\begin{aligned} I' &= [A'(x,y)+A'(x+\delta_x,y)]\cdot[A'(x,y)+A'(x+\delta_x,y)]^* \\ &= 2a^2 + a^2\{\mathrm{e}^{\mathrm{i}\{[\varPhi(x+\delta_x,y)+\Delta\varPhi(x+\delta_x,y)]-[\varPhi(x,y)+\Delta\varPhi(x,y)]\}} \\ &\quad + \mathrm{e}^{-\mathrm{i}\{[\varPhi(x+\delta_x,y)+\Delta\varPhi(x+\delta_x,y)]-[\varPhi(x,y)+\Delta\varPhi(x,y)]\}}\} \\ &= 2a^2\left\{1+\cos\left[\beta+\varDelta\right]\right\}, \end{aligned} \tag{10.23}$$

式中 $\beta = \Phi(x+\delta_x, y) - \Phi(x, y)$, 由于物体表面是漫反射的, $\Phi(x, y)$ 在物面上任一点是随机的, 所以 β 是随机的.

$$\Delta = \Delta\Phi(x+\delta_x, y) - \Delta\Phi(x, y), \tag{10.24}$$

它表示物体变形后 $P'(x, y)$ 和 $P'(x+\delta_x, y)$ 两点由于变形引起的相位差, 它携带两点之间位移的信息.

于是两次曝光的总光强由 (10.20) 和 (10.23) 式得

$$I_{\Sigma} = 4a^2\left[1+\cos(\beta+\frac{\Delta}{2})\cos\frac{\Delta}{2}\right], \tag{10.25}$$

式中 β 是随机的高频项. $\cos\dfrac{\Delta}{2}$ 是有规律的, 它与物体的变形有关. I_{Σ} 函数图形见图 10.13 所示.

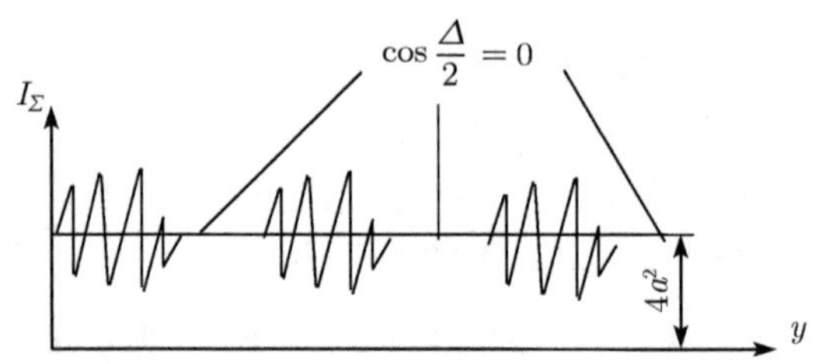

图 10.13 沿 y 方向某线段上 I_{Σ} 的分布

采用傅氏变换高通滤波法, 见图 10.14 所示, 在谱平面上用照相机镜头的边框遮挡住零级谱, 则在相机毛玻璃上可以观察到全场条纹.

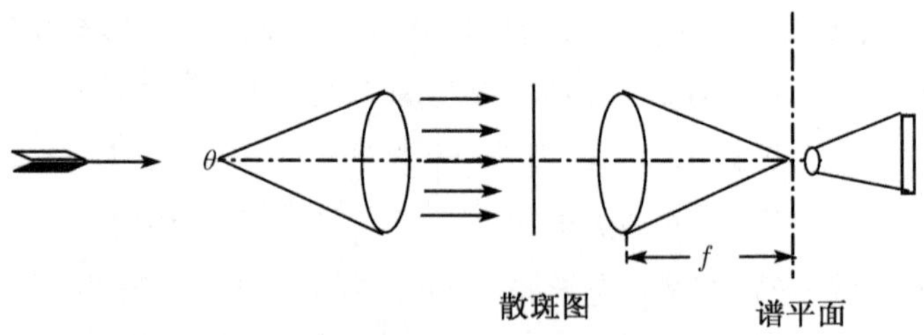

图 10.14 剪切散斑干涉条纹的观测

由 (10.25) 式可知, 当 $\cos\dfrac{\Delta}{2}=0$ 时, 即

$$\Delta = (2n+1)\pi \qquad (n=0, \pm1, \pm2, \cdots) \tag{10.26}$$

时, $I_{\Sigma} = 4a^2$ 为不太暗的条纹. 下面求解物体变形后两点由于变形引起的相位差 Δ.

见图 10.15 所示, 物体变形前, 对于物表面 $p(x,y,z)$ 点, 物光的光程为

$$SP+PH=\sqrt{(x-x_s)^2+(y-y_s)^2+(z-z_s)^2}+\sqrt{(x-x_H)^2+(y-y_H)^2+(z-z_H)^2},$$

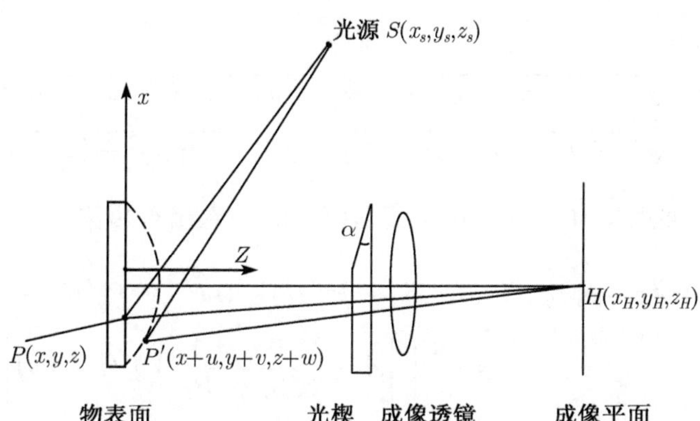

图 10.15 $\Delta\Phi(x,y,z)$ 和 $\Delta\Phi(x+\delta_x,y,z)$ 的计算

物体变形后, 物表面点 $P(x,y,z)$ 移至 $P'(x+u,y+v,z+w)$, 物光的光程为

$$SP'+P'H=\sqrt{(x+u-x_s)^2+(y+v-y_s)^2+(z+w-z_s)^2}+\sqrt{(x+u-x_H)^2+(y+v-y_H)^2+(z+w-z_H)^2}.$$

于是, 对应物表面点 $P(x,y,z)$ 变形前后的物光相位差为

$$\begin{aligned}\Delta\Phi(x,y,z)&=[(SP'+P'H)-(SP+PH)]\frac{2\pi}{\lambda}\\&=\frac{2\pi}{\lambda}[Au+Bv+Cw],\end{aligned}\tag{10.27}$$

式中,

$$\left.\begin{aligned}A&=\frac{x-x_H}{R_H}+\frac{x-x_s}{R_s},\\B&=\frac{y-y_H}{R_H}+\frac{y-y_s}{R_s},\\C&=\frac{z-z_H}{R_H}+\frac{z-z_s}{R_s},\end{aligned}\right\}\tag{10.28}$$

$$\left.\begin{aligned}R_H&=\sqrt{x_H^2+y_H^2+z_H^2},\\R_S&=\sqrt{x_S^2+y_S^2+z_S^2}.\end{aligned}\right\}\tag{10.29}$$

物体变形前, 对于物表面点 $p''(x+\delta_x, y, z)$ 点, 物光的光程为

$$\begin{aligned}SP''+P''H=&\sqrt{(x+\delta_x-x_s)^2+(y-y_s)^2+(z-z_s)^2}\\&+\sqrt{(x+\delta_x-x_H)^2+(y-y_H)^2+(z-z_H)^2},\end{aligned}$$

物体变形后, 物表面点 $P''(x+\delta_x, y, z)$ 点移至 $P'''(x+u+\delta u, y+v+\delta v, z+w+\delta w)$, 物光的光程为

$$\begin{aligned}SP'''+P'''H=&\sqrt{(x+u+\delta u-x_s)^2+(y+v+\delta_v-y_s)^2+(z+w+\delta w-z_s)^2}\\&+\sqrt{(x+u+\delta u-x_H)^2+(y+v+\delta_v-y_H)^2+(z+w+\delta w-z_H)^2}.\end{aligned}$$

于是, 对应物表面点 $P''(x+\delta_x, y, z)$ 变形前后的物光相对相位差为

$$\begin{aligned}\Delta\phi(x+\delta_x,y,z)&=[(sP'''+P'''H)-(sP'''-P'''H)]\frac{2\pi}{\lambda}\\&=\frac{2\pi}{\lambda}\left\{\left[A+\left(\frac{1}{R_H}+\frac{1}{R_S}\right)\delta_x(u+\delta u)\right]\right.\\&\quad\left.+[B(v+\delta v)]+[C(w+\delta w)]\right\},\end{aligned}\tag{10.30}$$

将 (10.27) 和 (10.30) 式代入 (10.24) 式得

$$\varDelta=\frac{2\pi}{\lambda}\left[A\delta u+B\delta v+C\delta w+Du\right],\tag{10.31}$$

式中,

$$D=\left(\frac{1}{R_H}+\frac{1}{R_S}\right)\delta_x,\tag{10.32}$$

当 δ_x 很小时, 则 (10.30) 式可写成

$$\varDelta=\frac{2\pi}{\lambda}\left\{\left[A\frac{\partial u}{\partial x}+B\frac{\partial v}{\partial x}+C\frac{\partial w}{\partial x}\right]\delta x+Du\right\}.\tag{10.33}$$

在一般情况下, R_H 和 $R_S\gg\delta_x$, 则由 (10.31) 式知 $D\approx 0$, 将其代入 (10.33) 式得

$$\varDelta=\frac{2\pi}{\lambda}\left[A\frac{\partial u}{\partial x}+B\frac{\partial v}{\partial x}+C\frac{\partial w}{\partial x}\right]\delta_x,\tag{10.34}$$

把 (10.26) 代入 (10.34) 式得

$$\left(n+\frac{1}{2}\right)\lambda=\left[A\frac{\partial u}{\partial x}+B\frac{\partial v}{\partial x}+C\frac{\partial w}{\partial x}\right]\delta_x,\tag{10.35}$$

式中, $\dfrac{\partial u}{\partial x}$, $\dfrac{\partial v}{\partial x}$ 和 $\dfrac{\partial w}{\partial x}$ 是变形前物表面点, 在物体变形后该点的三个位移导数. 为

了求解这三个量, 可以选择不同的光源位置 $S_i(x_{si}, y_{si}, z_{si})$ 或不同的照相机位置 $H_i(x_{Hi}, y_{Hi}, z_{Hi})$ 进行三次试验, 建立三个独立的方程式, 可以联立解得物表面任一点的三个位移导数 $\frac{\partial u}{\partial x}, \frac{\partial v}{\partial x}$ 和 $\frac{\partial w}{\partial x}$. 如果让光楔绕 z 轴旋转 90°, 对应的剪切量为 δ_y, 同理可得 $\frac{\partial u}{\partial y}, \frac{\partial v}{\partial y}$ 和 $\frac{\partial w}{\partial y}$.

从这些数据可以求得

$$\left.\begin{aligned} \varepsilon_x &= \frac{\partial u}{\partial x}, \\ \varepsilon_y &= \frac{\partial v}{\partial y}, \\ \gamma_{xy} &= \frac{\partial u}{\partial y} + \frac{\partial v}{\partial x}. \end{aligned}\right\} \tag{10.36}$$

下面介绍仅求 $\frac{\partial u}{\partial x}$ 或 $\frac{\partial w}{\partial x}$ 的试验方法:

(1) 仅求 $\frac{\partial w}{\partial x}$

见图 10.16 所示, 使照相机的视线与 z 轴重合, 并让光源也在此方向上. 由于物面尺寸远小于 R_S 和 R_H, 由 (10.28) 式得 A, B, C 系数为

$$\left.\begin{aligned} A &= \frac{x}{R_H} + \frac{x}{R_S} \approx 0, \\ B &= \frac{y}{R_H} + \frac{y}{R_S} \approx 0, \\ C &= \frac{z - z_H}{R_H} + \frac{z - z_S}{R_S} = -2, \end{aligned}\right\}$$

将 A, B, C 值代入 (10.35) 式得

$$\frac{\partial w}{\partial x} = -\frac{\left(n + \frac{1}{2}\right)\lambda}{2\delta x}. \tag{10.37}$$

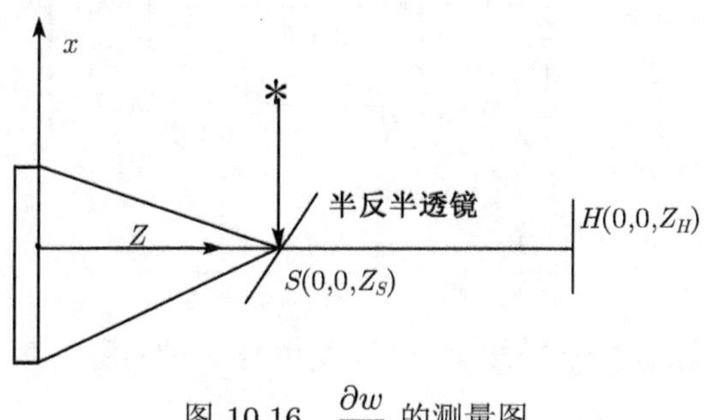

图 10.16 $\frac{\partial w}{\partial x}$ 的测量图

(2) 仅求 $\dfrac{\partial u}{\partial x}$

见图 10.17 所示, 使照相机的视线与 z 轴重合, 并把光源安装在 xoz 平面, 分别使用与 z 轴对称光束之一进行两次试验.

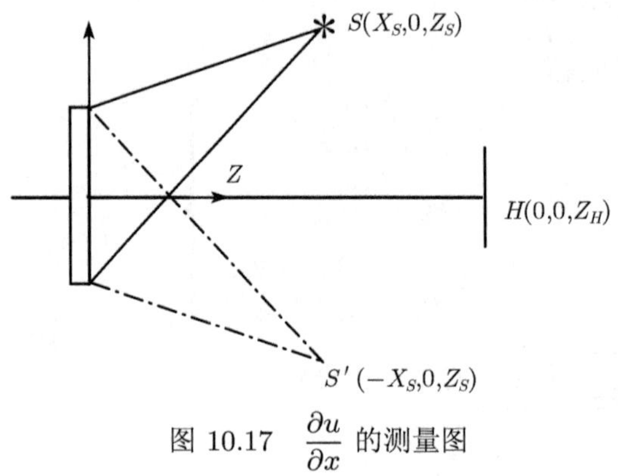

图 10.17　$\dfrac{\partial u}{\partial x}$ 的测量图

由于物面尺寸远小于 R_S 和 R_H, 针对 S 和 S' 两次光源位置的试验, 由 (10.28) 式得 A,B,C 系数为

$$\left.\begin{aligned}A&=\frac{x}{R_H}+\frac{x-x_S}{R_S}\approx-\frac{x_S}{R_S},\\B&=\frac{y}{R_H}+\frac{y}{R_S}\approx 0,\\C&=-\frac{z_H}{R_H}-\frac{z_S}{R_S}=-2,\end{aligned}\right\}$$

$$\left.\begin{aligned}A'&=x_S/R_S,\\B'&\approx 0,\\C'&=-2,\end{aligned}\right\}$$

将 A,B,C 和 A',B',C' 分别代入 (10.35) 式得

$$\left.\begin{aligned}\left(n_1+\frac{1}{2}\right)\lambda&=\left[-\frac{x_S}{R_S}\frac{\partial u}{\partial x}-2\frac{\partial w}{\partial x}\right]\delta x,\\\left(n_1'+\frac{1}{2}\right)\lambda&=\left[\frac{x_S}{R_S}\frac{\partial u}{\partial x}-2\frac{\partial w}{\partial x}\right]\delta x,\end{aligned}\right\}\tag{10.38}$$

将 (10.38) 两式相减得

$$\frac{\partial u}{\partial x}=-\frac{(n_1-n_1')R_S\lambda}{2\delta_x x_S}.\tag{10.39}$$

同理, 把光源安装在 xoy 平面上, 分别使用与 z 轴对称光束之一进行两次试验, 就可以测出 $\dfrac{\partial v}{\partial x}$.

第 11 章　电子散斑干涉法和数字散斑相关法

11.1　电子散斑干涉法

1. 概述

1971 年 Buters 和 Leendertz[33,34] 首先应用摄像机将采集到的物体变形前激光散斑场光强信息存储在磁带上, 然后, 把 CCD 摄像机采集到的物体变形后的散斑场通过电子处理手段 (硬件) 不断与磁带中变形前的散斑场进行比较和运算, 从而在图像监视器上能观察到表达物体位移信息的干涉条纹, 这种方法称为电子散斑干涉法 (Electronic Speckle Pattern Interferometry, ESPI). 进入 20 世纪 80 年代, 出现了集成化的电子存储模块, 应用这种技术, 将物体变形前后的散斑场图像以点阵形式量化为数字图像存储在帧存体中, 通过计算机对物体变形前后的散斑场进行运算, 从而在图像监视器上显示出干涉条纹, 这种方法称为数字散斑干涉法 (Digital Speckle Pattern Interferometry, DSPI). 它减少了电子散斑噪声, 提高了干涉条纹的清晰度. 习惯上, 人们把用电子的手段实现的电子散斑法和用数字的手段实现的数字散斑干涉法统称为电子散斑干涉法.

电子散斑干涉法的优点是可在明光的环境下操作, 并使图像采集及数据处理快速化, 从而实现了实时性和自动化的测量.

2. 电子散斑法测量面内位移

面内位移双光束测量的光路布置见图 11.1 所示, 通常两束激光 r 和 s 以对称的角度 θ 照射到物体漫反射表面, CCD 摄像机沿物体表面的法线方向采集图像. 物体变形前两束相干光在 CCD 摄像机成像平面上的光波复振幅分别为

$$\left.\begin{aligned} E_r(x,y) &= a_r(x,y)\mathrm{e}^{\mathrm{i}\Phi_r(x,y)}, \\ E_s(x,y) &= a_s(x,y)\mathrm{e}^{\mathrm{i}\Phi_s(x,y)}, \end{aligned}\right\} \tag{11.1}$$

式中, a_r 和 a_s 是两束光波的振幅, ϕ_s 和 ϕ_r 是两束光的初相位, 两束光波的合成复振幅为

$$E(x,y) = a_r(x,y)\mathrm{e}^{\mathrm{i}\phi_r(x,y)} + a_s(x,y)\mathrm{e}^{\mathrm{i}\phi_s(x,y)}, \tag{11.2}$$

对应的光强分布为

$$\begin{aligned} I_0(x,y) &= E(x,y)E^*(x,y) \\ &= a_r^2 + a_s^2 + 2a_r a_s \cos(\phi_r - \phi_s), \end{aligned} \tag{11.3a}$$

设 $\phi=\phi_r-\phi_s$,ϕ 为 r 与 s 光的初相位差, 代入 (11.3a) 式得

$$I_0(x,y)=a_r^2+a_s^2+2a_ra_s\cos\phi, \tag{11.3b}$$

式中, $E^*(x,y)$ 为 $E(x,y)$ 的共轭光波复振幅.

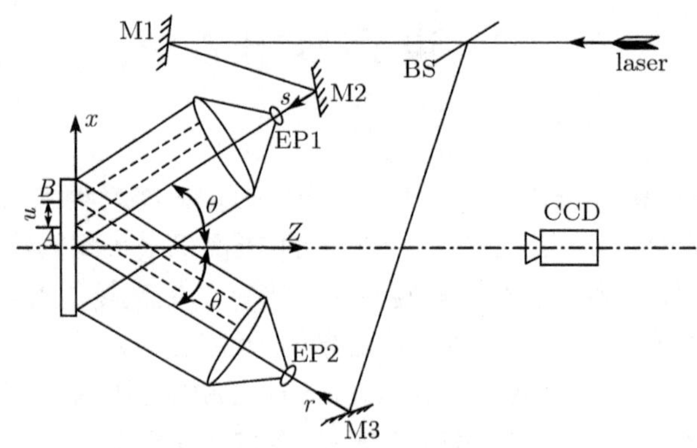

图 11.1 面内位移测量光路

Laser: 激光器; EP1,EP2: 扩束镜; M1,M2,M3: 全反镜; CCD: 摄像机

当物体变形后, 设物表面某点 A 沿 x 方向移至 B, 两束光波从光源到物表面 A 和 B 点, 再到 CCD 摄像机成像平面上的光程发生改变, 此时, CCD 摄像机记录的光强为

$$I_1(x,y)=a_r^2+a_s^2+2a_ra_s\cos(\phi+\Delta\phi), \tag{11.4}$$

式中, $\Delta\phi$ 是由于 A 点位移 u 引起的 r 与 s 光的相位差, 其值由 A 和 B 点处的两束光的光程差得

$$\Delta\phi=\frac{2\pi}{\lambda}(2u\sin\theta). \tag{11.5}$$

物体变形前后的电子散斑场光强分布 (11.3b) 和 (11.4) 包含有物体变形的信息, 对其进行适当的运算可将这种信息提取出来. 下面介绍提取面内位移信息的两种方法, 即减法模式和加法模式.

(1) 减法模式

将物体变形前后的两个电子散斑场做减法运算, 即 (11.4) 式减 (11.3b) 式, 并取绝对值得

$$\begin{aligned}I(x,y)&=|I_1-I_0|=|2a_ra_s\left[\cos(\phi+\Delta\phi)-\cos\phi\right]|\\&=2a_ra_s\left|\cos\left\{\left[\frac{\Delta\phi}{2}+\phi\right]+\frac{\Delta\phi}{2}\right\}-\cos\left\{\left[\frac{\Delta\phi}{2}+\phi\right]-\frac{\Delta\phi}{2}\right\}\right|\\&=4a_ra_s\left|\sin\left[\frac{\Delta\phi}{2}+\phi\right]\sin\frac{\Delta\phi}{2}\right|,\end{aligned} \tag{11.6a}$$

式中, ϕ 是随机的高频项, 是散斑噪声. $\sin\dfrac{\Delta\phi}{2}$ 是有规律的, 它与物体的变形有关. 通过低通滤波后, 可以得到

$$I(x,y) = 4a_r a_s \left|\sin\frac{\Delta\phi}{2}\right|, \tag{11.6b}$$

当

$$\Delta\phi = 2n\pi \quad (n = 0, \pm1, \pm2, \cdots) \tag{11.7}$$

时, $I(x,y) = 0$, 呈现暗条纹, 将 (11.5) 式代入 (11.7) 式得

$$u = \frac{n\lambda}{2\sin\theta}. \tag{11.8}$$

(2) 加法模式

将物体变形前后的两个电子散斑场做加法运算, 即 (11.3b) 式加上 (11.4) 式, 并取绝对值得

$$\begin{aligned} I(x,y) &= |I_1 + I_0| \\ &= \left|2a_r^2 + 2a_s^2 + 2a_r a_s\left[\cos(\phi+\Delta\phi) + \cos\phi\right]\right| \\ &= 2a_r^2 + 2a_s^2 + 4a_r a_s\left|\cos\left[\frac{\Delta\phi}{2} + \phi\right]\cos\frac{\Delta\phi}{2}\right|, \end{aligned} \tag{11.9a}$$

式中, ϕ 是随机的高频项, 是散斑噪声. $\cos\dfrac{\Delta\phi}{2}$ 是有规律的, 它与物体的变形有关. 通过低通滤波后, 可以得到

$$I(x,y) = 2a_r^2 + 2a_s^2 + 4a_r a_s\left|\cos\frac{\Delta\phi}{2}\right|, \tag{11.9b}$$

当

$$\Delta\phi = \frac{2n+1}{2}\pi \quad (n = 0, \pm1, \pm2, \cdots) \tag{11.10}$$

时, $I(x,y) = 2a_r^2 + 2a_s^2$, 呈现不太暗的条纹, 将 (11.5) 式代入 (11.10) 式得

$$u = \frac{(2n+1)\lambda}{8\sin\theta}, \tag{11.11}$$

由 (11.9b) 式可以看出, 该式受直流分量 $(2a_r^2 + 2a_s^2)$ 的影响, 条纹的反差较差, 采用高通滤波图像处理方法减少直流分量的影响, 可以提高条纹的反差程度.

3. 电子散斑法测量离面位移

双光束离面位移测量的光路布置见图 11.2 所示, 激光束经全反镜 M, 扩束镜 EP 和分束镜 BS 分成物光和参考光, 它们分别照射到漫反射的物表面和参考面上. 物体变形前, 物光和参考光在 CCD 摄像机成像平面上的光波复振幅分别为

$$\left.\begin{aligned}E_0(x,y)=a_0(x,y)\mathrm{e}^{\mathrm{i}\phi_0(x,y)},\\E_r(x,y)=a_r(x,y)\mathrm{e}^{\mathrm{i}\phi_r(x,y)},\end{aligned}\right\}\tag{11.12}$$

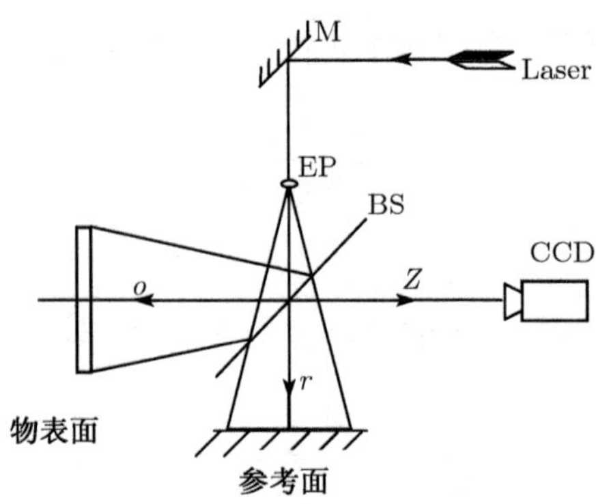

图 11.2　离面位移测量光路

Laser：激光器; EP：扩束镜; M：全反镜; BS：分光镜; CCD：摄像机

其合成复振幅为

$$E(x,y)=a_0(x,y)\mathrm{e}^{\mathrm{i}\phi_0(x,y)}+a_r(x,y)\mathrm{e}^{\mathrm{i}\phi_r(x,y)},\tag{11.13}$$

对应的光强分布为

$$I_0(x,y)=E(x,y)\cdot E^*(x,y)=a_o^2+a_r^2+2a_oa_r\cos\phi,\tag{11.14}$$

式中, $\phi=\phi_o-\phi_r$ 是物光和参考光在 CCD 摄像机成像平面上的相位差, $E^*(x,y)$ 为 $E(x,y)$ 的共轭光波复振幅.

当物体变形后, 由于物体表面点的离面位移 w(为 Z 轴方向), 使物光的光程发生改变, 于是在 CCD 摄像机成像平面上物光和参考光的相位差 ϕ 的变化量为

$$\Delta\phi=\frac{2\pi}{\lambda}2w,\tag{11.15}$$

此时, CCD 摄像机记录的光强分布为

$$I_1(x,y)=a_0^2+a_r^2+2a_0a_r\cos(\phi+\Delta\phi),\tag{11.16}$$

采用减法模式, 即 (11.16) 式减去 (11.14) 式, 并取绝对值

$$\begin{aligned} I(x,y) &= |I_1 - I_0| \\ &= |2a_r a_s [\cos(\phi+\Delta\phi) - \cos\phi]| \\ &= 4a_r a_s \left|\sin\left[\frac{\Delta\phi}{2}+\phi\right]\sin\frac{\Delta\phi}{2}\right|, \end{aligned} \tag{11.17}$$

当

$$\Delta\phi = 2n\pi \quad (n = 0, \pm1, \pm2, \cdots) \tag{11.18}$$

时, $I(x,y)=0$, 呈现暗条纹, 将 (11.15) 代入 (11.18) 式得

$$w = \frac{n\lambda}{2}. \tag{11.19}$$

在此指出, 面内位移和离面位移测量公式 (11.8), (11.11) 和 (11.19) 中, 只能确定被测点在 n 和 n+1 条纹级次之间的位置, 但不知道 n 的确切代数值是多少. 对于难以判定条纹级次的受力模型, 可以通过相移技术[35] 或加法模式和减法模式的混合法[36], 直接求出被测点相位值, 然后根据相位值与位移的函数关系, 即可求出位移值.

所谓相移技术, 见图 11.1 所示, 物体变形前两束激光 r 和 s 在 CCD 摄像机上记录的光强分布见 (11.3b) 式得

$$I_0(x,y) = a_r^2 + a_s^2 + 2a_r a_s \cos\phi.$$

物体变形后, 在 CCD 摄像机上记录的光强分布见 (11.4) 式:

$$I_1(x,y) = a_r^2 + a_s^2 + 2a_r a_s \cos(\phi+\Delta\phi).$$

物体变形后, 在 r 光 (或 s 光) 路上利用相移器引入相移量 α_n(即相位增量), 则在 CCD 摄像机上记录的光强分布参照 (11.4) 式得

$$I_n(x,y) = a_r^2 + a_s^2 + 2a_r a_s \cos(\phi+\Delta\phi+\alpha_n). \tag{11.20}$$

物体变形后, 对应多幅相移量为 α_n 的散斑图分别与变形前的散斑图进行相减, 其对应的光强分布参照 (11.6) 式得

$$|I_n(x,y) - I_0(x,y)| = 4a_r a_s \left|\sin\left(\frac{\Delta\phi}{2}+\frac{\alpha_n}{2}+\phi\right)\sin\left(\frac{\Delta\phi}{2}+\frac{\alpha_n}{2}\right)\right|, \tag{11.21}$$

其中, $\sin\left(\frac{\Delta\phi}{2}+\frac{\alpha_n}{2}+\phi\right)$ 是随机的高频项, 是散斑噪声, 通过低通滤波后, 可以得到

$$|I_n(x,y) - I_0(x,y)| = 4a_r a_s \left|\sin\left(\frac{\Delta\phi}{2}+\frac{\alpha_n}{2}\right)\right|. \tag{11.22}$$

设 $I_{n0}(x,y)=I_n(x,y)-I_0(x,y)$, 对 (11.22) 式取平方得

$$\begin{aligned}I_{n0}^2 &= 16a_r^2a_s^2\sin^2\left(\frac{\Delta\phi}{2}+\frac{\alpha_n}{2}\right)\\ &= 16a_r^2a_s^2\left[\frac{1-\cos(\Delta\phi+\alpha_n)}{2}\right],\end{aligned} \tag{11.23}$$

设 $K=8a_r^2a_s^2$, 代入 (11.23) 式得

$$I_{n0}^2=K-K\cos(\Delta\phi+\alpha_n). \tag{11.24}$$

① 当相移量 α_n 分别取 0, $\frac{\pi}{2}$, π, $\frac{3\pi}{2}$ 时, 由 (11.24) 式得

$$\left.\begin{aligned}I_{10}^2 &= K-K\cos(\Delta\phi),\\ I_{20}^2 &= K+K\sin(\Delta\phi),\\ I_{30}^2 &= K+K\cos(\Delta\phi),\\ I_{40}^2 &= K-K\sin(\Delta\phi).\end{aligned}\right\} \tag{11.25}$$

由 (11.25) 式得

$$\begin{aligned}I_{20}^2-I_{40}^2 &= 2K\sin(\Delta\phi),\\ I_{30}^2-I_{10}^2 &= 2K\cos(\Delta\phi).\end{aligned}$$

将以上两式相除得

$$\tan(\Delta\phi)=\frac{I_{20}^2-I_{40}^2}{I_{30}^2-I_{10}^2}, \tag{11.26a}$$

即

$$\Delta\phi=\arctan\left(\frac{I_{20}^2-I_{40}^2}{I_{30}^2-I_{10}^2}\right), \tag{11.26b}$$

该式称为四步相移法求相位的公式.

② 当相移量 α_n 分别取 0, $\frac{2\pi}{3}$, $\frac{4\pi}{3}$ 时, 由 (11.24) 式得

$$\left.\begin{aligned}I_{10}^2 &= K-K\cos(\Delta\phi),\\ I_{20}^2 &= K-K\sin\left(\Delta\phi+\frac{2\pi}{3}\right)\\ &= K+\frac{K}{2}[\cos(\Delta\phi)+\sqrt{3}\sin(\Delta\phi)],\\ I_{30}^2 &= K-K\cos\left(\Delta\phi+\frac{4\pi}{3}\right)\\ &= K+\frac{K}{2}[\cos(\Delta\phi)-\sqrt{3}\sin(\Delta\phi)].\end{aligned}\right\} \tag{11.27}$$

由 (11.27) 式得

$$\left.\begin{aligned}I_{30}^2-I_{20}^2&=-K\sqrt{3}\sin(\Delta\phi),\\2I_{10}^2-I_{20}^2-I_{30}^2&=-3K\cos(\Delta\phi).\end{aligned}\right\}\tag{11.28}$$

将 (11.28) 式中两式相除得

$$\tan(\Delta\phi)=\frac{\sqrt{3}(I_{30}^2-I_{20}^2)}{2I_{10}^2-I_{20}^2-I_{30}^2},\tag{11.29a}$$

即

$$\Delta\phi=\arctan\frac{\sqrt{3}(I_{30}^2-I_{20}^2)}{2I_{10}^2-I_{20}^2-I_{30}^2},\tag{11.29b}$$

该式称为三步相移法求相位的公式.

由 (11.26b)[或 (11.29b)] 式可以看出, 相位场 $\Delta\phi$ 都是以反正切函数的形式表示的, 反正切函数 (11.26b) 的图形见图 11.3 所示. 对于试验模型某点 i 而言, (11.26b) 函数式中 $\left(\dfrac{I_{20}^2-I_{40}^2}{I_{30}^2-I_{10}^2}\right)_i$ 值所对应的相位 $\Delta\phi=\Delta\phi_i\pm n\pi(n=0,1,2,\cdots)$ 为多值. 而根据 (11.26b) 所绘出的图像是相位主值的灰度图像 (即它是表示相位 $\Delta\phi$ 在 $\left(-\dfrac{\pi}{2},\dfrac{\pi}{2}\right)$ 范围内的变化). 因此, 该图所表示的相位值并不对应物体变形所引起的相位变化. 例如, 对试验模型任一截面 a-b 上相位主值分布如图 11.4 所示, 在间断的相位主值分布线处, 间断点左和右的相位差为 π, 为了求出试验模型任一点 i 的实际相位, 应对相位主值灰度图像进行去包裹处理 (Unwrapping)[35], 然后就可得到试验模型任一点对应实际变形的相位, 去包裹处理后的实际相位图如图 11.4 中虚线表示.

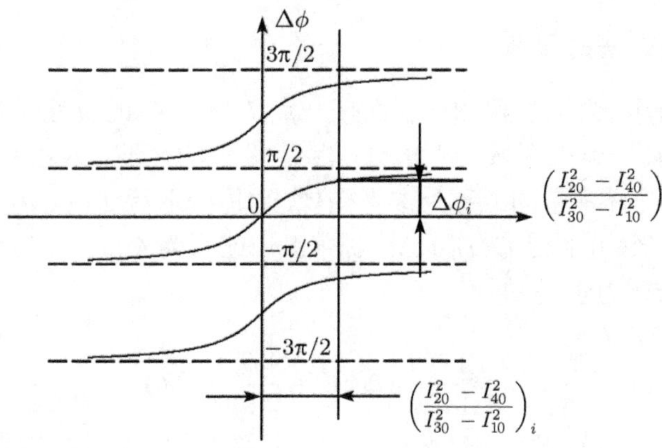

图 11.3 反正切函数图形

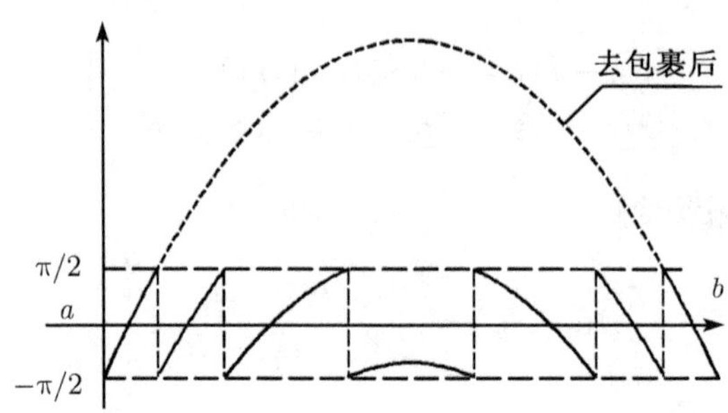

图 11.4　相位主值与去包裹后灰度分布

有关应用电子散斑干涉法确定物体面内和离面位移的例题请参见第 14 章 14.3 节之 6.

11.2　数字散斑相关法

1. 概述

数字散斑相关方法 (Digital Speckle Correlation Measurement, DSCM) 或称数字图像相关方法 (Digital Image Correlation Measurement, DICM) 于 20 世纪 80 年代初由 I.Yamaguchi[37]、W.H.Peter 和 W.F.Ranson[38] 提出. 它是根据物体表面变形前后的两个散斑场的图像相关运算而得到位移及其导数的. 该方法光路简单, 可以通过激光光源在物体表面前的干涉形成散斑. 也可以用喷漆的方法在物体表面人工制造散斑, 或是利用物体表面本身的自然斑痕作为散斑, 但此时应用的是白光光源.

2. 数字散斑相关方法的原理

见图 11.5 所示, 为了求解物体表面任一点 $P(x_0,y_0)$ 的位移及其导数, 以 $P(x_0, y_0)$ 点为中心选取一个小区域, 例如 41×41 个像素的区域, 称之为子集区. 由统计学将其定义为二维样本空间或称为参考图像. 物体变形后 $P(x_0,y_0)$ 点移至 $P'(x_0+u, y_0+v)$, 与 P 点邻近的点 $Q(x_0+\Delta x, y_0+\Delta y)$[或写为 $Q(x,y)$] 移至 $Q'(x+u_Q, y+v_Q)$. 根据连续介质力学得知

$$\left.\begin{aligned} u_Q &= u+\frac{\partial u}{\partial x}\Delta x+\frac{\partial u}{\partial y}\Delta y+\frac{1}{2}\frac{\partial^2 u}{\partial x^2}(\Delta x)^2+\frac{1}{2}\frac{\partial^2 u}{\partial y^2}(\Delta y)^2+\frac{\partial^2 u}{\partial x\partial y}\Delta x\Delta y+\cdots, \\ v_Q &= v+\frac{\partial v}{\partial x}\Delta x+\frac{\partial v}{\partial y}\Delta y+\frac{1}{2}\frac{\partial^2 v}{\partial x^2}(\Delta x)^2+\frac{1}{2}\frac{\partial^2 v}{\partial y^2}(\Delta y)^2+\frac{\partial^2 v}{\partial x\partial y}\Delta x\Delta y+\cdots, \end{aligned}\right\} \tag{11.30}$$

其中, u, v 及其导数 $\frac{\partial u}{\partial x},\frac{\partial u}{\partial y},\frac{\partial v}{\partial x},\frac{\partial v}{\partial y},\frac{\partial^2 u}{\partial x^2},\frac{\partial^2 u}{\partial y^2},\frac{\partial^2 u}{\partial x\partial y},\frac{\partial^2 v}{\partial x^2},\frac{\partial^2 v}{\partial y^2},\frac{\partial^2 v}{\partial x\partial y}$ 为子集区中心点 $P(x_0,y_0)$ 的位移及导数.

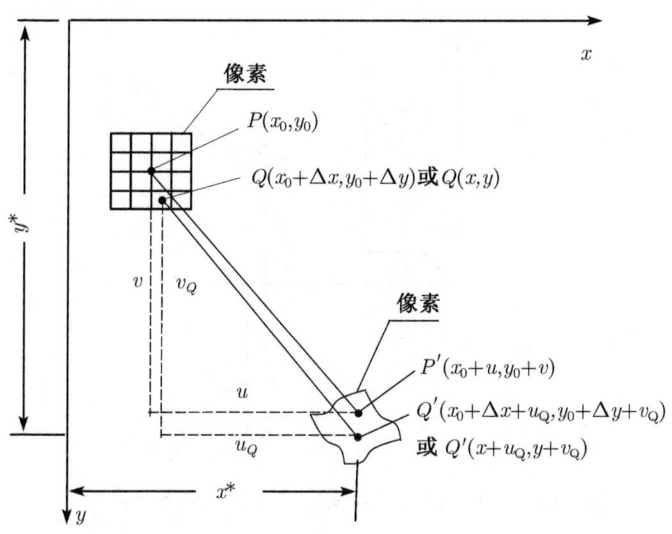

图 11.5 子集区内点的位移

Q 点变形后移至 Q' 点, 该点的坐标为

$$\left.\begin{aligned}x^* &= x+u_Q\\ &= x+u+\frac{\partial u}{\partial x}\Delta x+\frac{\partial u}{\partial y}\Delta y+\frac{1}{2}\frac{\partial^2 u}{\partial x^2}(\Delta x)^2+\frac{1}{2}\frac{\partial^2 u}{\partial y^2}(\Delta y)^2+\frac{\partial^2 u}{\partial x\partial y}\Delta x\Delta y+\cdots,\\ y^* &= y+v_Q\\ &= y+v+\frac{\partial v}{\partial x}\Delta x+\frac{\partial v}{\partial y}\Delta y+\frac{1}{2}\frac{\partial^2 v}{\partial x^2}(\Delta x)^2+\frac{1}{2}\frac{\partial^2 v}{\partial y^2}(\Delta y)^2+\frac{\partial^2 v}{\partial x\partial y}\Delta x\Delta y+\cdots.\end{aligned}\right\} \tag{11.31}$$

见图 11.6 所示, 设 $F(x,y)$ 表示变形前以 P_0 (x_0,y_0) 为中心的子集区散斑场内任意点 $Q(x,y)$ 的灰度分布函数, 物体变形后 $Q(x,y)$ 点移至 $Q'(x^*,y^*)$ 点, $G(x^*,y^*)$ 表示变形后该子集区散斑场内 $Q'(x^*,y^*)$ 点的灰度分布函数, $G(x^*,y^*)$ 构成另外一个样本空间或称为目标图像. 在此指出, 图像灰度分布是通过 CCD 摄像机内面阵器件的像敏单元即像素来采集的, 一般 CCD 摄像机具有 512×320, 512×488, 604×588, 768×494 个像素, 因此说, 通过 CCD 摄像机采集到的图像是离散的灰度信息, 图像灰度经 8bitA/D 转换 (即模–数转换) 将灰度数字化, 用 0~255 个灰度级来表达.

由概率与统计学得知, 当参考图像和目标图像两个样本空间中的 $F(x,y)$ 和 $G(x^*,y^*)$ 的灰度分布函数满足相关系数 C 为 1 时, 见 (11.32) 式, 目标图像就是原参考图像的位置, 称两个样本空间的图像完全相关. 所以说相关系数 C 是衡量目标

像和参考图像近似程度的一个数字指标,

$$C = \frac{\Sigma[F(x,y)\cdot G(x^*,y^*)]}{[\Sigma F^2(x,y)\cdot \Sigma G^2(x^*,y^*)]^{1/2}} \tag{11.32}$$

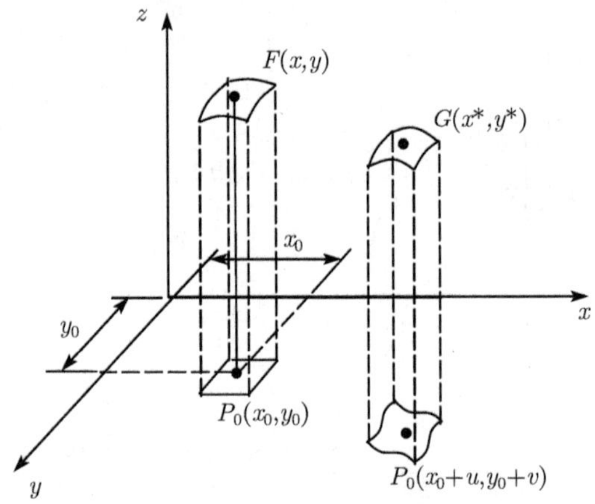

图 11.6 子集区内的点变形前后的灰度分布函数

在此指出, 参看图 11.6 和 (11.32) 式, $F(x,y)$ 中的 (x,y) 点是物体变形前的子集区内点的坐标, 这些点也正是各像素点的位置. $G(x^*,y^*)$ 中的 (x^*,y^*) 点是物体变形后原子集区内点的新位置坐标, 这些点一般在各像素点之间的位置. 因此, 为了求变形后点 (x^*,y^*) 的灰度值, 则需根据采集到各像素点灰度的离散值进行插值计算, 这一处理过程称为亚像素重建.

另外, 也可以把相关系数 C 写成另外一种形式, 用 S 表示为

$$S = 1 - C = 1 - \frac{\Sigma\,[F(x,y)\cdot G(x^*,y^*)]}{[\Sigma F^2(x,y)\cdot \Sigma G^2(x^*,y^*)]^{1/2}}. \tag{11.33}$$

当相关系数 S 等于 0 时, 说明两个样本空间的图像完全相关.

3. 亚像素重建

对各像素点的灰度离散值进行插值的计算方法通常使用双线性插值和二元三次样条插值.

(1) 双线性插值

这种方法比较简单, 是通常使用的方法, 见图 11.7 所示, 图像中任意一点 (x^*,y^*) 的灰度值可由该点周围四个像素点 $(i,j),(i+1,j),(i,j+1)$ 和 $(i+1,j+1)$ 的灰度值 $G(i,j),G(i+1,j),G(i,j+1)$ 和 $G(i+1,j+1)$ 双线性插值获得, $G(x^*,y^*)$ 表达式为

$$G(x^*,y^*) = ax^* + by^* + cx^*y^* + d, \tag{11.34}$$

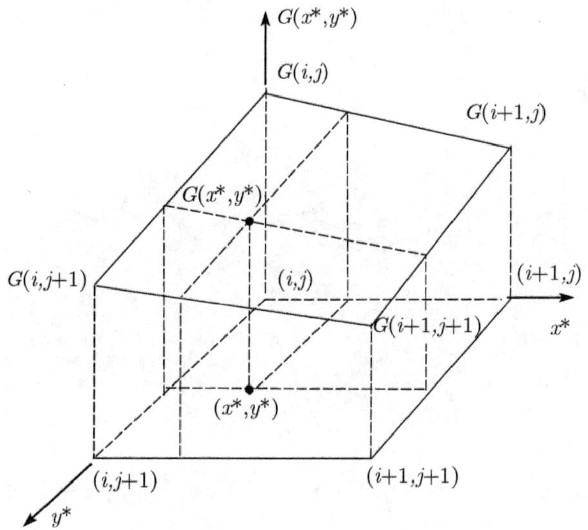

图 11.7 双线性插值

式中,

$$
\begin{aligned}
a &= G(i+1,j) - G(i,j),\\
b &= G(i,j+1) - G(i,j),\\
c &= G(i+1,j+1) - G(i,j+1) - G(i+1,j) + G(i,j),\\
d &= G(i,j).
\end{aligned}
$$

图 11.8 和图 11.9 分别给出离散的 10×10 个像素子集区和经过双线性插值后 10×10 个像素子集区的灰度分布图, 在像素内灰度连续变化.

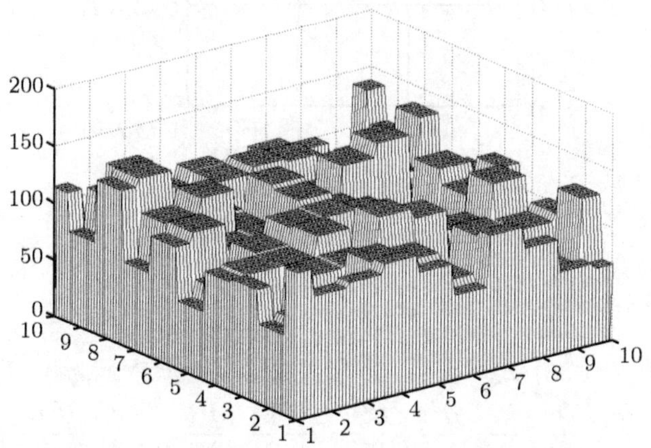

图 11.8 离散的 10×10 个像素子集区灰度分布

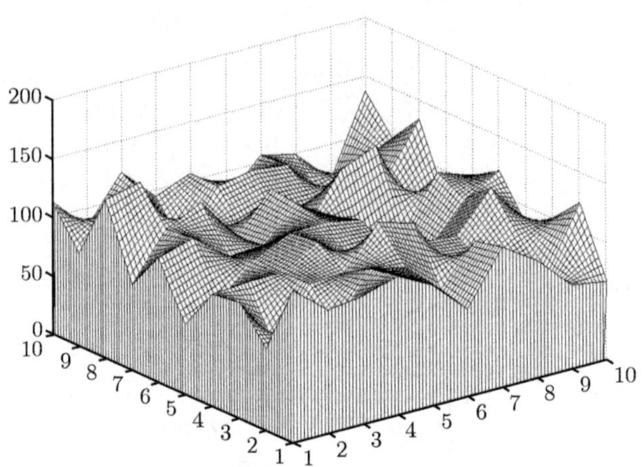

图 11.9 双线性插值后 10 × 10 个像素子集区灰度分布

(2) 二元三次样条插值

为了提高插值精度, 可以使用二元三次样条插值方法, 但其计算速度减慢, 它利用被插值点周围十六个像素点的灰度进行插值计算, 见图 11.10 所示, $G(x^*, y^*)$ 的表达式是关于 x^*, y^* 的三次多项式. 经二元三次样条插值后, 在十六个像素内灰度连续变化. 显然该法插值计算工作量大, 使计算速度慢, 但其插值精度高.

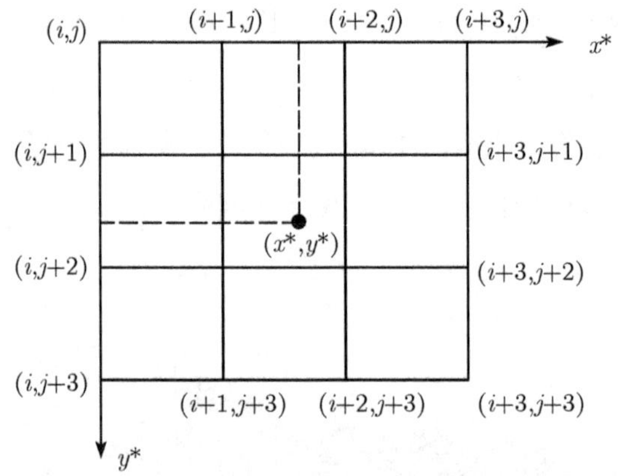

图 11.10 二元三次样条插值

4. 相关运算

由 (11.31) 和 (11.33) 式可以看出, 相关系数 S 是 $P(x_0, y_0)$ 点变形后位移 u,v 及其偏导数 $\dfrac{\partial u}{\partial x}, \dfrac{\partial u}{\partial y}, \dfrac{\partial v}{\partial x}, \dfrac{\partial v}{\partial y}, \dfrac{\partial^2 u}{\partial x^2}, \dfrac{\partial^2 u}{\partial y^2}, \dfrac{\partial^2 u}{\partial x \partial y}, \dfrac{\partial^2 v}{\partial x^2}, \dfrac{\partial^2 v}{\partial y^2}, \dfrac{\partial^2 v}{\partial x \partial y}$ 的函数. 如果略去 (11.31) 式的二阶项, 则满足相关系数 S 为极小值的必要条件是 S 的一阶偏导

数等于零

$$\begin{aligned}
&\frac{\partial S}{\partial u}=0,\\
&\frac{\partial S}{\partial v}=0,\\
&\frac{\partial S}{\partial\left(\partial u/\partial x\right)}=0,\\
&\frac{\partial S}{\partial\left(\partial u/\partial y\right)}=0,\\
&\frac{\partial S}{\partial\left(\partial v/\partial x\right)}=0,\\
&\frac{\partial S}{\partial\left(\partial v/\partial y\right)}=0.
\end{aligned} \tag{11.35}$$

求解这个偏微分方程组，即可求得 $P(x_0, y_0)$ 点变形后的位移 u, v 及其偏导数 $\frac{\partial u}{\partial x},\frac{\partial u}{\partial y},\frac{\partial v}{\partial x},\frac{\partial v}{\partial y}$. 将这组解代入 (11.33) 式时，相关系数为极小值.

根据弹性力学小变形及有限变形理论，分别得到应变的计算式：

$$\left.\begin{aligned}
\varepsilon_x&=\frac{\partial u}{\partial x},\\
\varepsilon_y&=\frac{\partial v}{\partial y},\\
\gamma_{xy}&=\frac{\partial u}{\partial y}+\frac{\partial v}{\partial x},
\end{aligned}\right\} \tag{11.36}$$

$$\left.\begin{aligned}
\varepsilon_x&=\frac{\partial u}{\partial x}+\frac{1}{2}\left[\left(\frac{\partial u}{\partial x}\right)^2+\left(\frac{\partial v}{\partial x}\right)^2\right],\\
\varepsilon_y&=\frac{\partial v}{\partial y}+\frac{1}{2}\left[\left(\frac{\partial u}{\partial y}\right)^2+\left(\frac{\partial v}{\partial y}\right)^2\right],\\
\gamma_{xy}&=\left(\frac{\partial u}{\partial y}+\frac{\partial v}{\partial x}\right)+\left(\frac{\partial u}{\partial x}\frac{\partial u}{\partial y}+\frac{\partial v}{\partial x}\frac{\partial v}{\partial y}\right).
\end{aligned}\right\} \tag{11.37}$$

所谓相关运算，即根据相关系数 S 的 (11.23) 式和其一阶偏导数等于零的 (11.35) 式，求解 $u, v, \frac{\partial u}{\partial x}, \frac{\partial u}{\partial y}, \frac{\partial v}{\partial x}, \frac{\partial v}{\partial y}$ 的运算过程. 其运算方法很多，请参见文献 [39], [40], [41], 现介绍两种基本方法：

(1) 双参数迭代法

假设 $p_i(i=1,2,\cdots,6)$ 代表 $u, v, \frac{\partial u}{\partial x}, \frac{\partial u}{\partial y}, \frac{\partial v}{\partial x}, \frac{\partial v}{\partial y}$. 于是 (11.35) 式可表示为

$$\frac{\partial S}{\partial p_i}=0, \quad (i=1,2,\cdots,6) \tag{11.38a}$$

(11.38a) 式经微分计算得

$$\frac{\Sigma\left(\frac{\partial G}{\partial p_i}\cdot G\right)\cdot\Sigma F^2\cdot\Sigma\left(F\cdot G\right)-\Sigma\left(\frac{\partial G}{\partial p_i}\cdot F\right)\cdot\Sigma F^2\cdot\Sigma G^2}{\left(\Sigma F^2\cdot\Sigma G^2\right)^{3/2}}=0,\quad (i=1,2,\cdots,6) \tag{11.38b}$$

其中$\frac{\partial G}{\partial p_i}=\frac{\partial G}{\partial x^*}\cdot\frac{\partial x^*}{\partial p_i}+\frac{\partial G}{\partial y^*}\cdot\frac{\partial y^*}{\partial p_i}(i=1,2,\cdots,6)$, 根据 (11.31) 式可求出上式中的$\frac{\partial x^*}{\partial p_i}$ 和 $\frac{\partial y^*}{\partial p_i}$, 由亚像素重建可求出 $\frac{\partial G}{\partial x^*}$ 和 $\frac{\partial G}{\partial y^*}$. (11.38b) 表示一组 (6 个) 偏微分方程, 待求参数是 u, v, $\frac{\partial u}{\partial x}$, $\frac{\partial u}{\partial y}$, $\frac{\partial v}{\partial x}$, $\frac{\partial v}{\partial y}$.

双参数法的计算步骤如下：

① 首先假定 4 个偏导数为零、改变 u, v 值, 通过 (11.38b) 式进行迭代计算求出相关系数 S 为极小值时的 u_1 和 v_1.

② u_1 和 v_1 作为已知量、假定 4 个偏导数中的 2 个为零 $\left(\frac{\partial v}{\partial x}, \frac{\partial v}{\partial y}\right)$, 微量改变另外 2 个 $\left(\frac{\partial u}{\partial x}, \frac{\partial u}{\partial y}\right)$ 值, 同理求出相关系数 S 为极小值时的 $\left(\frac{\partial u}{\partial x}\right)_1$, $\left(\frac{\partial u}{\partial y}\right)_1$.

③ u_1, v_1, $\left(\frac{\partial u}{\partial x}\right)_1$ 和 $\left(\frac{\partial u}{\partial y}\right)_1$ 作为已知量, 微量改变 $\frac{\partial v}{\partial x}$,$\frac{\partial v}{\partial y}$, 同理求出相关系数 S 为极小值时的 $\left(\frac{\partial v}{\partial x}\right)_1$, $\left(\frac{\partial v}{\partial y}\right)_1$.

④ 在完成第一轮迭代过程后, 假定 4 个偏导数保持第一轮迭代后的数值, 微量改变第一轮迭代后的 u_1,v_1 数值, 同理求出相关系数 S 为极小值的 u_2, v_2.

⑤ u_2,v_2, $\left(\frac{\partial u}{\partial x}\right)_1$,$\left(\frac{\partial u}{\partial y}\right)_1$ 作为已知量, 微量改变 $\left(\frac{\partial v}{\partial x}\right)_1$,$\left(\frac{\partial v}{\partial y}\right)_1$, 同理求出相关系数 S 为极小值时的 $\left(\frac{\partial v}{\partial x}\right)_2$,$\left(\frac{\partial v}{\partial y}\right)_2$.

⑥ u_2,v_2,$\left(\frac{\partial v}{\partial x}\right)_2$,$\left(\frac{\partial v}{\partial y}\right)_2$ 作为已知量, 改变 $\left(\frac{\partial u}{\partial x}\right)_1$,$\left(\frac{\partial u}{\partial y}\right)_1$, 同理求出相关系数 S 为极小值时的 $\left(\frac{\partial u}{\partial x}\right)_2$,$\left(\frac{\partial u}{\partial y}\right)_2$.

⑦ 在完成第二轮迭代后继续迭代下去, 直至 $|(p_i)_{n+1}-(p_i)_n|<\varepsilon$ 为止, ε 为迭代的精度要求.

(2) Newton-Raphson 迭代法

由数值计算方法文献 [42], [43] 得知 Newton-Raphson 迭代公式：

$$\left.\begin{array}{l}\left[\dfrac{\partial^2 S}{\partial p_i \partial p_j}\right]\Delta p_i^{(k)} = -\left\{\dfrac{\partial S}{\partial p_i}\right\} \quad (i,j=1,2,\cdots,6;k=0,1,2,\cdots)\\ \left\{p_i^{(k+1)}\right\} = \left\{p_i^{(k)}\right\} + \left\{\Delta p^{(k)}\right\}\end{array}\right\} \tag{11.39}$$

式中, 向量$\left\{\dfrac{\partial S}{\partial p_i}\right\} = \left\{\dfrac{\partial S}{\partial u}, \dfrac{\partial S}{\partial v}, \dfrac{\partial S}{\partial(\partial u/\partial x)}, \dfrac{\partial S}{\partial(\partial u/\partial y)}, \dfrac{\partial S}{\partial(\partial v/\partial x)}, \dfrac{\partial S}{\partial(\partial v/\partial y)}\right\}$.

对 (11.33) 式微分得

$$\begin{aligned}\frac{\partial S}{\partial p_i \partial p_j} = {} & \left(\Sigma F^2\right)^{-1/2}\left(\Sigma G^2\right)^{-3/2} \\ & \times\left[\Sigma\left(\frac{\partial G}{\partial p_i}\frac{\partial G}{\partial p_j} + G\frac{\partial^2 G}{\partial p_i \partial p_j}\right)\Sigma(F\cdot G) + \Sigma\left(G\frac{\partial G}{\partial p_j}\right)\right. \\ & \left.\times\,\Sigma\left(F\frac{\partial G}{\partial p_i}\right) + \Sigma\left(G\frac{\partial G}{\partial p_i}\right)\Sigma\left(F\frac{\partial G}{\partial p_j}\right)\right] \\ & -3\left(\Sigma F^2\right)^{-\frac{1}{2}}\left(\Sigma G^2\right)^{-\frac{5}{2}}\left[\left(\Sigma G\frac{\partial G}{\partial p_i}\right)\cdot\left(\Sigma G\frac{\partial G}{\partial p_j}\right)\right]\cdot\Sigma(F\cdot G)) \\ & -\left(\Sigma F^2\right)^{-\frac{1}{2}}\left(\Sigma G^2\right)^{-\frac{1}{2}}\cdot\Sigma\left(F\frac{\partial^2 G}{\partial p_i \partial p_j}\right) \quad (i,j=1,2\cdots,6),\end{aligned} \tag{11.40}$$

其中,

$$\frac{\partial^2 G(x^*,y^*)}{\partial p_i \partial p_j} = \frac{\partial^2 G}{\partial x^{*2}}\frac{\partial x^*}{\partial p_i}\frac{\partial x^*}{\partial p_j} + \frac{\partial^2 G}{\partial x^* \partial y^*}\left(\frac{\partial x^*}{\partial p_i}\frac{\partial y^*}{\partial p_j} + \frac{\partial x^*}{\partial p_j}\frac{\partial y^*}{\partial p_i}\right) + \frac{\partial^2 G}{\partial y^{*2}}\frac{\partial y^*}{\partial p_i}\frac{\partial y^*}{\partial p_j} \quad (i,j=1,2,\cdots 6),$$

(11.39) 式中的矩阵为

$$\left[\frac{\partial^2 S}{\partial p_i \partial p_j}\right] = \begin{bmatrix}\dfrac{\partial^2 S}{\partial p_1^2} & \dfrac{\partial^2 S}{\partial p_1 \partial p_2} & \dfrac{\partial^2 S}{\partial p_1 \partial p_3} & \cdots & \dfrac{\partial^2 S}{\partial p_1 \partial p_6} \\ \vdots & \vdots & \vdots & \vdots & \vdots \\ \dfrac{\partial^2 S}{\partial p_6 \partial p_1} & \dfrac{\partial^2 S}{\partial p_6 \partial p_2} & \dfrac{\partial^2 S}{\partial p_6 \partial p_3} & \cdots & \dfrac{\partial^2 S}{\partial p_6^2}\end{bmatrix}, \tag{11.41}$$

(11.39) 式中 k 为迭代次数.

其迭代过程如下：

① 选定 $p_i^{(0)}$ 的初始近似值

$$\left\{p_i^{(0)}\right\} = \left\{u^{(0)}, v^{(0)}, \left(\frac{\partial u}{\partial x}\right)^{(0)}, \left(\frac{\partial u}{\partial y}\right)^{(0)}, \left(\frac{\partial v}{\partial x}\right)^{(0)}, \left(\frac{\partial v}{\partial y}\right)^{(0)}\right\}.$$

② 按 (11.39) 式进行迭代.

③ 检查是否满足控制条件

$$|p_i^{(k+1)} - p_i^{(k)}| < \varepsilon, \quad (\varepsilon\text{为允许误差}). \tag{11.42}$$

如果不满足, 则继续迭代.

5. 例题: 开孔 AS4/PEEK 层合板孔附近位移场和应变场的确定

(1) 试件几何形状和尺寸

试件几何形状和尺寸见图 11.11 所示, 层合板 $[0/\pm45/90]_{2s}$ 共 16 层, 每层厚度为 0.1313mm, 从左到右各层的铺设角分别为 0°, +45°, −45°, 90°, 0°, +45°, −45°, 90°, 90°, −45°, +45°, 0°, 90°, −45°, +45°, 0°. 试件承受轴向拉伸载荷, 载荷为 200N.

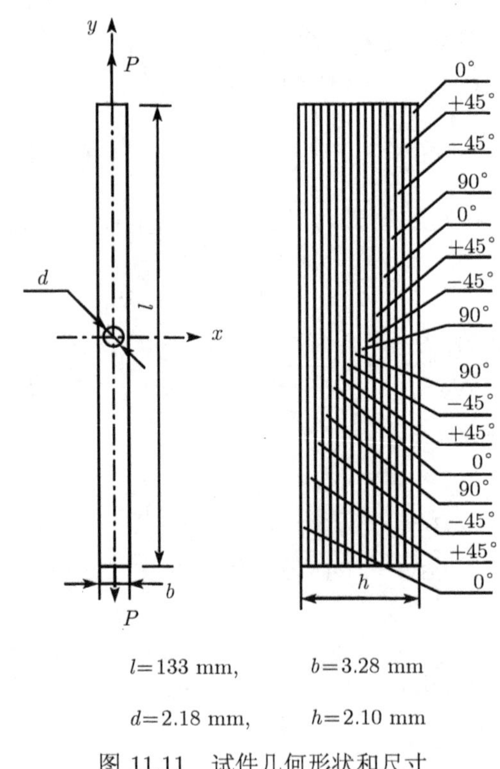

图 11.11　试件几何形状和尺寸

(2) 试验装置

试验装置见图 11.12 所示, 通过带有显微镜头的 CCD 摄像机采集到试件孔边附近的散斑图, 见图 11.13 所示, 图像放大率为 3.1μm/pixel.

图 11.12 试验装置

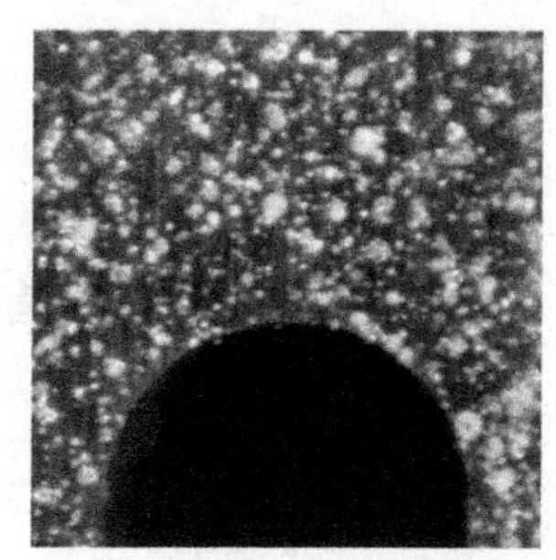

图 11.13 试件孔边区域散斑场

(3) 实验结果

利用数字散斑相关算法, 可以求出孔边区域沿 x, y 轴方向的 u 和 v 的位移场, 见图 11.14 所示. ε_x, ε_y 和 γ_{xy} 可以利用数字散斑相关算法直接获得, 也可根据 u 和 v 的位移场求出位移导数, 间接得到 ε_x, ε_y 和 γ_{xy}.

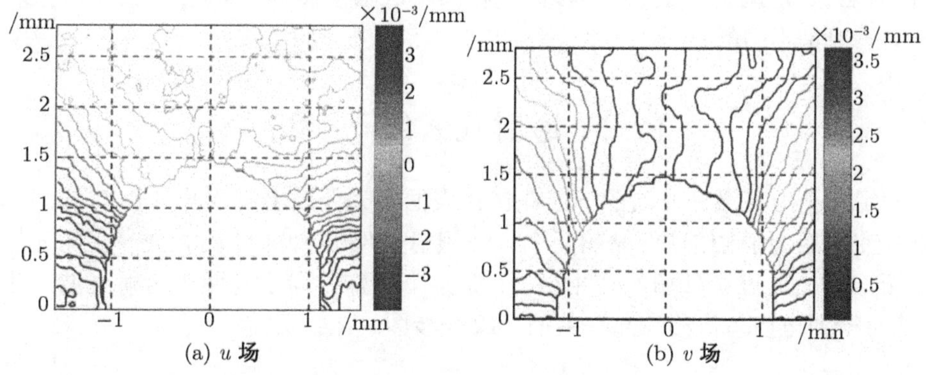

(a) u 场 (b) v 场

图 11.14 孔边区域的位移场

第 12 章 云纹干涉法

12.1 概 述

云纹 (Moiré) 法使用的是低密度栅线, 其测量位移的灵敏度受到限制. 当应用高密度栅线时, 入射光通过光栅产生衍射, 引起云纹图的清晰度下降, 甚至观察不到云纹. 20 世纪 70 年代初, 利用高密度光栅及其衍射, P.M.Boone[44] 和 C.A.Sciammarella[45] 等开展了与 "云纹干涉法" 有密切关系的早期工作. 1980 年 D.Post[46] 提出了高灵敏度的云纹干涉法. 戴福隆[47] 利用波前干涉理论解释了云纹干涉法的基本原理. 在云纹干涉法中, 入射光通过光栅的衍射及其干涉而产生云纹图. 而云纹法是通过栅线对光线的遮挡而形成云纹图的. 因此, 云纹干涉法和云纹法的原理是不同的.

12.2 透射式云纹干涉法

利用两个准直激光光波的干涉在试件表面感光介质上制成光栅 (称为试件栅). 当物体变形后, 用制作试件栅的两个光波照射试件栅 (此时, 两光波产生的光栅称为虚栅), 它们通过试件栅时产生衍射, 在某个特殊方向上有两个衍射光波产生干涉, 从而得到与物体位移信息有关的云纹干涉图.

1. 光栅的形成

见图 12.1 所示, 使用两个准直相干光 A 和 B 在全息干板或涂有光刻胶 (Photoresist) 的 xoy 表面产生干涉. 准直光 A 和 B 的方向平行于 xoz 平面. 设两光波的振幅 a 相等, 其对应的光波复振幅为

$$\left.\begin{aligned} A &= a\mathrm{e}^{\mathrm{i}\phi_A(x,y)}, \\ B &= a\mathrm{e}^{\mathrm{i}\phi_B(x,y)}. \end{aligned}\right\} \tag{12.1}$$

设 A, B 光波在 o 点的相位相同, 式中, ϕ_A 和 ϕ_B 分别表示光波 A 和 B 在 x 轴上任意点 e 相对于 o 点的相位增量,

$$\left.\begin{aligned} \phi_A &= \frac{2\pi}{\lambda}(x\sin\alpha_a), \\ \phi_B &= \frac{2\pi}{\lambda}(x\sin\alpha_b). \end{aligned}\right\} \tag{12.2}$$

两光波 A 和 B 在 xoy 平面上发生干涉, 其合成光波复振幅为

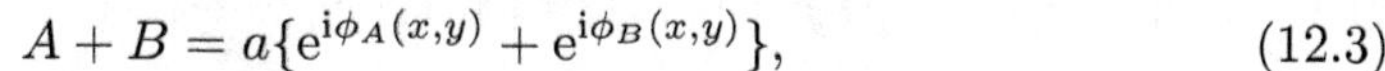

$$A+B=a\{\mathrm{e}^{\mathrm{i}\phi_A(x,y)}+\mathrm{e}^{\mathrm{i}\phi_B(x,y)}\},\tag{12.3}$$

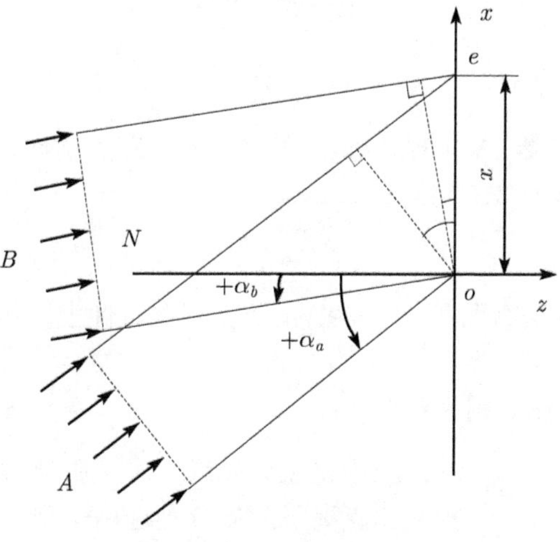

图 12.1 光栅的形成

对应的光强

$$\begin{aligned}I&=(A+B)(A+B)^*=2a^2+a^2\mathrm{e}^{\mathrm{i}(\phi_A-\phi_B)}+a^2\mathrm{e}^{-\mathrm{i}(\phi_A-\phi_B)}\\&=2a^2\left\{1+\cos\left[\frac{2\pi x}{\lambda}(\sin\alpha_a-\sin\alpha_b)\right]\right\}.\end{aligned}\tag{12.4}$$

当

$$\frac{2\pi x}{\lambda}(\sin\alpha_a-\sin\alpha_b)=2n\pi(n=0,\pm1,\pm2,\cdots)\tag{12.5}$$

时, $I=2a^2$, 呈现亮条纹, 其在 xoy 面上, 方向平行 y 轴.

由 (12.5) 式得

$$x=\frac{n\lambda}{\sin\alpha_a-\sin\alpha_b},\tag{12.6}$$

设相邻两亮条纹之间的距离为 Δx, 即对应 n 和 $(n+1)$ 两条亮条纹之间的距离, 称之为光栅的节距 p, 其值为

$$p=\Delta x=\frac{\lambda}{\sin\alpha_a-\sin\alpha_b}.\tag{12.7a}$$

光栅频率 (或称密度)

$$f=\frac{1}{p}=\frac{\sin\alpha_a-\sin\alpha_b}{\lambda}.\tag{12.7b}$$

注：① α_a(或 α_b) 从 xOy 面法线 N 到 A(或 B) 光波方向以逆时针为正. 如 A, B 以 α 角对称入射 xOy 平面, 则光栅节距与频率, 为

$$p = \frac{\lambda}{2\sin\alpha}, \tag{12.8a}$$

$$f = \frac{2\sin\alpha}{\lambda}. \tag{12.8b}$$

② 应用氦氖激光器 (λ=632.8 nm), 采用对称光路入射时, α 角的极限值为 90° 对应光栅频率极限值为 3167 线/mm.

2. 试件上光栅的制作

试件栅的制作方法有两种：一是把光栅复制在试件上, 一是在试件上直接制作光栅.

(1) 在试件上直接复制光栅

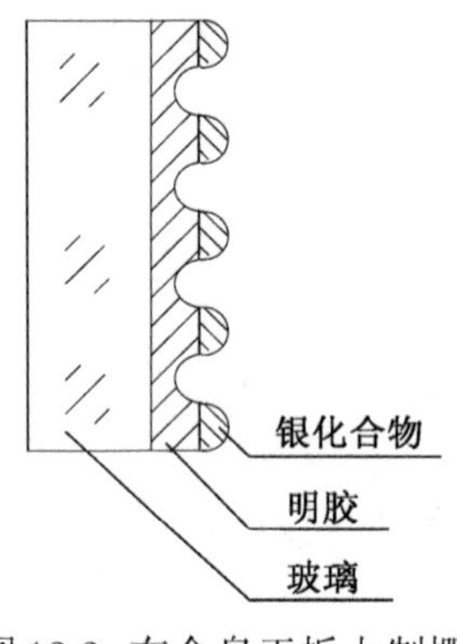

图 12.2 在全息干板上制栅

应用氦氖激光或氩离子激光, 使用玻璃全息干板 (对氦氖和氩离子激光分别选用 I 型和III全息干板), 采用对称光路进行曝光, 经显影和定影后得到光栅. 为了提高光栅的衍射率, 对全息干板进行漂白处理, 干噪后光栅的结构见图 12.2 所示. 照相干板分为正型和负型两种, 对负型干板而言, 凡曝光部分的银粒不脱落, 而不曝光部分的银粒脱落而留下明胶层, 曝光后的全息干板经过显影、定影、漂白处理和干燥以后, 银粒变成银化合物 (为透明状), 明胶收缩, 光栅的表面成为波纹状, 这种光栅称为相位型光栅. 采用真空镀膜方法在光栅表面先敷盖一层硅油薄膜 (作为脱模层), 然后镀上铝或金膜, 则光栅模板就制成了.

在试件表面滴几滴固化胶 (如环氧树脂型黏结剂), 然后把光栅模板表面盖在胶层上, 挤出多余胶和气泡, 保持适当压力, 待胶层固化后, 把光栅模板取下, 铝质或金质光栅就保留在试件表面上.

(2) 在试件上制作光栅

采用复制光栅法制成光栅的厚度达 20~50μm, 在一般情况下不会给测量精度造成很大的影响, 但对于试件弹性模量比较低, 试件厚度比较小, 或试件变形进入塑性时会给实验带来误差. 因此, 提出了直接把光栅制作在试件上的办法. 先在试件表面上涂一层光刻胶 (Photoresist), 厚度为 10~20μm. 使用氩离子激光器的蓝–绿光 (λ=488nm). 采用对称光路进行曝光, 显影处理后成为光栅, 见图 12.3(a) 和 (b) 所示, 然后在光栅表面镀一层铝或金膜成为相位型光栅. 还有一种方法是把光栅直接做到试件材料基体上, 称之为零厚度光栅, 在图 12.3(b) 的基础上根据试件材料

的种类选择合适的腐蚀液进行浸渍, 从而在试件表面没有光刻胶部分腐蚀成相位型光栅, 见图 12.3(c) 所示, 然后再用显影液除去光刻胶层, 则制成零厚度光栅, 见图 12.3(d) 所示, 这种光栅最大特点是适用于高温测量.

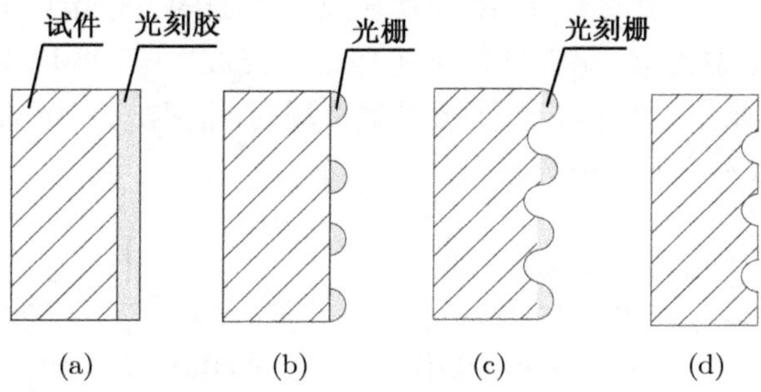

图 12.3 在试件上直接制栅

3. 透射式云纹干涉法基本原理

见图 12.4 所示, 当用制作试件栅的两束光之一, 如 B 光波照射试件栅时, 透过光波产生衍射, 由光栅衍射方程式得知

$$\sin\theta_n = n\lambda f + \sin\alpha, \tag{12.9}$$

式中, f 为试件栅频率 $\left(=\dfrac{\sin\alpha_a - \sin\alpha_b}{\lambda}\right)$; α 为照射光的入射角 (从光栅法线 N_1 转向入射光方向, 以逆时针 α 为正); n 为衍射光的级次; θ_n 为对应 n 级衍射光的衍射角 (从光栅法线 N_2 转向衍射光方向, 以逆时针 θ 为正).

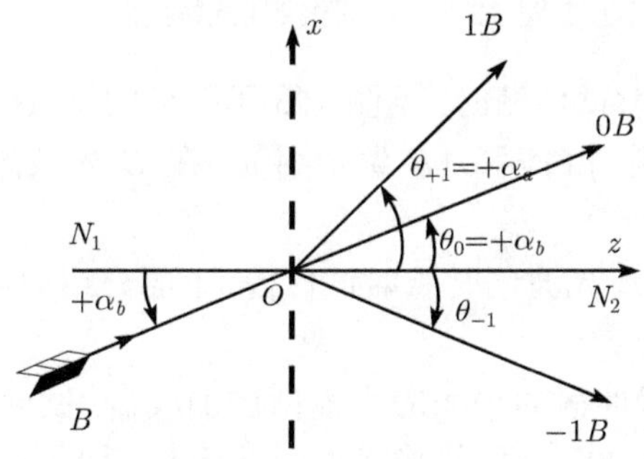

图 12.4 B 光波照射试件栅

根据 (12.9) 式可分别计算出零级、+1 级和 −1 级衍射光方向:

$$\left.\begin{aligned}
&\theta_0 = \alpha_b,\\
&\theta_{+1} = \alpha_a,\\
&\theta_{-1} = \arcsin(2\sin\alpha_b - \sin\alpha_a).
\end{aligned}\right\} \tag{12.10}$$

当用 B 光波照射试件栅时, 透过试件栅的光波复振幅由 (9.7) 和 (12.4) 式得

$$U = a\mathrm{e}^{\mathrm{i}\phi_B} It = 2ta^3\mathrm{e}^{\mathrm{i}\phi_B} + ta^3\mathrm{e}^{\mathrm{i}\phi_A} + ta^3\mathrm{e}^{\mathrm{i}(2\phi_B - \phi_A)}, \tag{12.11}$$

式中, t 为曝光时间, 该式表达了 B 光波通过试件栅的三个衍射光波的复振幅, 其中第一项是零级衍射光波, 第二项是正 1 级衍射光波, 第三项是负 1 级衍射光波. 同理, 见图 12.5 所示, 当用 A 光波照射试件栅时, 根据 (12.9) 式可分别计算出 0 级、+1 级、−1 级对应的衍射光方向

$$\left.\begin{aligned} &\theta_0 = \alpha_a, \\ &\theta_{-1} = \alpha_b, \\ &\theta_{+1} = \arcsin(2\sin\alpha_a - \sin\alpha_b). \end{aligned}\right\} \tag{12.12}$$

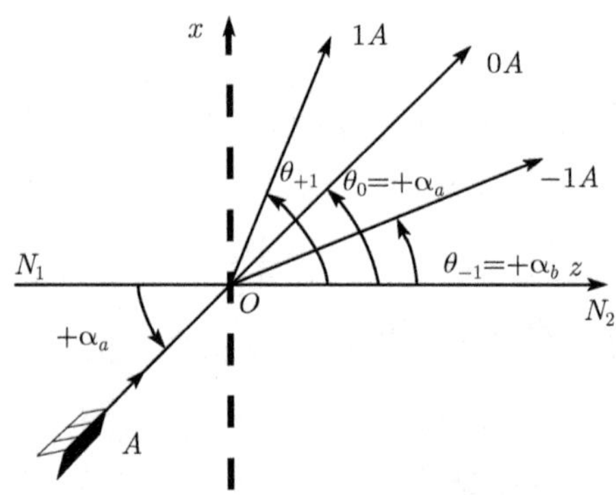

图 12.5 A 光波照射试件栅

当同时用 A, B 光波照射试件栅时, 见图 12.6 所示, 则 A, B 光波的两组衍射光中, 在 A 光波方向上可观测到 $0A$ 和 $1B$ 级衍射光, 在 B 光波方向上可观测到 $0B$ 和 $-1A$ 衍射光.

物体变形后, 用 A, B 光波同时照射试件栅, 下面介绍如何测量物体面内位移 u 的方法.

对制作好 y 方向试件栅的平面应力模型施加载荷, 试件栅随之变形, 于是, 此时试件栅所对应的光强分布公式的形式近似认为和 (12.4) 式是相同的, 只需把其中试件栅变形前的相位 ϕ_A 和 ϕ_B 改为试件栅变形后的相位 ϕ'_A 和 ϕ'_B 就可以了, 于是, 试件栅变形后的光强分布式由 (12.4) 式可写为

$$I' = 2a^2 + a^2\mathrm{e}^{\mathrm{i}(\phi'_A - \phi'_B)} + a^2\mathrm{e}^{-\mathrm{i}(\phi'_A - \phi'_B)}, \tag{12.13}$$

试件栅变形后, 见图 12.7 所示, 物体表面点 e 移至 e', e' 点相对于 o 点的相位为

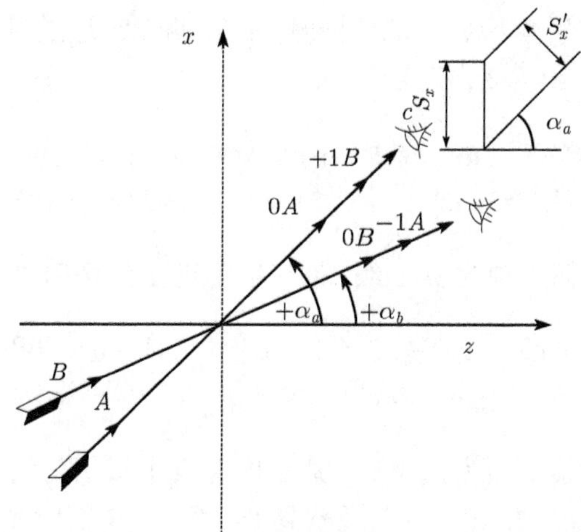

图 12.6　A, B 光波同时照射试件栅

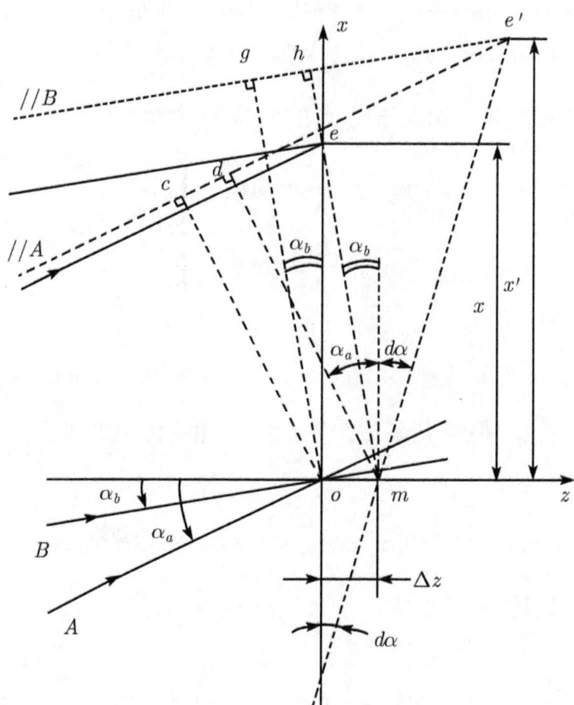

图 12.7　试件栅变形后

$$\left.\begin{aligned}\phi'_A &= \frac{2\pi}{\lambda}(de' + cd) = \frac{2\pi}{\lambda}[x'\sin(\alpha_a + d\alpha) + \Delta z\cos\alpha_a],\\ \phi'_B &= \frac{2\pi}{\lambda}(he' + gh) = \frac{2\pi}{\lambda}[x'\sin(\alpha_b + d\alpha) + \Delta z\cos\alpha_b].\end{aligned}\right\} \tag{12.14}$$

当 A, B 两光波同时照射变形后的试件栅时, A, B 两光波透过试件栅分别产生衍射光波的复振幅由 (9.7) 和 (12.15) 式得

$$\begin{aligned}U_A &= a\mathrm{e}^{\mathrm{i}\phi_A} It = a\mathrm{e}^{\mathrm{i}\phi_A} t[2a^2 + a^2\mathrm{e}^{\mathrm{i}(\phi'_A-\phi'_B)} + a^2\mathrm{e}^{-\mathrm{i}(\phi'_A-\phi'_B)}]\\ &= t[2a^3\mathrm{e}^{\mathrm{i}\phi_A} + a^3\mathrm{e}^{-\mathrm{i}\phi'_B}\mathrm{e}^{\mathrm{i}(\phi_A+\phi'_A)} + a^3\mathrm{e}^{\mathrm{i}\phi'_B}\mathrm{e}^{\mathrm{i}(\phi_A-\phi'_A)}],\end{aligned}$$

其中, 第一项为 0 级, 第二项为负 1 级, 第三项为正 1 级衍射波;

$$\begin{aligned}U_B &= a\mathrm{e}^{\mathrm{i}\phi_B} I't = a\mathrm{e}^{\mathrm{i}\phi_B} t[2a^2 + a^2\mathrm{e}^{\mathrm{i}(\phi'_A-\phi'_B)} + a^2\mathrm{e}^{-\mathrm{i}(\phi'_A-\phi'_B)}]\\ &= t[2a^3\mathrm{e}^{\mathrm{i}\phi_B} + a^3\mathrm{e}^{\mathrm{i}\phi'_A}\mathrm{e}^{\mathrm{i}(\phi_B-\phi'_B)} + a^3\mathrm{e}^{-\mathrm{i}\phi'_A}\mathrm{e}^{\mathrm{i}(\phi'_B+\phi_B)}],\end{aligned}$$

其中, 第一项为 0 级, 第二项为正 1 级, 第三项为负 1 级衍射波.

由图 12.6 可以看出, 在 c 处可以观察到 $0A$ 和 $+1B$ 衍射光干涉所对应的光强分布,

$$\begin{aligned}I_{0A,1B} &= [2a^3\mathrm{e}^{\mathrm{i}\phi_A} + a^3\mathrm{e}^{\mathrm{i}\phi'_A}\mathrm{e}^{\mathrm{i}(\phi_B-\phi'_B)}][2a^3\mathrm{e}^{\mathrm{i}\phi_A} + a^3\mathrm{e}^{\mathrm{i}\phi'_A}\mathrm{e}^{\mathrm{i}(\phi_B-\phi'_B)}]^*\\ &= 5a^6 + 4a^6\cos[(\phi'_A-\phi'_B)-(\phi_A-\phi_B)],\end{aligned} \tag{12.15}$$

试件栅变形前物体表面点 e 相对于 o 点的相位为

$$\left.\begin{aligned}\phi_A &= \frac{2\pi}{\lambda}x\sin\alpha_a,\\ \phi_B &= \frac{2\pi}{\lambda}x\sin\alpha_b.\end{aligned}\right\} \tag{12.16}$$

当

$$(\phi'_A-\phi'_B)-(\phi_A-\phi_B) = 2n\pi \quad (n=0,\pm1,\pm2,\cdots) \tag{12.17}$$

时, $I_{0A,1B} = 9a^6 = I_{\max}$, 呈现亮条纹, 将 (12.14) 和 (12.16) 式代入 (12.17) 式, 并考虑 $d\alpha$ 极小, 则得

$$(x'-x)(\sin\alpha_a-\sin\alpha_b) + x'd\alpha(\cos\alpha_a-\cos\alpha_b) + \Delta z(\cos\alpha_a-\cos\alpha_b) = n\lambda,$$

式中, $(x'-x)=u$, $\dfrac{\sin\alpha_a-\sin\alpha_b}{\lambda}=f$, 则上式可写为

$$u = \frac{n}{f} - \frac{x'}{f\lambda}d\alpha(\cos\alpha_a-\cos\alpha_b) - \frac{\Delta z}{f\lambda}(\cos\alpha_a-\cos\alpha_b). \tag{12.18}$$

如果把 A, B 两光波布置为对称光路, 即 $|\alpha_a|=|\alpha_b|$, 则 (12.18) 式为

$$\left.\begin{aligned}u &= \frac{n}{f},\\ \text{或 } u &= np.\end{aligned}\right\} \tag{12.19}$$

在此指出, 见图 12.6 所示, 从 c 方向可以观察到云纹干涉图, 假设两条纹的间距为 S'_x, 而两条纹之间在 x 方向的间距为 S_x.

在 xoy 平面上, 见图 12.8 所示, 3 和 4 级条纹之间 k 点的应变

$$\varepsilon_x = \frac{u}{S_x} = \frac{(4-3)p}{S_x} = \frac{p\cos\alpha_a}{S'_x}. \tag{12.20}$$

在云纹干涉法实验中, 为了便于观测云纹干涉图, 通常使虚栅的栅频为试件栅栅频的两倍, 这样, 就可以在试件表面的法线方向观察到云纹干涉图, 见图 12.9 所示, 设由对称光路制成试件栅的栅频为 f , 用 $\pm\alpha$ 对称两束光 A 和 B 照射试件栅时, 其形成的虚栅栅频为

$$f' = \frac{2\sin\alpha}{\lambda} = 2f. \tag{12.21}$$

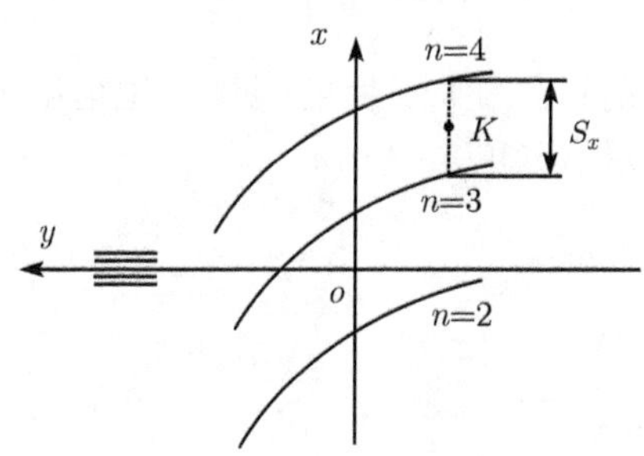

图 12.8 K点应变

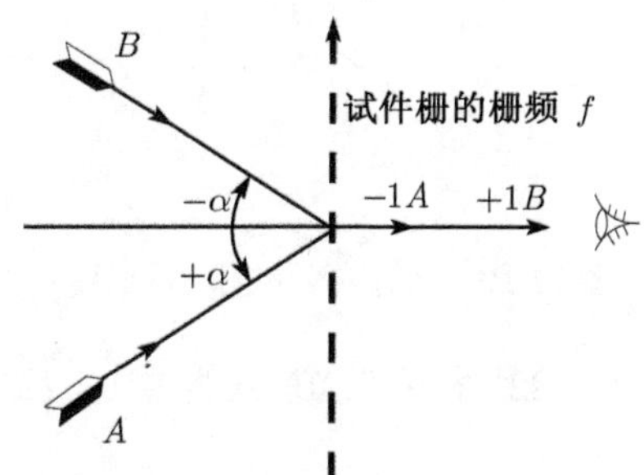

图 12.9 虚栅的栅频为试件栅栅频两倍的情况

当 A 光波照射试件栅时, 由光栅衍射方程 (12.9) 式得

$$\sin\theta_{-1} = (-1)\lambda f + \sin\alpha,$$

则 $-1A$ 级衍射光方向为

$$\theta_{-1} = \arcsin\left(-\lambda f + \frac{f'\lambda}{2}\right) = 0,$$

说明 $-1A$ 级衍射光在试件栅表面的法线方向.

当 B 光波照射试件栅时, 由光栅衍射方程 (12.9) 式得

$$\sin\theta_{+1} = (+1)\lambda f + \sin(-\alpha),$$

则 $+1B$ 级衍射光方向为

$$\theta_{+1} = \arcsin\left(\lambda f - \frac{f'\lambda}{2}\right) = 0,$$

说明 $+1B$ 级衍射光在试件栅表面的法线方向.

于是, 在试件栅表面的法线方向上 $-1A$ 和 $+1B$ 两个衍射光发生干涉, 在试件栅表面的法线方向上可观测到云纹干涉图. 由 (12.19) 式计算位移 u, 其中栅频项用虚栅频率 f'.

12.3　反射式云纹干涉法

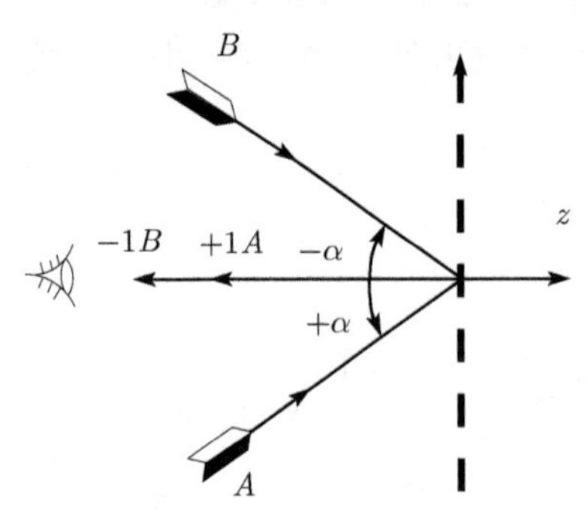

图12.10　反射式云纹干涉法

反射式云纹干涉法适用于非透明物体面内位移的测量. 见图 12.10 所示, 设由对称光路制成试件栅的栅频为 f, 用对称两光波 A 和 B 照射试件栅时其形成的虚栅栅频为

$$f' = \frac{2\sin\alpha}{\lambda} = 2f.$$

当 A 光波照射试件栅时, 反射光栅产生衍射光, 由光栅衍射方程得知

$$\sin\theta_n = n\lambda f - \sin\alpha, \tag{12.22}$$

由 (12.22) 和 (12.21) 式得 $+1A$ 级衍射光方向

$$\theta_{+1} = \arcsin\left(\lambda f - \frac{f'\lambda}{2}\right) = 0,$$

说明 $+1A$ 级衍射光在试件栅表面的法线方向.

当 B 光波照射试件栅时, 由 (12.22) 和 (12.21) 式得 $-1B$ 级衍射光方向

$$\theta_{-1} = \arcsin\left(-\lambda f + \frac{f'\lambda}{2}\right) = 0,$$

说明 $-1B$ 级衍射光在试件栅表面的法线方向.

于是, 在试件表面的法线方向上可观测到云纹干涉条纹图. 物体未受载时, A 和 B 两光波照射试件栅时, 设沿试件栅表面法线方向 $+1A$ 和 $-1B$ 衍射光波的复振幅为

$$\left.\begin{aligned} A_0 &= a\mathrm{e}^{\mathrm{i}\phi_A(x,y)}, \\ B_0 &= a\mathrm{e}^{\mathrm{i}\phi_B(x,y)}, \end{aligned}\right\} \tag{12.23}$$

式中, ϕ_A 和 ϕ_B 为 A, B 光波的初相位.

当物体受载时, 沿试件栅表面法线方向 $+1A$ 和 $-1B$ 衍射光波的复振幅为

$$\left.\begin{aligned} A_1 &= a\mathrm{e}^{\mathrm{i}[\phi_A(x,y)+\Delta\phi_A(x,y)]}, \\ B_1 &= a\mathrm{e}^{\mathrm{i}[\phi_B(x,y)+\Delta\phi_B(x,y)]}, \end{aligned}\right\} \tag{12.24}$$

式中, $\Delta\phi_A$ 和 $\Delta\phi_B$ 为物体变形后 A 和 B 光波的相位差.

见图 12.11 所示, 设物体表面 p 点变形后移至 p', 其对应的位移为 u 和 w, A 光波照射试件栅后, 其反射的 $+1A$ 级衍射光在试件栅表面的法线方向, 对应试件变形前后它所产生的光程差为

$$(ab + bp') + w,$$

相应的相位差为

$$\begin{aligned}\Delta\phi_A = \frac{2\pi}{\lambda}[(ab + bp') + w] &= \frac{2\pi}{\lambda}[(w\cos\alpha + u\sin\alpha) + w] \\ &= \frac{2\pi}{\lambda}[u\sin\alpha + w(1+\cos\alpha)],\end{aligned} \tag{12.25}$$

见图 12.12 所示, 其反射的 $-1B$ 级衍射光在试件表面的法线方向, 同理, 可求得

$$\begin{aligned}\Delta\phi_B &= \frac{2\pi}{\lambda}[w - (ab - pb)] = \frac{2\pi}{\lambda}[w - (u\,|\sin\alpha| - w\,|\cos\alpha|)] \\ &= \frac{2\pi}{\lambda}[-u\,|\sin\alpha| + w(1+\cos\alpha)],\end{aligned} \tag{12.26}$$

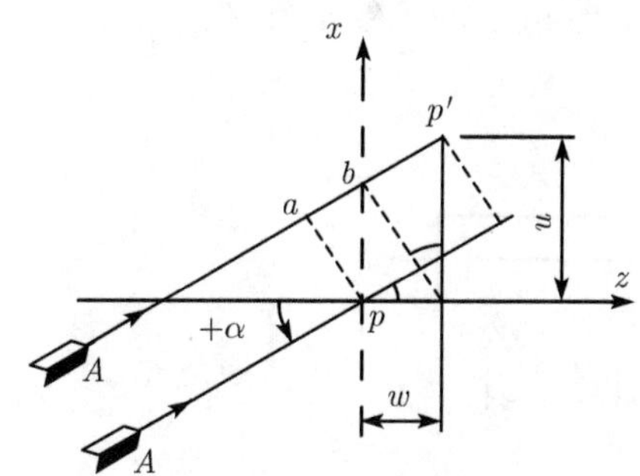

图 12.11 $\Delta\phi_A$ 的确定

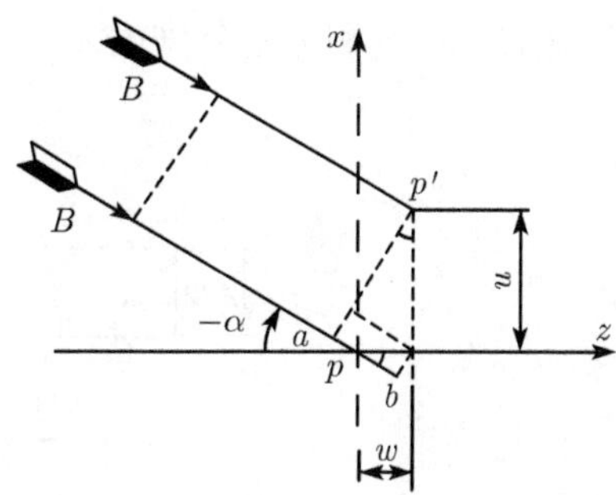

图 12.12 $\Delta\phi_B$ 的确定

当 A 和 B 两束光同时照射变形后的试件栅时, 在试件栅表面的法线方向可观察到 $+1A$ 和 $-1B$ 衍射光的干涉, 对应的光强分布为

$$I = (A_1 + B_1)(A_1 + B_1)^* = 4a^2\cos^2\left\{\frac{1}{2}[(\phi_A - \phi_B) + (\Delta\phi_A - \Delta\phi_B)]\right\}, \tag{12.27}$$

式中, $(\phi_A - \phi_B)$ 是初始相位差, 为常数, 设其为零.

$(\Delta\phi_A - \Delta\phi_B)$ 由 (12.25) 和 (12.26) 式得

$$\Delta\phi_A - \Delta\phi_B = \frac{4\pi}{\lambda}u\,|\sin\alpha|, \tag{12.28}$$

将 (12.28) 式代入 (12.27) 式得

$$I = 4a^2 \cos^2 \left(\frac{2\pi}{\lambda} u \left| \sin \alpha \right| \right), \tag{12.29}$$

当

$$\frac{2\pi}{\lambda} u \left| \sin \alpha \right| = n_x \pi (n = 0, \pm 1, \pm 2, \cdots) \tag{12.30}$$

时, $I = 4a^2$, 呈现亮条纹由 (12.30) 式得

$$u = \frac{n_x}{\dfrac{2 \left| \sin \alpha \right|}{\lambda}} = \frac{n_x}{f'}, \tag{12.31}$$

式中, f' 为虚栅栅频.

另外指出, 无论是透射式, 还是反射式云纹干涉法, 当两光波在 yoz 平面内对称入射试件栅, 而试件栅的栅线方向与 x 轴平行, 虚栅栅频为试件栅频的两倍, 同理可得 v 向位移

$$v = \frac{n_y}{f'}. \tag{12.32}$$

图 12.13(a) 和 (b) 分别表示三点弯曲梁的 u 场和 v 场云纹干涉图.

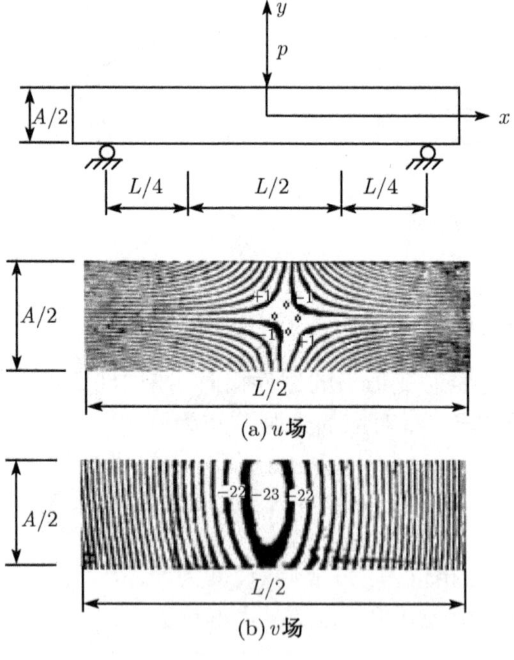

图 12.13　u 场和 v 场云纹干涉图

12.4 栅线频率的测量

见图 12.14 所示, 设栅线方向平行 y 轴, 让激光线束光 S 垂直入射栅板 (栅线频率为 f), 则 0 级、+1 和 −1 级衍射光在投影屏上呈现出三个亮点, 针对 +1 和 −1 和零级衍射光, 由 (12.9) 式可写出

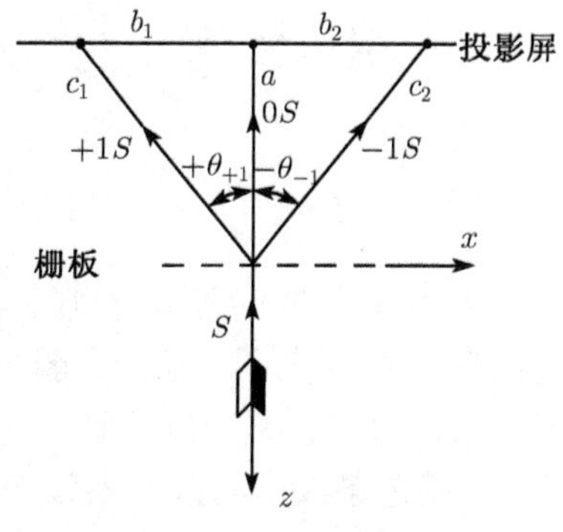

图 12.14 栅频的测量

$$\sin\theta_{+1} = \lambda f + \sin\alpha, \tag{12.33a}$$

$$\sin\theta_{-1} = -\lambda f + \sin\alpha, \tag{12.33b}$$

$$\sin\theta_0 = 0 + \sin\alpha, \tag{12.33c}$$

其中, S 线束光入射角为零. 将 (12.33a) 和 (12.33b) 式相减得栅线频率

$$f = \frac{\sin\theta_{+1} - \sin\theta_{-1}}{2\lambda} = \frac{|\sin\theta_{+1}| + |\sin\theta_{-1}|}{2\lambda}. \tag{12.34}$$

根据投影屏上的三个亮点的位置可以测出两个三角形的边长 c_1, b_1, a, b_2 和 c_2, 由三角学可求得衍射角

$$\left.\begin{aligned} \theta_{+1} &= \arccos\left(\frac{a^2 + c_1^2 - b_1^2}{2ac_1}\right), \\ \theta_{-1} &= \arccos\left(\frac{a^2 + c_2^2 - b_2^2}{2ac_2}\right). \end{aligned}\right\} \tag{12.35}$$

第 13 章　光力学图像的采集与处理技术

13.1　概　　述

光力学实验数据是通过采集处理光学干涉条纹图来获得结果的. 无论是应力光图还是位移光图, 每种光图中的条纹都不可避免地带有噪声干扰、条纹分辨率低、比较粗宽、灰度和反差不均匀等缺陷. 所以如何消除噪声干扰影响、增强条纹反差、确定条纹中心线及条纹级数、形成骨架线图并高效地获得优质条纹图具有重要的应用价值.

在计算机图像处理技术发展之前, 光学图像是用照相方法记录的. 这种方法操作过程麻烦且仅记录到照片, 得不到数字化的图像. 20 世纪 70 年代初出现了新兴半导体集成光电器件 CCD(Charge Coupled Devices). 它是电荷耦合器件, 可以把图像的光强信号通过电荷信号转换为电压信号传送给图像采集卡, 经模拟信号/数字信号的变换 (A/D 变换), 把光学图像变换为数字信号输入给计算机. 通过计算机可以将采集到的一幅或多幅图像进行加、减、乘、除和多种复杂数学运算, 以及进行提高图像质量的工作, 这称之为图像处理. 应用图像处理技术不仅可以起到改善图像质量、提高数据处理精度和速度的作用, 而且还能使光学信息处理方法在计算机中简便迅速地得以实现. 本章将以数字图像采集与图像处理的基本技术为重点, 介绍它们在光力学实验中的应用.

13.2　图像与图像的采集系统

1. 图像与图像处理

图像处理就是为达到某些预期的效果, 用一系列的操作改善图像. 图像处理技术一般分为两大类. 一类是模拟处理技术, 它采用光学处理装置, 如使用光学元件组成的处理系统或显微镜等均属于此类. 这类处理技术的特点是处理速度快, 并且都是实时处理, 缺点是处理效果差, 灵活性不高, 处理内容贫乏, 难于进行复杂的非线性处理. 另一类是数字图像处理技术, 是利用计算机程序来进行各种图像的处理与识别, 通过改变程序来获得不同的处理结果. 这种处理技术的主要优点是精度高、处理内容丰富, 既可对图像进行线性变换处理, 亦可进行非线性处理. 与模拟处理相比, 虽然数字处理处理速度慢, 所需数据存储空间大, 但随着计算机硬件设备的迅速发展, 计算机的处理速度越来越快, 存储器的容量不断增大, 存储速度不断提高, 上述缺点已不明显. 在本书中除特别声明外, 图像处理均指数字图像处理.

数字图像处理包括如下研究内容.

① 图像的数字化：将一幅连续的光学图像在坐标空间 XY 和性质空间 F 中离散化.

② 图像的预处理：采用一系列的技术手段, 例如对比度拉伸、直方图修正、噪声去除、边缘锐化等, 改善输入图像的视觉效果, 以利于特征物理量的提取.

③ 图像恢复：把模糊了的图像复原.

④ 图像编码：用较少的比特数来表示图像中所包含的信息, 它一般应用于图像数据压缩、图像传输和特征提取等方面.

⑤ 图像重建：包括用反射法、放射法和透射法所获得的对象投影数据来完成图像的重建.

⑥ 图像分析：对图像中的不同目标进行分割、分类、识别和描述解释.

图像处理可以得到两种输出结果. 一种输出是图像, 它着重强调在图像之间进行的变换, 以改善图像的视觉效果并为识别打基础 (这类处理一般称为狭义图像处理). 另一类是对图像中感兴趣的目标进行检测, 从输入的图像中提取出特征, 它是一个从图像到数据的过程, 这类图像处理称为图像分析. 将狭义的图像处理和图像分析统称为图像处理. 图 13.1 表示了狭义图像处理、图像分析和计算机图形学的联系和区别.

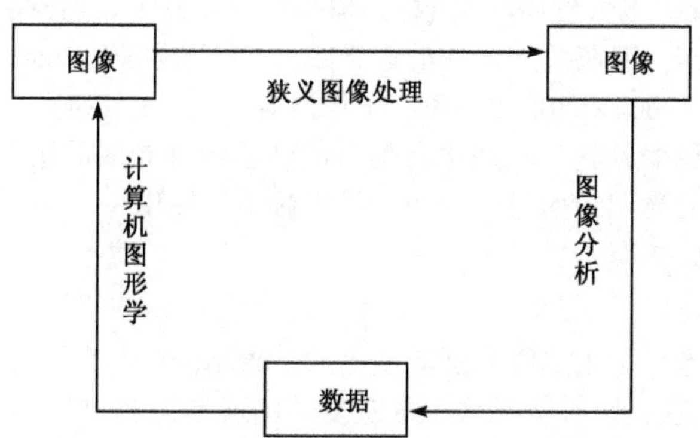

图 13.1 相关学科和领域的联系和区列

2. 光力学图像的采集和处理系统

光力学图像处理系统由 CCD 摄像机把受载试件产生的条纹图或试件表面的灰度场摄取下来, 通过图像卡送往计算机, 然后利用图像处理技术对其进行分析. 整个处理系统可用图 13.2 表示. CCD 摄像机和图像卡构成图像输入设备, 它的任务是把要处理的图像转换成适于计算机处理的数字图像数据. 计算机是图像处理的核心, 用于控制图像的输入和输出设备. 图像输出可通过硬输出 (如打印机) 或软输出 (如监视器) 来实现.

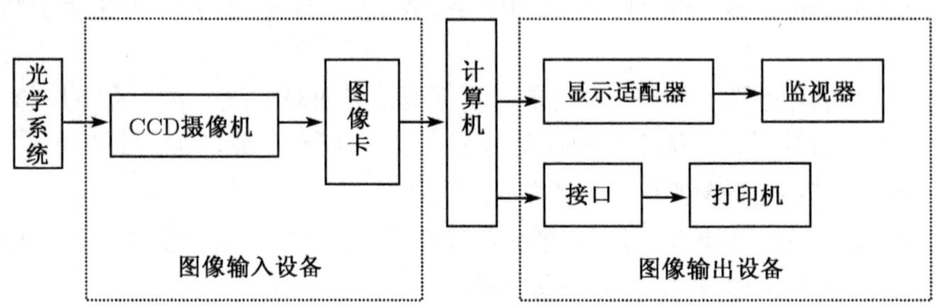

图 13.2 光测力学图像处理系统构成示意图

(1) CCD 摄像机

CCD 摄像机是固体图像传感器的一种形式, 其感光元件 (光敏靶) 是由电荷耦合器件 (Charge Coupled Devices, CCD)[48] 制成, 它可以由不同的半导体材料 (如硅、碲化锌和硒化镉) 和绝缘层构成. CCD 的突出特点是把光强信号转变为电荷信号, CCD 摄像器件分为线阵和面阵两种. 当光学图像经过光学镜头成像在 "面阵像素单元" 构成的光敏靶上时, 半导体和绝缘层之间就产生电荷, 其电荷数量随光强大小而异. 面阵像素单元上离散的电荷以逐行电扫描的方式 (先扫双行, 后扫单行) 转化为连续的电信号而取出 (称为模拟信号), 并经过前置放大器将放大电压输出给图像采集卡. 现在面阵器件的像素单元 (简称像素, Pixel) 数有多种, 例如, 512×320, 512×488, 604×588, 768×494 个像素等.

电荷耦合摄像器件就是利用电荷信号的转移特性制成的用于摄像的 CCD, 它的功能是把二维的光图像信号转变成一维视频信号输出.

(2) 图像采集卡

①图像数字化

一幅光学图像可以用二维光强灰度函数来表示, 在坐标点 (x, y) 处的光强通常称为该点图像的灰度值. 一幅图像上的灰度范围表示为 $[0, L]$. 当灰度为 0 时, 认为该点是全黑, 灰度为 L 时, 认为该点为全亮, 其中间值对应不同亮度, 称为不同灰度级或不同灰度值.

为了适应计算机的要求, 需要把一幅光学图像的点位置坐标 (x, y) 和光强灰度值都数字化, 即进行 A/D 转换 (模/数转换) 变换. 点位置坐标 (x, y) 的数字化称为图像的采样, 灰度数字化称为图像的量化.

一幅连续的图像在 CCD 摄像机光敏靶上可以按等间隔取样变换为数字离散性图像, 见图 13.3 所示, 在光敏靶 xy 平面上分成 $n\times n$ 个小格子, 每个小格子 (或

$n \times n$ 矩阵中的一个元素) 称为一个像素 (Pixel). 每个像素的灰度值通常用 8bit 来量化, 即灰度级分为 $2^8=256$ 级, 而每一个灰度级用 8 位数字来表示, 则存储一幅图像需要的存储位为 $n \times n \times 8$. 对于具有 10MHz 采样频率的图像采集卡, 它每秒可以对模拟电视信号采样 10M 次. 对于普通 CCD 摄像机, 在 CCD 上每一水平行采样 512 个点, 共 488 行 (相当于 $512 \times 488=249856$ 个像素), 所以采集一幅图像需要 $\dfrac{249856}{10\text{M}} = 24.9856\text{ms}$, 故每秒钟采集 $\dfrac{10^3}{24.9856} = 40$ 幅图像.

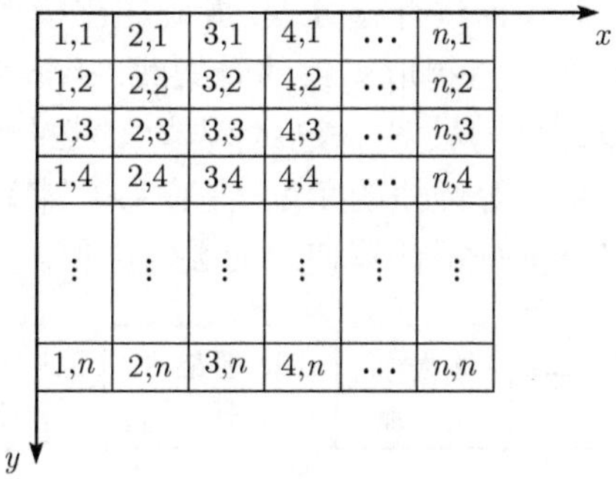

1,1	2,1	3,1	4,1	…	n,1
1,2	2,2	3,2	4,2	…	n,2
1,3	2,3	3,3	4,3	…	n,3
1,4	2,4	3,4	4,4	…	n,4
⋮	⋮	⋮	⋮	⋮	⋮
1,n	2,n	3,n	4,n	…	n,n

图 13.3 像素示意图

②图像采集卡

图像卡在使用功能上分为单色和彩色两种, 将其插入微型计算机扩展槽上就可以实现其功能.

一般的图像采集卡除具有图像采集、图像存储功能外, 还因装有图像处理芯片而具有较强的图像处理功能. 它通过图像卡上的算术逻辑单元 (ALU)、乘法器、查找表 (LUT) 可以实现对图像的卷积、形态学、算术逻辑运算甚至高速傅里叶变换等功能. 一般的图像卡还具有窗口化功能, 在计算机的显示器上直接显示图像, 而不需要用专用的图像监视器.

从 CCD 电视摄像机得到的模拟图像信号经过前置放大器, 通过使图像数字化的 A/D 转换器, 再通过模拟滤波器消除图像信号中高频成分的噪声, 从而使模拟图像变为离散的数字图像. 以 CA-P530 图像采集卡为例, 它有 4 个帧存体, 每个帧存体容量为 $512 \times 512 \times 8$bit, 采集速度为 25 幅/秒, 工作方式分为内、外同步两种方式, 内同步通过计算机键盘控制, 外同步通过外部信号控制计算机.

③图像的显示[49]

图像的显示则根据不同的需要配有黑白图像监视器和彩色图像监视器、单色和彩色打印机等. 近年来, 随着计算机硬件设备的发展, 微型计算机上的监视器大多是高分辨率的真彩色监视器, 应用 Windows 系统开发软件, 可以用微机的监视器来显示图像.

13.3　光力学干涉图像的图像处理

1. 图像处理的流程

对光力学干涉图像, 一般的处理流程见图 13.4 所示. 一幅光力学干涉图像被 CCD 摄像机摄取, 经图像采集卡数字化处理后送入计算机. 为改善输入图像的视觉效果, 使图像更适于计算机处理与分析, 首先应用对比度拉伸、去除噪声、边缘锐化等一系列的技术手段, 对图像进行预处理, 并确定出模型的边界. 然后应用灰度图像二值化法、跟踪虫法等方法提取条纹的骨架线. 接下来对骨架线进行修饰, 包括填补空缺、连接条纹窄缝和剪枝等. 最后标识骨架线的性质, 如是等差线则给出等差线级数, 是等倾线则给出等倾线的角度, 是位移、斜率及曲率等的等值线则给出等值线级数. 最终获得可供分析计算使用的数值文件.

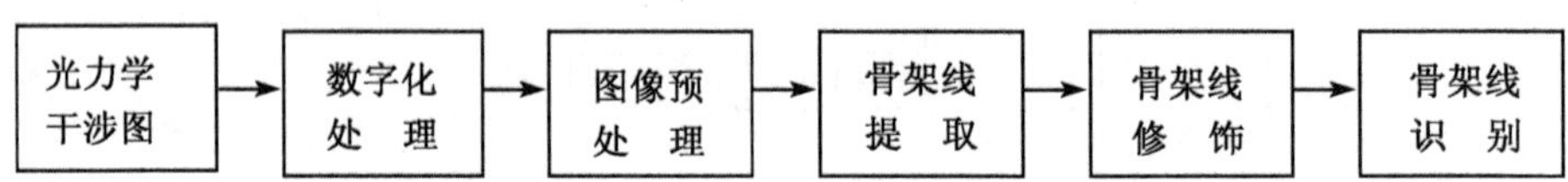

图 13.4　光力学干涉条纹图像处理流程

2. 图像处理的基础

(1) 图像的数字化和离散图像的数学描述

①连续图像

一幅可见图像是一个平面能量的分布图, 这种分布在数学上可用多变量函数来表示

$$Q(x, y, \lambda, t), \tag{13.1}$$

其中, 变量 x, y 表示图像上像点的坐标, λ 表示辐射能的波长, t 表示时间.

一幅图像其尺寸是有限的, 为使数学处理方便起见, 总是把图像的尺寸规格取成矩形, 故有

$$\begin{aligned} -L_x \leqslant x \leqslant L_x, \\ -L_y \leqslant y \leqslant L_y. \end{aligned} \tag{13.2}$$

通常, 在观察与处理图像的时间间隔内, 人眼所感受的光通量变化不大, 仅与被观察点的位置有关. 所以图像函数可用 $f(x, y)$ 来表示. 该函数在某点的值称为图像在该点的灰度或亮度. 因光的能量总是非负且有界, 所以灰度是一个有界非负的实数, 从而有

$$0 \leqslant f(x, y) \leqslant B_m, \tag{13.3}$$

其中, B_m 表示最大灰度.

②图像的数字化和离散图像的数学表示

一幅图像用公式 (13.3) 所示的一个二维数组 $f(x,y)$ 来表示, 这里 x 和 y 表示二维空间中一个坐标点的位置, 而 f 则代表图像在点 (x,y) 的幅度大小. f, x, y 的值是任意实数, 即图像是连续的. 为使图像能在计算机内进行处理, 必须把连续图像 $f(x,y)$ 离散化. 这一转化过程包括两个方面的工作, 一是空间连续坐标 (x,y) 的离散并数字化 (简称离散化) 称为图像的采样. 二是幅值或灰度 $f(x,y)$ 的离散化称为图像的量化.

一幅连续的图像 $f(x,y)$ 的离散化, 可用一矩阵表示：

$$[f(i,j)] = \begin{bmatrix} f_{0,0} & f_{0,1} & \cdots & f_{0,n-1} \\ f_{1,0} & f_{1,1} & \cdots & f_{1,n-1} \\ \vdots & \vdots & \vdots & \vdots \\ f_{m-1,0} & f_{m-1,1} & \cdots & f_{m-1,n-1} \end{bmatrix}. \tag{13.4}$$

矩阵中每一个元素都是像素点的灰度值. 这样计算机对数字图像的各种处理实际上就变成计算机对相应矩阵的各种运算.

(2) **直方图**

①直方图的定义

在图像处理中, 一个最简单和最有用的工具是灰度直方图. 直方图是统计学中的术语, 灰度直方图描述的是图像中具有某一个灰度级的像素的个数. 其横坐标是灰度级, 纵坐标是某一个灰度级出现的频率 (像素的个数), 如图 13.5 所示. 有时直方图也采用某一灰度值的像素数占全图总像素数的百分比作为纵坐标.

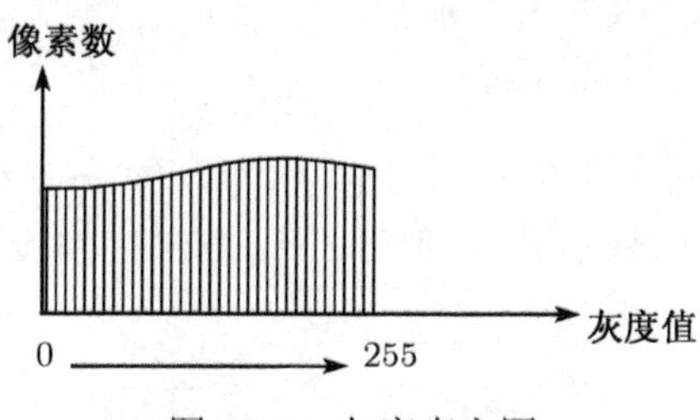

图 13.5 灰度直方图

②直方图的性质

a. 直方图描述了每个灰度级具有的像素的个数, 它只是包含了该图像中某一灰度值像素出现的概率, 却不能提供其所在位置的信息.

b. 任一幅特定的图像有唯一的直方图, 但反之并不成立. 即图像与直方图之间存在着多对一的映射关系.

c. 由于直方图是通过对具有相同灰度值的像素统计数而得到的, 因此, 一幅图像各个子区的直方图之和等于对应全图的直方图.

③直方图的应用

直方图可被用来判断一幅图像是否合理地利用了全部被允许的灰度级范围. 一般一幅数字图像应该利用全部或几乎全部可能的灰度级, 否则等于增加了量化间隔. 一旦被数字化图像灰度的级数少于 256, 丢失的信息将不能恢复. 如果图像具有超出数字化器所能处理的范围的亮度, 则这些灰度级将被简单的置为 0 或者 255, 由此将在直方图的一端或两端产生尖峰. 利用直方图可以使采集图像中存在的问题及早暴露出来, 以免浪费大量的时间.

另外, 对一幅灰度图像进行二值化处理时, 常根据直方图来选择阈值, 其选择方法在本章灰度图像细化法中介绍.

(3) 图像的变换运算[50~52]

图像变换在图像处理中起着关键作用, 它可以改善图像的视觉效果, 如去除图像中的噪声, 增强图像轮廓清晰度等. 并可以对图像进行压缩编码, 以减少存储空间和传输时间. 下面介绍几种常见的变换.

①傅里叶 (Fourier) 变换

傅里叶变换是图像处理中最常用到的变换. 设数字图像 $f(i,j)$ 大小为 $M\times N$ 个像素, 其二维离散傅里叶正、反变换定义为

$$F(u,v)=\frac{1}{MN}\sum_{i=0}^{M-1}\sum_{j=0}^{N-1}f(i,j)\exp[-\mathrm{j}2\pi(u\frac{i}{M}+v\frac{j}{N})], \tag{13.5}$$

$$f(i,j)=\sum_{u=0}^{M-1}\sum_{v=0}^{N-1}F(u,v)\exp[\mathrm{j}2\pi(u\frac{i}{M}+v\frac{j}{N})], \tag{13.6}$$

式中, $\exp[-\mathrm{j}2\pi(u\frac{i}{M}+v\frac{j}{N})]$ 称为正变换核, $\exp[\mathrm{j}2\pi(u\frac{i}{M}+v\frac{j}{N})]$ 称为逆变换核. i,j 为空间域采样值, u,v 表示频率域采样值. 空间域采样增量和频率域采样增量之间有如下关系:

$$\Delta u=\frac{1}{M\Delta i},\quad \Delta v=\frac{1}{N\Delta j}, \tag{13.7}$$

$$\Delta i\Delta u=\frac{1}{M},\quad \Delta j\Delta v=\frac{1}{N}\ . \tag{13.8}$$

$F(u,v)$ 称为图像信号 $f(x,y)$ 的频谱, 一般它是复量, 可以写成

$$F(u,v)=|F(u,v)|\,\mathrm{e}^{\mathrm{j}\phi(u,v)},\quad 或\quad F(u,v)=R(u,v)+\mathrm{j}I(u,v),$$

其中, $R(u,v)$, $I(u,v)$ 分别为 $F(u,v)$ 的实部和虚部.

$F(u,v)$ 的模为

$$|F(u,v)| = [R^2(u,v) + I^2(u,v)]^{\frac{1}{2}}, \tag{13.9}$$

称为 $f(i,j)$ 的振幅谱.

相位角

$$\phi(u,v) = \arctan\frac{I(u,v)}{R(u,v)}, \tag{13.10}$$

称为 $f(i,j)$ 的相位谱.

一幅图像 $f(i,j)$ 经二维傅里叶变换后得到频谱 $F(u,v)$, 其含义是 $f(i,j)$ 是由各种空间频率的正弦和余弦曲线线性组合而成, 而 $F(u,v)$ 则代表了相应频率的加权因子. 调整 $F(u,v)$, 即增强或削弱某些频率成分就能实现对图像的处理. 如图像中的噪声属高频分量, 减小高频分量即可在频率域对图像实现去噪声的平滑处理, 这种滤除高频分量而保留低频分量的方法称为低通滤波法. 图像中的轮廓是灰度变化大的部分, 包含着丰富的高频分量, 因此把高频分量相对突出, 就能使图像轮廓清晰, 达到图像锐化的目的. 这种突出高频成分, 而相对抑制低频的方法称为高频加强滤波法. 利用傅里叶变换, 可将在空间域 (或频率域) 上的操作转换到相应的频率域 (或空间域) 上进行, 处理完后再变换回空间域 (或频率域).

②其他图像变换

以上所讨论的傅里叶变换实际上是可分离变换的一个特例. 下面对可分离变换的共同特点进行简单的讨论.

一维可分离变换的通用公式为

$$F(u) = \sum_{i=0}^{M-1} f(i)g(i,u), \tag{13.11}$$

$F(u)$ 为 $f(i)$ 的变换, $g(i,u)$ 称为正向变换核. 其逆变换为

$$f(i) = \sum_{u=0}^{M-1} F(u)h(i,u), \tag{13.12}$$

$h(i,u)$ 是反变换核.

$$i = 0, 1, \cdots, M-1,$$

$$j = 0, 1, \cdots, N-1,$$

对于 $N\times N$ 二维图像 $f(i,j)$, 其正变换为

$$F(u,v) = \sum_{i=0}^{N-1}\sum_{j=0}^{N-1} f(i,j)g(i,j,u,v), \tag{13.13}$$

其逆变换为

$$f(i,j)=\sum_{u=0}^{N-1}\sum_{v=0}^{N-1}F(u,v)h(i,j,u,v),\quad i,j,u,v=0,1,2,\cdots,N-1,\tag{13.14}$$

其中, $g(i,j,u,v)$ 和 $h(i,j,u,v)$ 分别为正变换核和逆变换核. 如果

$$g(i,j,u,v)=g_1(i,u)g_2(j,v),\tag{13.15}$$

这里正变换核是可分离的. 进一步如果 g_1 和 g_2 的函数形式一样, 则称正向变换核是对称的. 前面介绍的傅里叶变换是可分离变换的一个特例, 例如傅里叶变换的正向变换核 $g(i,j,u,v)=\exp[-\mathrm{j}2\pi(u\frac{i}{M}+v\frac{j}{N})]$ 是可分离和对称的.

几种常用的可分离变换有离散余弦变换、沃尔什变换等. 下面把它们在图像技术中常用的公式做一简单介绍.

a. 离散余弦变换

二维离散余弦变换 (DCT) 的正变换核为

$$\begin{cases}g(i,j,\ 0,\ 0)=\dfrac{1}{N},\\ g(i,j,u,v)=\dfrac{1}{2N^3}[\cos(2i+1)u\pi][\cos(2j+1)v\pi].\end{cases}\tag{13.16}$$

由公式 (13.13), 离散余弦变换为

$$\begin{cases}F(\ 0,\ 0)=\dfrac{1}{N}\displaystyle\sum_{i=0}^{N-1}\sum_{j=0}^{N-1}f(i,j),\quad u=0,v=0,\\ F(u,v)=\dfrac{1}{2N^3}\displaystyle\sum_{i=0}^{N-1}\sum_{j=0}^{N-1}f(i,j)[\cos(2i+1)u\pi][\cos(2j+1)v\pi],\end{cases}\tag{13.17}$$

其逆变换为

$$f(i,j)=\frac{1}{N}F(0,0)+\frac{1}{2N^3}\sum_{u=0}^{N-1}\sum_{v=0}^{N-1}F(u,v)[\cos(2i+1)u\pi][\cos(2j+1)v\pi].\tag{13.18}$$

b. 离散沃尔什 (Walsh) 变换

当 $N=2^n$, 可以得到函数 $f(i)$ 的离散沃尔什变换:

$$F(u)=\frac{1}{N}\sum_{i=0}^{N-1}f(i)\prod_{j=0}^{n-1}(-1)^{b_j(i)b_{n-1-j}(u)},\tag{13.19}$$

其中, $b_k(z)$ 是 z 的二进制表达式列中的第 k 位. 例如, 如果 n =3 和 z=6(二进制是 110), 则有 $b_0(z)=0,b_1(z)=1,b_2(z)=1$. 沃尔什变换的逆变换核为

$$h(i,u)=\frac{1}{N}\prod_{j=0}^{n-1}(-1)^{b_j(i)b_{n-1-j}(u)},\tag{13.20}$$

沃尔什逆变换为

$$f(i)=\sum_{i=0}^{N-1}F(u)\prod_{i=0}^{n-1}(-1)^{b_j(i)b_{n-1-j}(u)}. \tag{13.21}$$

二维沃尔什正变换核为

$$g(i,j,u,v)=\frac{1}{N}\prod_{k=0}^{n-1}(-1)^{[b_k(i)b_{n-1-k}(u)+b_k(j)b_{n-1-k}(v)]}, \tag{13.22}$$

逆变换核为

$$h(i,j,u,v)=\frac{1}{N}\prod_{k=0}^{n-1}(-1)^{[b_k(i)b_{n-1-k}(u)+b_k(j)b_{n-1-k}(v)]}. \tag{13.23}$$

二维离散沃尔什变换为

$$F(u,v)=\frac{1}{N}\sum_{i=0}^{N-1}\sum_{j=0}^{N-1}f(i,j)\cdot\prod_{k=0}^{n-1}(-1)^{[b_k(i)b_{n-1-k}(u)+b_k(j)b_{n-1-k}(v)]}, \tag{13.24}$$

二维离散沃尔什逆变换为

$$f(i,j)=\frac{1}{N}\sum_{i=0}^{N-1}\sum_{j=0}^{N-1}F(u,v)\cdot\prod_{k=0}^{n-1}(-1)^{[b_k(i)b_{n-1-k}(u)+b_k(j)b_{n-1-k}(v)]}. \tag{13.25}$$

c. 离散哈达玛 (Hardmard) 变换

一维离散哈达玛正变换核有若干种形式, 下式给出其中的一种：

$$g(i,u)=\frac{1}{N}(-1)^{\sum\limits_{j=0}^{n-1}b_j(i)b_j(u)}, \tag{13.26}$$

其中, 指数上的求和是以 2 为模的.

一维哈达玛变换为

$$F(u)=\frac{1}{N}\sum_{i=0}^{N-1}f(i)(-1)^{\sum\limits_{j=0}^{n-1}b_j(i)b_j(u)}, \tag{13.27}$$

一维离散哈达玛逆变换核为

$$h(i,u)=(-1)^{\sum\limits_{j=0}^{n-1}b_j(i)b_j(u)}, \tag{13.28}$$

一维离散哈达玛逆变换为

$$f(i)=\sum_{u=0}^{N-1}F(u)(-1)^{\sum\limits_{j=0}^{n-1}b_j(i)b_j(u)}, \tag{13.29}$$

二维离散哈达玛变换的正变换核和逆变换核相同, 为

$$g(i,u,j,v)=h(i,u,j,v)=\frac{1}{\sqrt{MN}}(-1)^{\sum\limits_{k=0}^{m-1}b_k(i)b_k(u)+\sum\limits_{l=0}^{n-1}b_l(i)b_l(u)}, \tag{13.30}$$

二维离散哈达玛变换的正变换为

$$F(u,v)=\sum_{i=0}^{M-1}\sum_{j=0}^{N-1}f(i,j)g(i,u,j,v),\quad (u=0,1,2,\cdots,M-1;\ v=0,1,2,\cdots,N-1), \tag{13.31}$$

二维离散哈达玛变换的逆变换为

$$f(i,j)=\sum_{u=0}^{M-1}\sum_{v=0}^{N-1}F(u,v)h(i,u,j,v),\quad (i=0,1,2,\cdots,M-1;\ j=0,1,2,\cdots,N-1). \tag{13.32}$$

(4) BMP 图像的显示

用以描述数字图像的矩阵在计算机中以文件的形式存放. 常用的数字图像文件格式有 BMP 格式、PCX 格式、TIFF 格式、JPEG 格式等, 其中 BMP 格式相对简单且广泛使用, 下面以 BMP 格式为例, 介绍 BMP 图像的显示.

①调色板的概念

我们知道, 自然界中的所有颜色都可以由红、绿、蓝 (R, G, B) 组合而成. 例如同亮度红和绿色组合为 “黄色”, 同亮度红色和蓝色混合为 “紫色”. 而所谓的 “灰度” 是由同亮度的红、绿、蓝三色所组成的. 针对含有红色成分的多少, 可以分成 0 到 255 个等级. 0 级表示不含红色成分, 255 级表示含有 100%的红色. 同样, 绿色和蓝色也被分成 256 级. 这样, 根据红、绿、蓝各种不同的组合就能表示 256×256×256, 约 1600 万种颜色. 表 13.1 是几种常见的颜色组合.

表 13.1　常见颜色的 RGB 组合

颜色	R	G	B
黑色	0	0	0
亮红	255	0	0
黄色	255	255	0
紫色	255	0	255
暗绿	0	128	0
灰色	128	128	128
白色	255	255	255

当显示一幅彩色图像时, 可以选择采用基于调色板的彩色和直接的彩色两种方式.

a. 基于调色板的彩色显示方式

一幅 16 色彩色图, 也就是说这幅图像中最多只有 16 种颜色, 因此可以用一个表, 表中的每一行记录一种颜色的 R, G, B 值, 一共 16 行表示 16 种颜色.

如

第 0 行的 R, G, B 分量分别为 255, 0, 0(红色);
第 1 行的 R, G, B 分量分别为 255, 255, 0(黄色);
······
第 16 行的 R, G, B 分量分别为 255, 0, 255(紫色).

当我们要表示一幅彩色图中某个像素的颜色时, 只需要指出该颜色是第几行, 即指出该颜色的索引值就可以了. 这张 16 行的 R, G, B 的表, 称之为调色板, 也叫做颜色查找表 LUT(Look Up Table). 只有调色板才能决定在屏幕上显示的真正颜色是什么. 通过改变调色板, 就可以改变像素在屏幕上的颜色. 基于调色板的显示方式, 具有既能节省显示存储器的空间, 又能获得丰富细腻色彩的显示. 但这时在同一屏幕图像中所显示的不同颜色的数量要受到调色板尺寸的限制.

b. 彩色直接显示方式

有一种图, 它的颜色数高达 256×256×256, 这种图叫做真彩色图. 真彩色图并不是说一幅图包含了所有的颜色, 而是说它具有显示这幅图包含颜色的能力, 即最多可以包含所有颜色. 表示真彩色图像时, 每个像素直接用 R, G, B 三个分量字节表示, 而不采用调色板技术. 因为如果用调色板, 表示一个像素也要 24 位. 这是因为每种颜色的索引要用 24 位 (因为总共有 2^{24} 种颜色, 即调色板有 2^{24} 行), 和直接用 R, G, B 三个分量表示的字节数一样, 不但没有任何便宜, 还要加上一个 256×256×256×3 个字节的大调色板. 所以真彩色直接用 R, G, B 三个分量表示, 又叫 24 位色图.

② BMP 文件的格式

BMP 文件是 Windows 的位图文件格式, BMP 文件由四部分组成:

a. 文件头

Windows 位图文件头由 BITMAPFILEHEADER 结构定义, 它含有文件的类型、尺寸大小和格式的信息.

b. 图像控制信息

图像控制信息由 BITMAPINFOHEADER 结构定义, 提供有关位图图像数据的尺寸和组织的信息.

c. 调色板信息数据

这里只对那些需要调色板的位图文件而言, 调色板实际上是一个数组, 数组中每个元素的类型是一个 RGBQUAD 结构, 占 4 个字节.

BITMAPFILEHEADER 结构、BITMAPINFOHEADER 结构、RGBQUAD 结构的具体定义可参见文献 [53].

(d) 实际图像数据

在调色板之后, 存储了图像的实际数据. 在这里只讨论不进行数据压缩的情况, 在不进行数据压缩的情况下, 位图文件是按行来进行顺序存储的, 而每一行则是按从左到右进行存储的. 每行在位图文件中的存储位置是按照从底到上的顺序进行存储的. 对于用到调色板的位图, 图像数据就是该像素在调色板中的索引值. 对于真彩色图, 图像数据就是实际的 R, G, B 值. 下面对 2 色、16 色、256 色位图和真彩色位图分别介绍.

对于 2 色位图, 用 1 位就可以表示该像素的颜色, 所以 1 个字节可以表示 8 个像素. 对于 16 色位图, 用 4 位表示 1 个像素的颜色, 所以用 1 个字节可以表示 2 个像素. 对于 256 色位图, 1 个字节表示 1 个像素. 对于真彩色图, 3 个字节才能表示 1 个像素.

③ BMP 位图的显示方法

位图显示主要分为四步.

(a) 打开 BMP 文件, 读取文件头信息. 从而获得了位图的长、宽、每个像素的颜色位数、是否压缩, 以及位图使用的颜色数等信息.

(b) 从文件中读取调色板信息, 并设置调色板; 其中调色板的设置至关重要, 如果这一步做得不正确, 则显示出的图像将面目全非.

(c) 设置合适的内存空间, 读取每位像素值, 首先要根据第一步读到的位图的大小, 然后申请一块可以移动的位图大小的内存块, 从位图文件读取每位像素存入此内存块.

(d) 显示位图, 可以采用直接写视屏缓冲区.

3. 图像基本处理方法

图像的处理方法总的来讲可分为空域和频域处理两类[53,54].

空域处理是直接在输入图像 $f(x,y)$ 所在空间进行处理. 空域处理主要包括点处理、邻域处理、迭代处理等. 其中邻域处理又分为并行处理和串行处理.

$$\text{空域处理}\begin{cases}\text{点处理}\\ \text{邻域处理}\begin{cases}\text{并行处理}\\ \text{串行处理}\end{cases}\\ \text{迭代处理}\end{cases}$$

(1) 点处理

点处理是一种从图像到图像的操作, 其输出像素值仅取决于输入图像的相应像素值. 也就是说通过某一变换函数 φ 对原图像进行变换 $g(x,y)=\varphi\{f(x,y)\}$, 该函数可以是线性的，也可以是非线性的. 点处理常用来实现图像灰度的调整和分割处理.

灰度的调整：可通过某一线性变换，将原图像的灰度范围扩大到一个新的范围. 一旦给定变换，输出图像的像素值就仅依赖于输入图像的像素值.

分割处理：实现对连续的灰度值空间进行的划分，最简单的分割是二值化处理.

(2) 邻域处理

邻域处理是基于输入图像中的某个小邻域进行的. 邻域操作是构造一个与小邻域相符合的模板 h，用这一模板对 $n \times n$ 像素的输入图像 $f(x,y)$ 完成由公式 $g(x,y)=\sum\limits_{(u,v)\in s} f(u,v)h(u,v)$ 所定义的运算. 其中 $x, y=0,1,2,\cdots,n-1$；s 是像素 (x,y) 邻域内的点集. 邻域处理的具体操作过程是将模板在输入图像上滑动，并使模板中心与图中某个像素位置重合. 模板上各系数与模板下对应像素之积的总和，为输出图像中对应模板中心位置的像素值. 在实际应用中最常用的模板是 3×3 像素和 5×5 像素，采用不同的模板，得到不同的处理效果. 下面是邻域处理的一个典型应用.

图像平滑处理：消除图像中包含的噪声，下面是用于平滑处理的典型模板.

$$\frac{1}{9}\times\begin{bmatrix}1&1&1\\1&1&1\\1&1&1\end{bmatrix} \quad \frac{1}{10}\times\begin{bmatrix}1&1&1\\1&2&1\\1&1&1\end{bmatrix} \quad \frac{1}{16}\times\begin{bmatrix}1&2&1\\2&4&2\\1&2&1\end{bmatrix}$$

(a) (b) (c)

此外，邻域处理还可用于消除孤立点，填补空白点和细化处理等.

邻域处理又分为并行处理与串行处理. 在并行处理中，所有判断和决定都可独立地和同时地做出，而串行处理是依一定顺序进行的，其中后续步骤的处理要根据对前面步骤的结果进行判断来确定. 在前面介绍的平滑处理、锐化处理、边缘检测等都可采用并行处理的方法来实现. 串行处理一般应用于跟踪、检测等操作.

(3) 迭代处理

迭代是指重复地进行某一种处理运算. 迭代次数 n 可以是预先给定的，也可以是根据迭代终止条件来确定. 迭代处理的典型应用是剪枝和细化.

频域处理是先把输入图像 $f(x,y)$ 经过某种变换，变换到频域. 然后在频域中作必要的处理，最后进行反变换，即由频域函数再变为处理后的空域函数 $g(x,y)$. 常见的变换有傅里叶 (Fouier) 变换、沃尔什 (Walsh) 变换、哈达玛 (Hardmard) 变换、离散余弦 (Discrete cosine) 变换和霍特林 (Hotelling) 变换等. 其中傅里叶变换应用于许多图像处理中，如频域的滤波处理、卷积的计算、图像重建、特征提取和图像数据压缩编码等. 沃尔什变换和哈达玛变换广泛地应用于数据压缩、图像分析中. 霍特林变换主要用于数据压缩方面.

13.4 光干涉图像的预处理

图像预处理的主要目的是应用图像调整技术改善图像. 此处的"改善"包含两方面的内容：一个是调整灰度、亮度. 在实验中, 如果入射光不强, 会使得采集的图像偏暗, 但如果入射光过强, 图像又会偏亮. 同时在对图像进行运算时, 运算结果正确的显示也需要对图像进行亮度和灰度的调整. 二是消除噪声. 在图像采集过程中, 由于输入设备的影响, 常引起图像的噪声, 在进行任何处理之前, 必须去除噪声.

图像通过预处理, 不仅可以改善图像的视觉效果, 而且可将图像转变为一种更适于人或机器分析的形式. 它包括一系列的技术手段, 如对比度拉伸、去除噪声、边缘锐化等.

1. 灰度调整

(1) 灰度调整

可以用直方图表示图像中各种不同灰度级像素出现的相对频率：

$$\text{相对频率} = \frac{\text{某灰度下的像素数}}{\text{图像总像素数}}$$

图 13.6 给出某一图像的直方图的轮廓曲线, 也就是图像的灰度分布曲线. $[0, L]$ 代表所有的灰度级别, 可见这幅图的灰度范围是比较窄的, 这种情况称为对比度低.

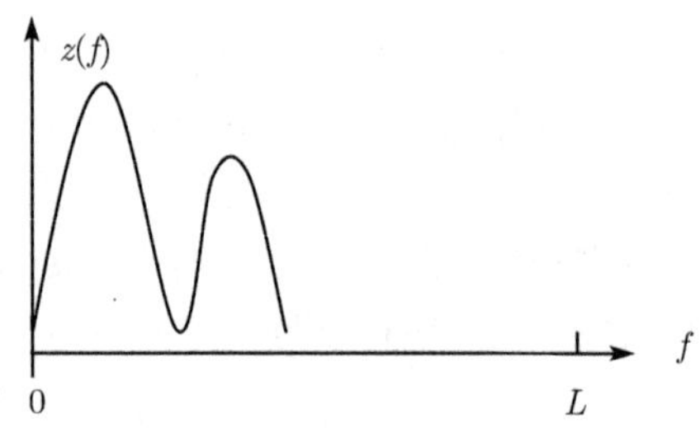

图 13.6 图像的灰度分布轮廓图

对比度拉伸就是将灰度范围扩大. 对比度拉伸可通过将原图像的灰度值映射到一个新的数值范围来实现的. 这种映射关系可用下式描述：

$$g = G(f). \tag{13.33}$$

f 和 g 分别为原图像和新图像的灰度值, g 和 f 均在 $[0, L]$ 域内. 简单的变换关系如图 13.7 所示, Low 和 High 为原图中要进行对比度拉伸的范围, Bottom 和 Top 表示对应的拉伸后的值. Oldgrey 和 Newgrey 分别表示原图的灰度值和拉伸后的灰度值.

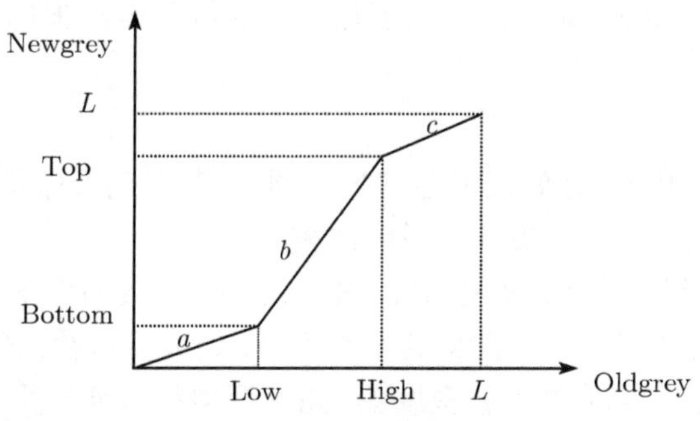

图 13.7 对比度拉伸的原理

a, b, c 为三段直线的斜率, 因为是对比度拉伸, 所以斜率 $b>1$. 由图 13.7 可得下面的公式:

$$\text{Newgrey} = \begin{cases} a \cdot \text{Oldgrey}, & 0 \leqslant \text{Oldgrey} < \text{Low}; \\ b \cdot (\text{Oldgrey} - \text{Low}) + \text{Bottom}, & \text{Low} \leqslant \text{Oldgrey} \leqslant \text{High}; \\ c \cdot (\text{Oldgrey} - \text{High}) + \text{Top}, & \text{High} \leqslant \text{Oldgrey} \leqslant \text{L}. \end{cases} \tag{13.34}$$

图 13.8 给出等差线示例的处理结果. 其中 13.8(a) 是原等差线图像, 图 13.8(b)

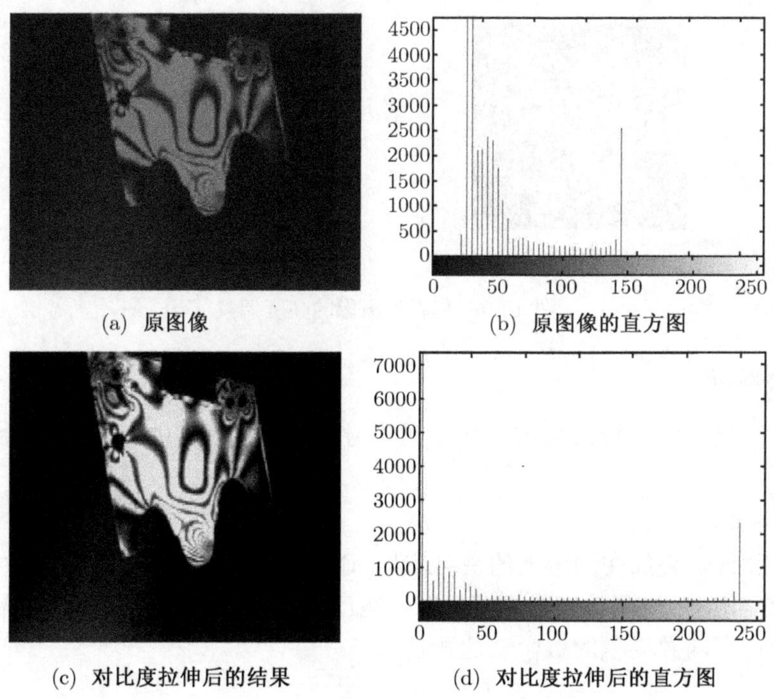

(a) 原图像 (b) 原图像的直方图

(c) 对比度拉伸后的结果 (d) 对比度拉伸后的直方图

图 13.8 对比度拉伸实例

是原图像的直方图, 图 13.8(c) 是对比度拉伸后的等差线, 图 13.8(d) 对比度拉伸后的直方图.

(2) 亮度调整

亮度调整在光力学图像处理中经常被用到, 尤其是对几幅图像经运算输出的图像, 要获得好的显示效果, 需要进行亮度调整.

亮度调整的原理很简单, 就是将红 (R)、绿 (G)、蓝 (B) 加上一个常数偏移量. 如果这个数为正, 则亮度增加. 如果这个数为负, 则亮度减少. 对真彩色图、带调色板的彩色图 (又称为伪彩色图) 和灰度图, 亮度调整的操作有所不同.

对真彩色图像, 每个像素直接用 R, G, B 三个分量表示, 而不采用调色板技术. 所以直接将每个像素的 R, G, B 值加上偏移量写入新图即可.

对带调色板的彩色图, 像素的值并不直接决定真实的颜色, 只是对调色板颜色表的一个索引. 只有调色板才能决定在屏幕上显示的真正颜色是什么. 所以将调色板中 R, G, B 值加上常数偏移量, 就可实现亮度调整.

对灰度图像, 处理时直接将像素值加上偏移量即可. 另一个方法是采用上面的改变调色板来对图像的亮度进行调整. 灰度图是一种特殊的伪彩色图, 只是调色板的 R, G, B 值相等. 所以亮度的调整可按上面的方法处理. 图 13.9 给出对真彩色图像的增强效果.

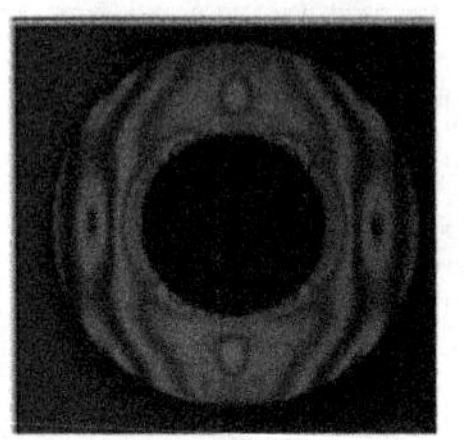

(a) 原彩色条纹图

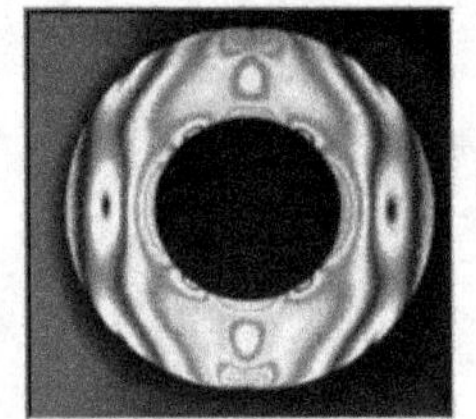

(b) 亮度增强条纹图

图 13.9　真彩色图像的亮度调整

2. 图像去噪声

我们这里介绍三种常用的图像去噪声方法——卷积、中值滤波和几幅图像平均法.

(1) 卷积

为去掉线性叠加在图像上的噪声信号, 通过卷积可以做如下工作：估计未受噪声污染前的信号; 检测噪声背景下是否存在已知特性; 去除相干 (周期) 噪声.

二元连续函数卷积的数学表达式是

$$h(x,y)=f*g=\int_{-\infty}^{\infty}\int_{-\infty}^{\infty}f(u,v)g(x-u,y-v)\mathrm{d}u\mathrm{d}v, \tag{13.35}$$

数字图像的卷积与连续函数类似, 只是其自变量取整数, 双重积分改为双重求和. 即

$$H(i,j)=\sum_{m}\sum_{n}F(m,n)G(i-m,j-n), \tag{13.36}$$

也就是说, 在图像的卷积运算中, 输出图像像素的值是通过计算两个矩阵的元素乘积然后将结果相加得到的. 这两个矩阵中的一个是图像数据矩阵 $G(i,j)$, 另一个是称之为卷积核矩阵 $F(m,n)$(常用的卷积核矩阵为 3×3 矩阵、或者 5×5 矩阵). 卷积核中的元素称作卷积系数. 图 13.10 说明了卷积处理过程.

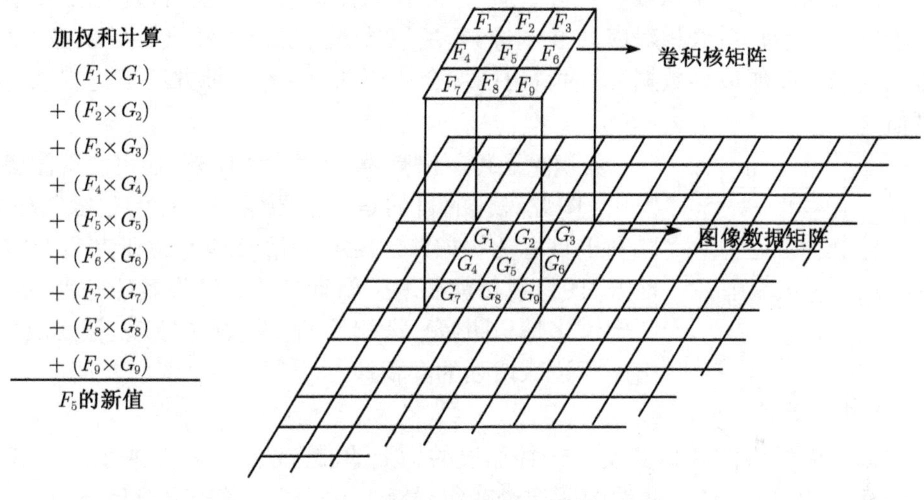

图 13.10 数字卷积

让卷积核在一幅图像 (原图像) 滑过. 在滑的过程中, 让卷积核暂时停下来, 用卷积核中的每个像素值同图像中卷积核下面的像素值相乘, 把所有乘积加起来. 这个结果为输出图像在相应点的像素值.

了解了图像的卷积运算过程, 很容易理解为什么卷积可消除噪声. 一般来讲, 噪声 (随机噪声) 的灰度值和它的邻域相比, 将有明显的不同. 那么将这点的灰度值与它周围 8 个点的灰度值取平均, 作为输出图像中对应点的灰度. 从而去除灰度突然变化的点, 滤掉一定的噪声.

上面所说的 "将这点的灰度值与它周围 8 个点的灰度值取平均, 作为输出图像中对应点的灰度." 可通过采用式 (13.37) 的卷积核 (一般称为平滑卷积核) 对图像进行卷积处理来完成.

$$\underset{\text{(平滑卷积核)}}{\frac{1}{9}\times\begin{bmatrix}1&1&1\\1&1&1\\1&1&1\end{bmatrix}}, \tag{13.37}$$

上面的平滑卷积核, 邻域点对该点影响是一样的. 实际上, 位置越近的点影响应该越大. 考虑位置的影响, 将平滑卷积核改变为如下形式, 效果将会更好：

$$\begin{bmatrix} 0.05 & 0.15 & 0.05 \\ 0.15 & 0.25 & 0.15 \\ 0.05 & 0.15 & 0.05 \end{bmatrix}. \tag{13.38}$$

(平滑卷积核)

要注意的是由于卷积核不能移出边界外, 在原图像的上下左右边界上, 找不到与卷积核中的卷积系数相对应的 9 个像素, 所以边界上的点无法进行卷积操作. 一种方法是忽略图像边界数据, 这时输出图像会比原图小. 另一种方法是复制原图的灰度值.

0	−1	0
−1	4	−1
0	−1	0

图 13.11 边缘增强的卷积核

卷积除了可平滑噪声 (图像模糊) 外, 还可实现图像的锐化, 图像锐化的目的是加强图像中目标的边缘与轮廓, 以利于目标的提取. 边缘和轮廓一般都位于灰度突变的地方, 图像锐化就要增强像素与其邻域像素的差别, 因此, 图像锐化是与图像平滑相反的一类图像处理. 图 13.11 给出用于边缘增强的卷积核

(2) 中值滤波

我们上面所讲的卷积其实是一种加权的均值滤波方法, 由于要在 3×3 像素范围内进行平均, 所以经过滤波的图像会变得模糊. 由于噪声属于高频信息, 所以如果选用低通滤波的方法, 可以很好的滤掉噪声, 但边缘轮廓也含有大量的高频信息, 低通滤波的方法也必然使边界变得模糊. 而中值滤波不失为一个合适的方法, 在过滤噪声的同时, 可以很好地保护边缘轮廓. 中值滤波对去除脉冲噪声孤立点、线段和脉冲噪声是行之有效的. 但要注意的是, 当窗口内噪声点的个数大于窗口宽度的一半时, 中值滤波的效果不好.

中值滤波操作过程是, 用一种窗口在一幅图像 (原图像) 滑过. 在滑的过程中, 让窗口依次在每个像素上暂时停下来, 把窗口内包含的所有像素的灰度按从大到小的顺序排列, 将中间值作为该像素的灰度值 (若窗口中有偶数个像素, 则取两个之间值的平均). 再把窗口移到下一个像素, 做同样的处理. 图 13.12 给出常用的几种

(a) (3×1 窗口) (b) (1×3 窗口) (c) (十字型窗口) (d) (3×3 窗口)

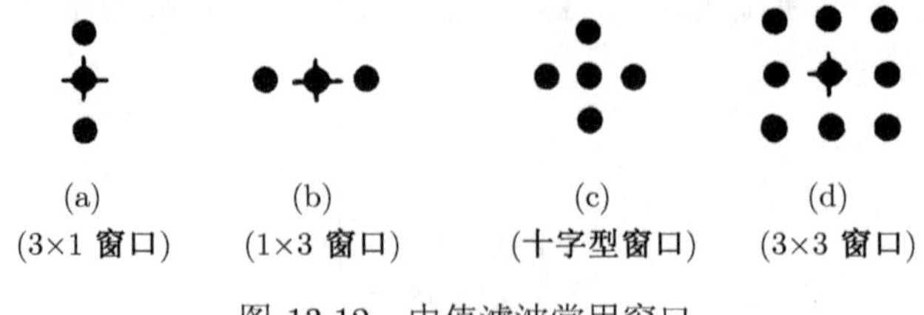

图 13.12 中值滤波常用窗口

窗口.

下面通过一个例子, 来说明采用 1×3 窗口进行中值滤波的效果.

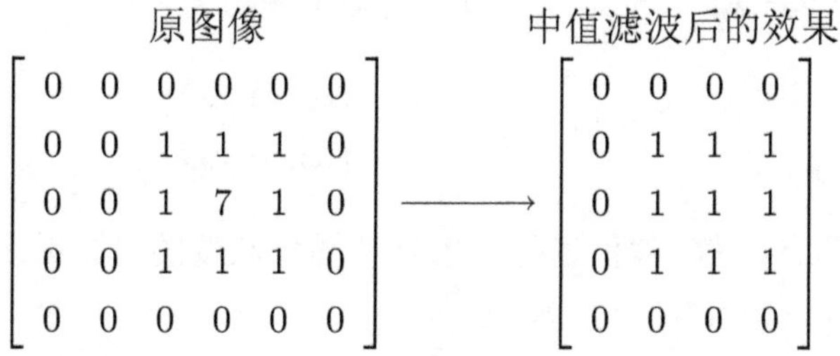

$$\begin{bmatrix} 0&0&0&0&0&0\\ 0&0&1&1&1&0\\ 0&0&1&7&1&0\\ 0&0&1&1&1&0\\ 0&0&0&0&0&0 \end{bmatrix} \longrightarrow \begin{bmatrix} 0&0&0&0\\ 0&1&1&1\\ 0&1&1&1\\ 0&1&1&1\\ 0&0&0&0 \end{bmatrix}$$

(3) 几幅图像的平均

图像平均是用几张在相同条件下获得的图像之平均值, 表示原图像. 常用在去除采集过程中的噪声. 设一幅图像 $g(x,y)$ 是由原无噪声图像 $f(x,y)$ 和噪声 $\eta(x,y)$ 叠加而成, 即

$$g(x,y)=f(x,y)+\eta(x,y). \tag{13.39}$$

将 N 幅图像相加求平均得到 1 幅新图像, 即

$$\bar{g}(x,y)=\frac{1}{N}\sum_{i=1}^{N}g_i(x,y). \tag{13.40}$$

假设 N 幅图像对应点的噪声是互不相关的, 且其平均值为零. 在这种情况下, 用 $\bar{g}(x,y)$ 来估计 $f(x,y)$ 是无偏差的, 因为

$$E\left\{\bar{g}(x,y)\right\}=f(x,y), \tag{13.41}$$

$E\left\{\bar{g}(x,y)\right\}$ 是 $\bar{g}$ 的期望值. 其方差为

$$\sigma_g^2=\frac{1}{N}\sigma_\eta^2. \tag{13.42}$$

可见随着平均图数量 N 的增加, 噪声在每个像素位置 (x,y) 的影响逐步减少.

13.5 骨架线的提取

光干涉条纹大都比较粗宽, 所以要对它们进行提取骨架线、定位工作. 本节主要介绍骨架线提取的几种常用方法与技术.

1. 灰度图像细化法

光干涉条纹图像是灰度图像. 通过对灰度图像的二值细化, 将条纹图转换为二值图像, 再应用二值图像的细化算法提取条纹骨架[55,56].

设 $f(x,y)$ 表示原灰度图像, 设定某个阈值 T, 用 T 将灰度图像的数据分成大于 T 的像素群 ($f(x,y)\geqslant T$) 和小于 $T(f(x,y)<T)$ 的像素群两部分. 令这两部分像素群的灰度分别为 255 和 0, 于是经二值化的输出图像为

$$f(x,y)=\begin{cases}255, & f(x,y)\geqslant T,\\ 0, & f(x,y)<T,\end{cases} \tag{13.43}$$

式中, T 称为选取的阈值. 阈值选择一般参考图像灰度的直方图.

(1) 全局阈值化

全局阈值化是在整个图像中, 使用一个阈值来进行二值化处理. 只有选择了正确的阈值, 才能取得较好的效果. 但光力学干涉图像多种多样, 有些图像并不具有包含双峰的灰度直方图, 会使两峰间谷的定位难以辨认. 这个问题在一定程度上可以通过卷积或曲线拟合过程对直方图进行平滑加以克服, 或者采用微分直方图法.

这里介绍一种实用技术, 将阈值设置为可调变量, 可以通过鼠标调整, 实时观察效果, 到满意为止. 如图 13.13 所示.

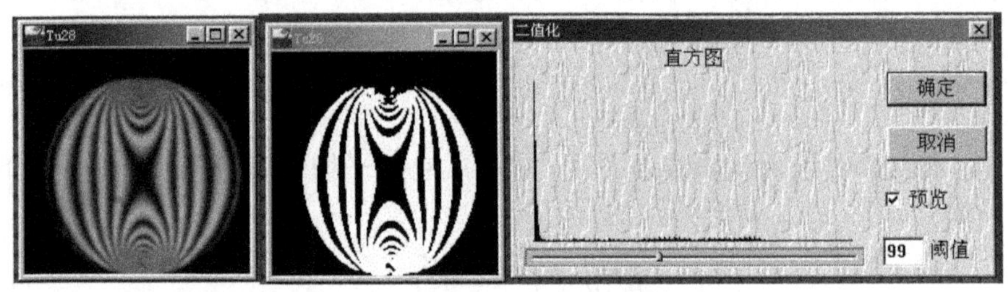

图 13.13 全局阈值化调整图

(2) 分块二值化

对于那些对比度不强, 灰度不均匀的图像, 如果整个图像只选择一个阈值进行二值化, 将会在线条很黑的地方出现线条过粗, 甚至黏连的现象; 或在线条很淡的地方, 又会出现条纹过细, 甚至断裂的现象, 在线条与背景对比度不强的地方, 还出现大量噪声点. 有必要分块取阈值. 对选取的这一矩形块进行单独的二值化 (如图 13.14(a) 所示), 再将这一矩形块和其他区域一起进行二值化. 图 13.14(b) 给出应用分块二值技术处理的结果.

2. 二值图像的细化

所谓细化, 就是从原来的条纹图中去掉一些点, 但要保持原来条纹的形状. 细化 (Thinning) 算法有很多, 其中希尔迪奇 (Hildith) 算法常应用于光干涉条纹的细化中.

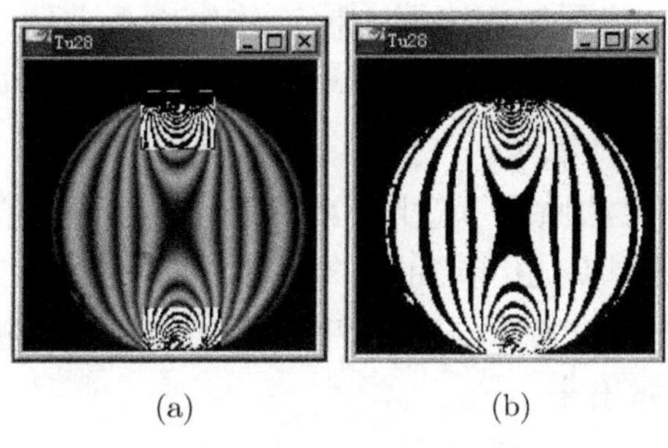

(a) (b)

图 13.14 局部阈值化调整图

Hilditch 算法[56] 是 Hilditch 提出的一种有效的二值图像细化算法, 其主要思想是每次扫描删除图像上目标的轮廓像素, 直到图像上不存在要删除的轮廓像素为止. 详细的算法描述参见文献 [56], 实现细化的 C 语言程序见文献 [56]. Hilditch 细化的过程是观察图形附近的状况, 在保持图形连接性不变的情况下, 一点一点地删除像素, 直到得到宽度为一个像素的中心线. 细化过程应注意以下几个方面：① 不删除端点; ②保存孤立点; ③ 保持连续性. 图 13.15(b) 和图 13.16(b) 给出了细化的结果.

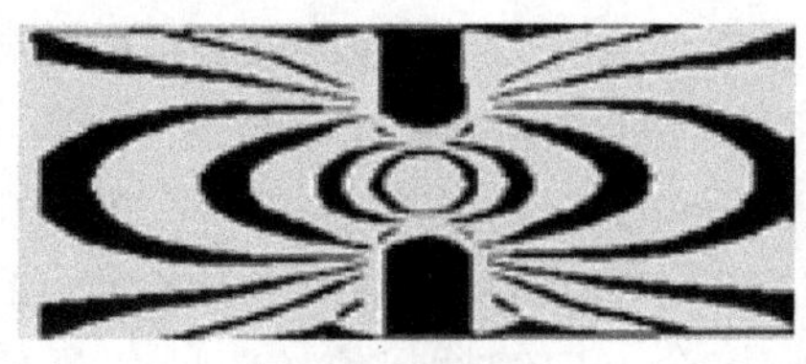

(a) 暗场等差线

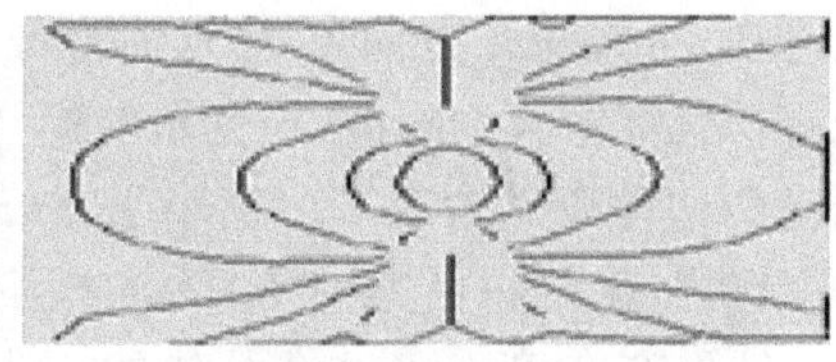

(b) 对应于图(a)的细化结果

图 13.15 两侧带槽板受拉伸时等差线的细化

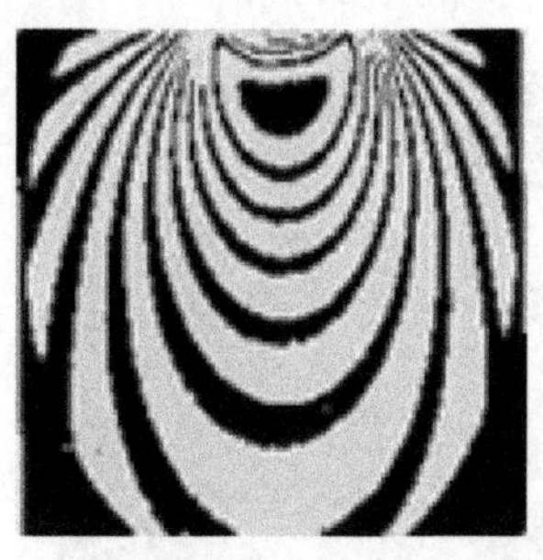

(a) 暗场等差线

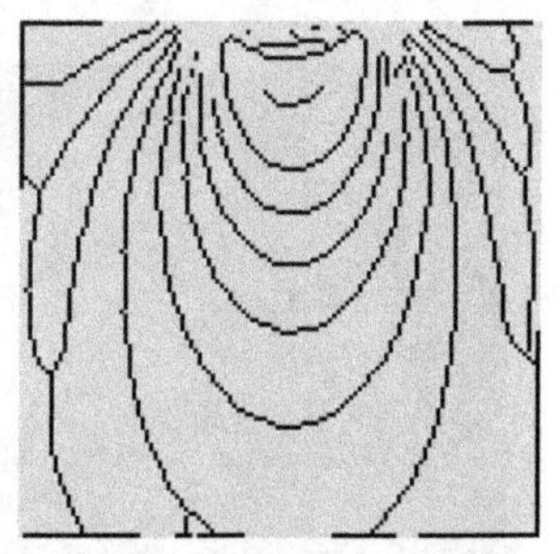

(b) 对应于图(a)的细化结果

图 13.16 半无限板受一小段均布载荷作用时的等差线的细化

3. 跟踪虫法

设想一小虫将其放在条纹的起始点, 小虫顺着给定的方向, 沿灰度极小值点爬行, 到小虫停止运动时, 将条纹灰度极小值连接出一条曲线. 操作时需要人工选择三个点, 其中第一点是小虫爬行的起始点, 第二点是引导点, 起引导方向的作用. 最后一个点是末点, 标志跟踪结束.

图 13.17 给出跟踪虫法原理示意图, P 点是小虫所在位置的像素点, 周围的八个点代表 8 个方向. 3 是跟踪虫当前的爬行方向, 在程序中可用成员变量 Direction 记录这一当前爬行的方向, Direction 的初值是由起始点变量 (FirstPoint), 和引导点变量 (NextPoint) 计算出来.

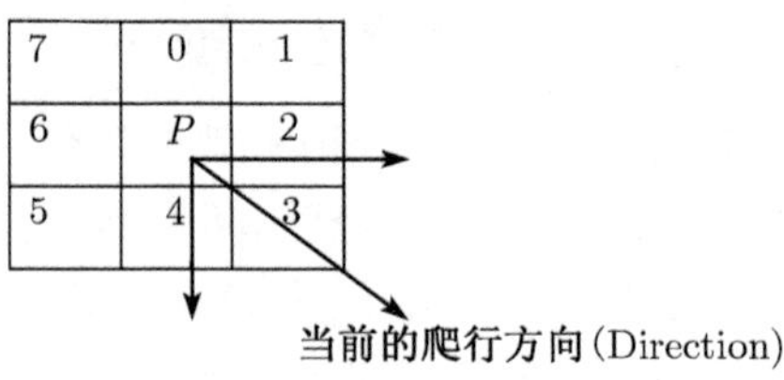

图 13.17　像素 P 周围的 8 个方向

现在我们来看如何使 “跟踪虫” 取得下一个落足点, 并确定下一步的行进方向. 用一变量 CurValue 记录跟踪虫当前所在位置的灰度值 (P 点), 而变量 Direction 则记录着在 Direction 方向上 P 点前方像素的灰度值, 也就是跟踪虫当前的爬行方向. “跟踪虫” 首先从 Direction 变量取得 P 点前方像素的灰度值赋给 CurValue, 然后分别向两边检查是否有灰度值小于 CurValue 的方向. 比如说: 当前 Direction 值为 3, 则 “虫” 就首先从方向 3 取得灰度值 (CurValue), 然后向两边查询 (2, 4 两个方向) 如果有灰度小于这个数值的, 则将这个方向的标记值 (2 或 4) 赋给变量 Direction, 并将其灰度值赋给变量 CurValue. 再向两边查询 (1, 5 两个方向), 只查询这 5 个方向, 最后决定最终的方向及下一步的落脚点.

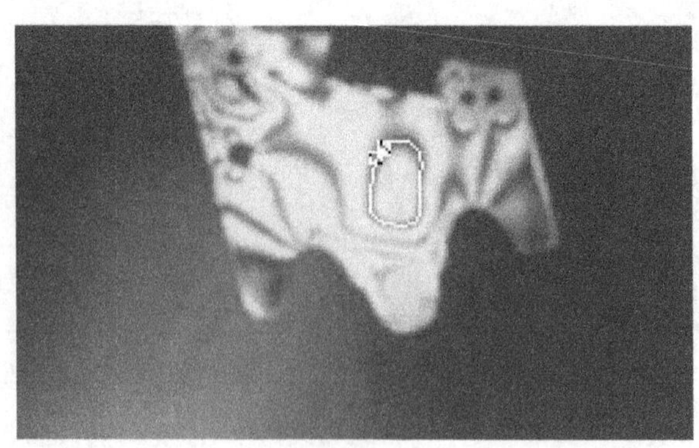

图 13.18　由跟踪虫算法提取骨架线

为了避免出现 “虫” 从末点身旁擦过而造成死循环, 可以在程序中加一个额定

点数 (MaxPoint) 和点计数器 (PointCount), 当超过额定点数的时候跟踪虫的任务可以被强行终止.

要注意的是, 即使少量的噪声也可能使跟踪偏离方向, 噪声的影响可以通过跟踪前对图像进行平滑的方法来降低. 即使这样, 跟踪也可能失控. 图 13.18 给出实验的结果.

13.6 骨架线的修饰

灰度图像经二值化、细化处理后, 获得的骨架线有时存在空缺, 有时不太规则并存在许多短分枝. 为了得到正确的结果, 必须删除骨架线上的分枝, 填补条纹上的空缺, 这些处理称为骨架线的修饰.

1. 剪枝

(1) 应用查找表法剪枝

对闭合的曲线, 剪枝 (Purning) 就是将分枝上的端点逐次删除, 这可通过查找表 LUT 的方法来完成. 查找表是一个列矢量, 其中的每一项均表示一种可能的像素组合值. 对于常用的3×3的像素组合, 如图13.19所示, 其可能的像素组合有512种、所以其查找表列矢量为512项.

P 是需要判断的点, 它是否是端点显然要根据它的八个相邻点的情况来判断, 设白点为 1, 黑点为 0, 黑点为要处理的颜色. 从实验中找出端点存在的全部可能情况, 图 13.20 给出端点存在的全部可能的情况. 其中 “*” 表示为 0 和 1 的任意取值, 所以一共有 20 种可能.

x	x	x
x	P	x
x	x	x

图 13.19 3×3 像素组合

(a)

*	1	1
0	0	1
*	1	1

(b)

*	0	*
1	0	1
1	1	1

(c)

1	1	*
1	0	0
1	1	*

(d)

1	1	1
1	0	1
*	0	*

(e)

0	1	1
1	0	1
1	1	1

(f)

1	1	0
1	0	1
1	1	1

(g)

1	1	1
1	0	1
1	1	0

(h)

1	1	1
1	0	1
0	1	1

图 13.20 端点存在的全部可能情况

用 3×3 像素组合对二值图像进行查找, 是 20 种端点中的删掉, 其余保留. 图 13.21(a) 为一幅二值图像, 我们很容易判断出端点的位置, 图 13.21(b) 为应用查表法找到的端点.

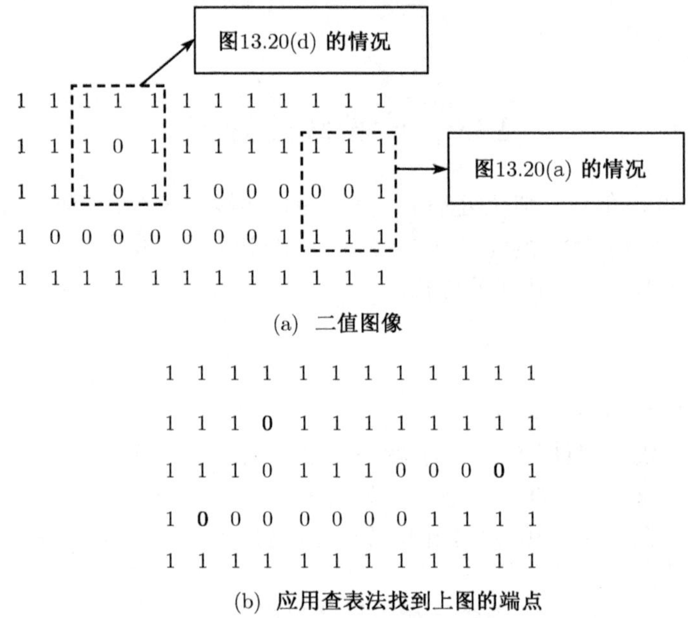

图 13.21 应用查表法找到端点的实例

由查找表找到所有的端点, 删除端点. 再由查找表找到端点, 删除端点, 重复上面的过程, 重复的次数取决于分枝的长度. 特别注意的是, 对于不闭合的条纹, 条纹主干上两端的端点也将被删除, 在下面介绍的利用长度特征剪枝方法就不存在这一问题. 图 13.22 给出应用查找表的方法剪枝的结果.

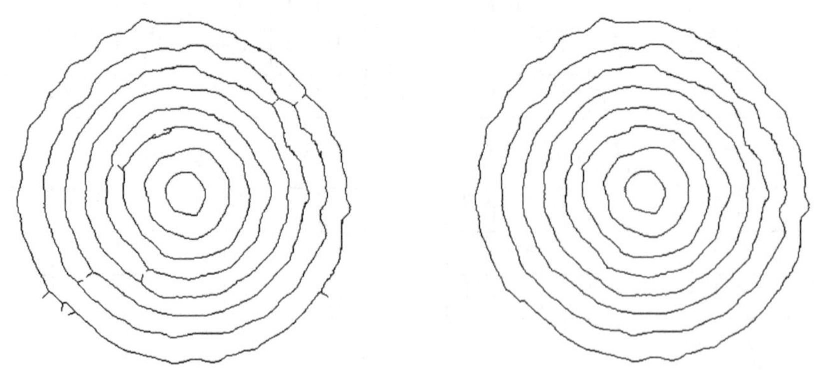

图 13.22 分枝的删除

(2) 利用长度特征剪枝

对细化后的条纹图, 分枝长度相对条纹长度来讲是很短的, 那么就可以利用长度特征, 除去长度在 h 以下的短线, 达到剪枝的目的. 先介绍交叉数和两个像素之间距离的概念.

①交叉数

交叉数的定义是：细化成 1 个像素宽的二值化线图形从黑像素出发的线的条数. 将黑像素点 N 周围八邻域的像素按逆时针方向依次分别由 $N_0, \cdots, N_7$ 表示, 令 $N_8 = N_0$, 由于是二值图像, 所以 N_i 取 0 或 1. 如图 13.23 所示. 则该黑像素点 N 的交叉数为

$$\mathrm{CRN} = \sum_{i=0}^{7} abs(N_{i+1} - N_i)/2. \tag{13.44}$$

N_3	N_2	N_1
N_4	N	N_0
N_5	N_6	N_7

图 13.23 3×3 像素

像素的交叉数作为二值图像局部的特征量, 可用来表示黑像素的特征点, 有着多种多样的应用. 如交叉数等于 0 表示孤立点, 等于 1 表示端点, 等于 2 表示内点, 等于 3 表示三叉点, 等于 4 则表示四叉点, 如图 13.24 所示.

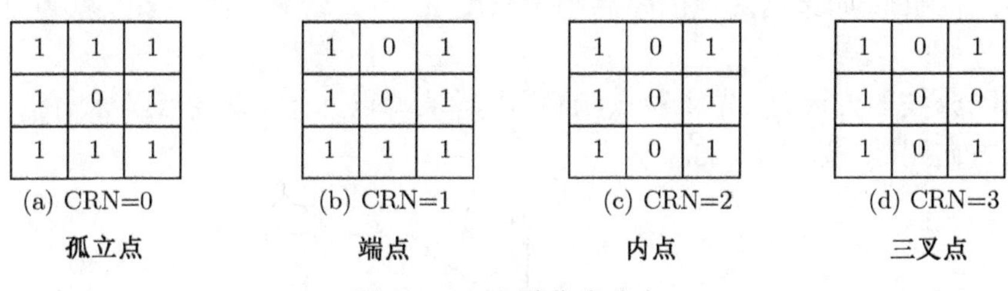

图 13.24 几种像素分布

图 13.25(a) 为一二值图像, 求出该图像每个黑像素的交叉数, 并用求得的交叉数置换每个黑像素的值, 结果由图 13.25(b) 给出.

1	1	1	1	1	1	1
1	1	1	1	0	1	1
1	0	0	0	0	0	1
1	1	0	1	0	1	1
1	1	0	1	0	1	1
1	1	1	1	1	1	1

(a) **原图像(二值图像)**

0	0	0	0	0	0	0
0	0	0	0	1	0	0
0	1	3	2	4	1	0
0	0	2	0	2	0	0
0	0	1	0	1	0	0
0	0	0	0	0	0	0

(b) **由交叉数置换每个黑像素的值得到的结果**

图 13.25 由交叉数置换每个黑像素的值

所以, 对一幅二值图像, 通过求每个黑像素的交叉数, 就可找到这一图像的孤立点、端点、分枝点和交点.

②两像素的距离

设 (x_1, y_1) 和 (x_2, y_2) 为图像中两个像素点, 通常两像素之间的距离有三种定义方法, 分别是

$$d = \sqrt{(x_1 - x_2)^2 + (y_1 - y_2)^2}, \tag{13.45}$$

称为该两点的欧几里得距离, 简称为欧氏距离.

$$d_4 = |x_1 - x_2| + |y_1 - y_2|, \tag{13.46}$$

称为该两点的 4 邻点距离.

$$d_8 = \max\{|x_1 - x_2|, |y_1 - y_2|\}, \tag{13.47}$$

称为该两点的最大距离 (8 邻点距离).

③用长度特征剪枝

它的操作步骤如下：

(a) 求出图像每个黑像素的交叉数, 由交叉数检测出端点、分枝点和交点;

(b) 从端点开始, 检测出与这一端点相邻的分枝点或交点;

(c) 按第一种定义方法, 求出该端点与其相邻分枝点或交点的距离;

(d) 作判断, 如果这两点的距离小于长度 h, 那么这两点间的条纹就为分枝, 消去这一分枝;

消除分枝的方法是, 先将端点删除, 同时从端点开始 (设端点坐标 i_1, j_1) 按顺时针八方向跟踪, 见图 13.26.

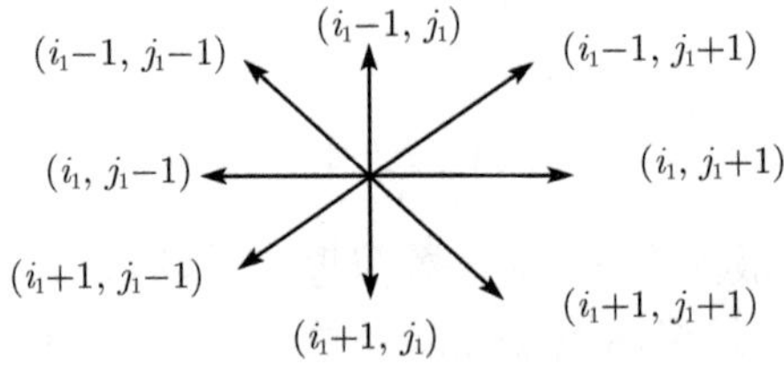

图 13.26 八方向跟踪

如果某一邻点的像素值为 2(说明是内部点), 那么就删除这一内部点, 同时将端点移到这一点. 再从这一新端点开始按顺时针八方向跟踪, 找到与它相邻的内部点, 删除内部点的同时, 将端点移到这一点. 重复这一过程, 直到与端点相邻点的像素值大于或者等于 3(说明跟踪到了三叉点或四叉点), 这样就完成了这一分枝的删除工作.

(e) 重复 (b),(c) 和 (d) 步骤, 直到所有的分枝都去除为止.

2. 填补空缺

从实验中找出一个像素空缺存在的全部可能情况, 如图 13.27 所示.

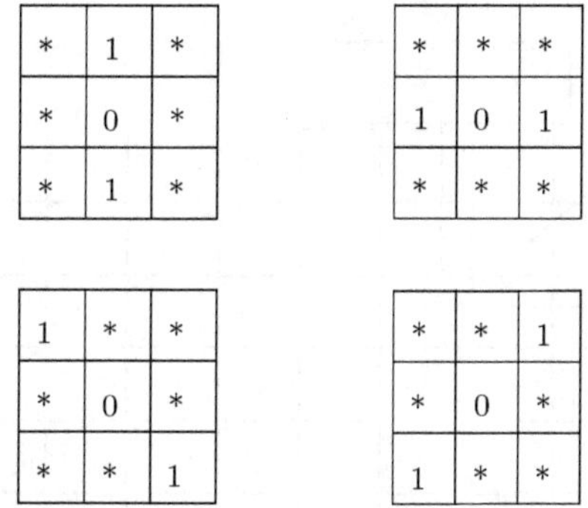

图 13.27 给出空缺存在的全部可能的情况

图 13.27 中 “*” 表示为 0 和 1 的任意取值. 做出查找表, 按前面刚刚介绍的方法进行查表, 就可实现填补空缺的操作.

3. 条纹窄缝连接

在采集过程中, 由于诸多干扰因素的存在, 图像中除了一些噪声外, 还常常出现条纹断口的现象. 要想连接断口, 首先必须确定断口两侧的端点位置, 而且还要确定端点的方向, 如果两个端点是相对的, 那么连接两个端点, 否则不要进行连接操作. 下面给出条纹窄缝连接的步骤:

第 1 步 求出图像每个黑像素的交叉数, 由交叉数检测出端点.

第 2 步 搜索出相邻的两端点. 令 (i_1, j_1) 和 (i_2, j_2) 分别为这两端点的坐标, 按两像素的距离公式求出这两点的距离.

第 3 步 根据端点的 8- 邻域点像素值的情况, 赋端点新的像素值, 目的是为了表征端点的方向.

令 $g(i,j)$ 为端点 (i,j) 的像素值,

如果 $g(i+1,j-1)=0$, 即 $g(i+1,j-1)$ 像素为黑, 那么 $g(i,j)=10$;

如果 $g(i+1,j)=0$, 即 $g(i+1,j)$ 像素为黑, 那么 $g(i,j)=20$;

如果 $g(i+1,j+1)=0$, 即 $g(i+1,j+1)$ 像素为黑, 那么 $g(i,j)=30$;

如果 $g(i,j+1)=0$, 即 $g(i,j+1)$ 像素为黑, 那么 $g(i,j)=40$;

如果 $g(i-1,j+1)=0$, 即 $g(i-1,j+1)$ 像素为黑, 那么 $g(i,j)=50$;

如果 $g(i-1,j)=0$, 即 $g(i-1,j)$ 像素为黑, 那么 $g(i,j)=60$;

如果 $g(i-1,j-1)=0$, 即 $g(i-1,j-1)$ 像素为黑, 那么 $g(i,j)=70$;

如果 $g(i,j-1)=0$, 即 $g(i,j-1)$ 像素为黑, 那么 $g(i,j)=80$;

第 4 步 判断两端点是否相对:

(1) 如果满足 $i_1 \leqslant i_2$, $j_1 \leqslant j_2$, 并且同时满足 $g_1(i_1,j_1)$=60, 或者 $g_1(i_1,j_1)$=70, 或者 $g_1(i_1,j_1)$=80. 同时 $g_2(i_2,j_2)$=20, 或者 $g_2(i_2,j_2)$=30, 或者 $g_2(i_2,j_2)$=40, 那么这两端点是相对的, 如图 13.28 所示.

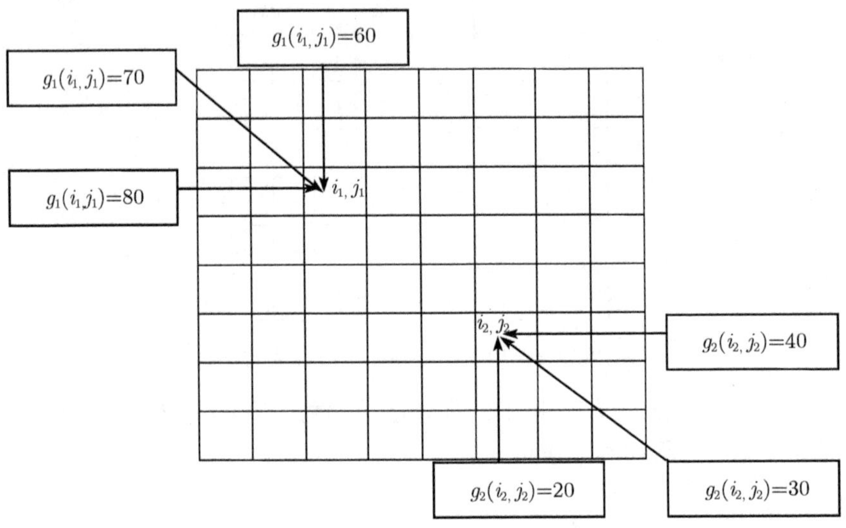

图 13.28　满足 $i_1 \leqslant i_2, j_1 \leqslant j_2$ 条件的两端点示意图

(2) 如果满足 $i_1 < i_2$, $j_1 > j_2$, 并且同时满足 $g_1(i_1,j_1)$=40, 或者 $g_1(i_1,j_1)$=50, 或者 $g_1(i_1,j_1)$=60. 同时 $g_2(i_2,j_2)$=80, 或者 $g_2(i_2,j_2)$=10, 或者 $g_2(i_2,j_2)$=20, 那么这两端点也是相对的.

第 5 步　求出两端点之间的距离, 如果端点之间的距离在阈值 (自己确定) 以下, 并且端点是相对, 那么就用 1 个像素宽的线段连接这两个端点.

13.7　图像处理技术在云纹干涉图像中的应用

前面我们介绍了图像处理的基本原理和技术, 下面以带有两个矩形孔的圆板在载荷作用下的云纹干涉图为例说明图像处理的效果, 其中包括灰度调整、除去噪声、分区域的二值化、条纹中心线的提取 (细化) 以及对细化结果的修饰. 图 13.29 是圆板的云纹干涉原图像.

1. 灰度调整

灰度调整的主要目的是改善图像的视觉效果, 将图像转换为一种更适合人或机器分析的形式. 通过灰度级的映射变换 (13.33 式), 使图像的反差得到改善, 达到层次分明细节清晰的增强效果.

2. 去噪处理

云纹干涉条纹图像是通过摄像机获得信号的. 并经采样、量化后, 以矩阵的形式存入计算机, 量化后的图像有许多噪声. 噪声对光干涉条纹图的最终处理结果的影响是不可忽视的. 去噪处理的任务就是去除这些干扰噪声, 而又不使图像失真.

对于时间噪声, 我们采用了多图像平均法. 可以用几幅在相同条件下拍摄的图像叠加后取平均 (见 13.40 式), 以达到平滑图像的目的.

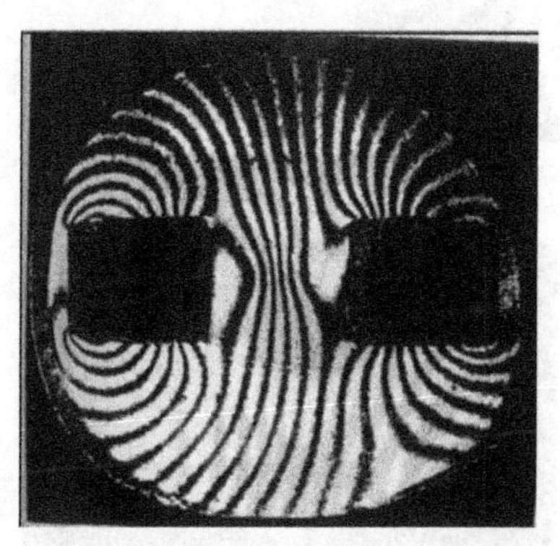

图 13.29　云纹干涉原图像

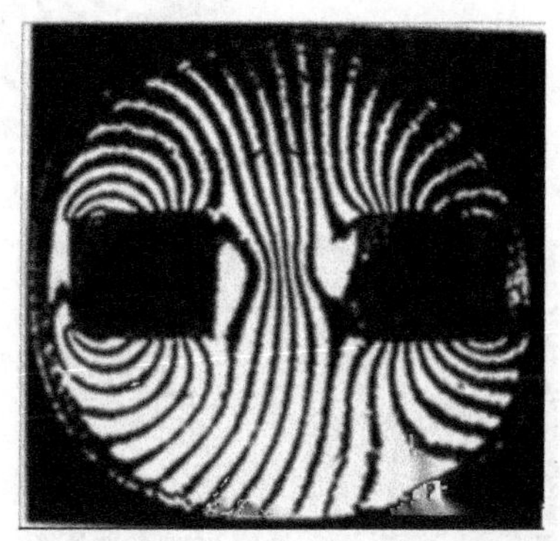

图 13.30　经预处理后的图像

对于空间噪声, 我们采用 3×3 中值滤波. 中值滤波是将与周围像素灰度值的差比较大的像素改变为与周围像素值接近的值, 从而达到消除噪声的目的. 中值滤波操作过程是, 用一种 3×3 的像素窗口在一幅图像 (原图像) 滑过. 在滑的过程中, 让窗口依次在每个像素上暂时停下来, 把窗口内包含的所有像素的灰度按从大到小的顺序排列, 将中间值作为该像素的灰度值. 由于它不是简单的取均值, 所以在除去噪声的同时, 不至于使干涉条纹变的很模糊. 图 13.30 为经过预处理 (灰度调整、去噪处理) 后的图像.

实验证明, 通过图像的预处理, 可改善图像质量, 有利于有用信息的提取. 从图 13.30 可以看出经预处理后图像的灰度并不均匀, 而且有些地方的对比度不强, 所以需要对这一图像进行分区域二值化操作, 处理结果见图 13.31 所示.

采用 Hilditch 算法[56] 经过二值化的图像细化, 其主要过程是每次扫描删除图像上目标的轮廓像素, 直到图像上不存在要删除的轮廓像素为止. 详细的实现细化的 C 语言程序见文献 [56]. 图 13.32 是细化后结果.

细化后的条纹还有许多分枝需要去除, 利用长度特征剪枝法对细化后的条纹图上的分枝进行剪除, 由于分枝长度相对条纹长度来讲是很短的, 那么就可以利用长度特征, 除去长度在 h 以下的短线, 在达到剪枝的目的的同时, 不会对条纹产生其他影响. 图 13.33 是经过去分枝处理的结果.

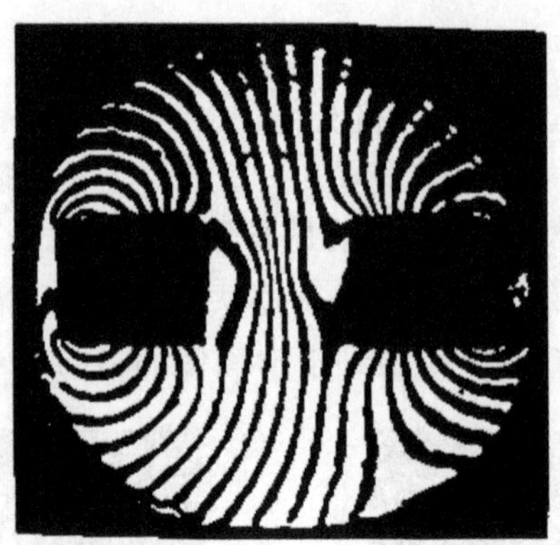

图 13.31　分区域二值化

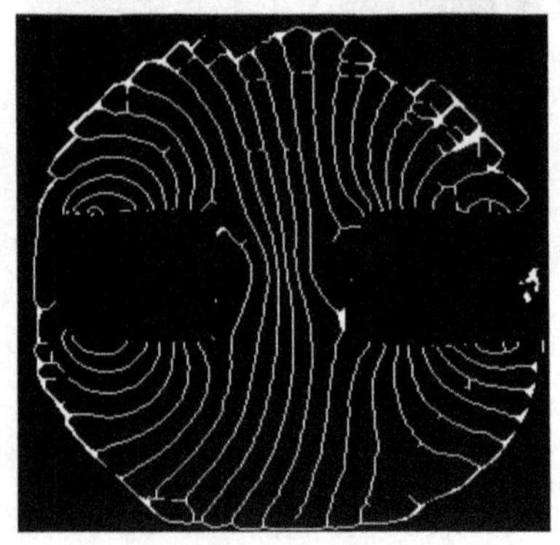

图 13.32　细化结果

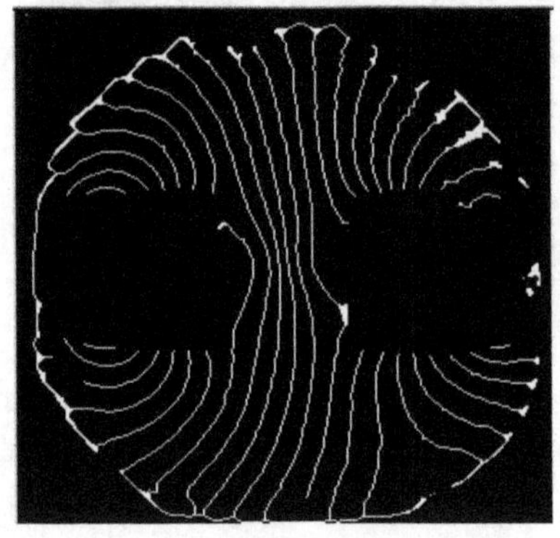

图 13.33　去分枝的结果图

第14章 动态光力学方法

14.1 概 述

在诸如振动、交变应力、爆炸、裂纹扩展和撞击问题中, 各种工程构件的动态响应是设计中的重要依据. 当作用在物体上的外力随时间变化时, 物体上的应力和位移是时间函数, 因此, 动态光力学方法中各种干涉条纹随时间是移动的, 这一研究范畴称为动态光测力学问题. 在动态问题中, 物体的应力、位移和材料的力学性质与静载下的响应是截然不同的. 等差线在高弹性模量材料 (如环氧树脂材料) 模型中的传播速度可达 2000m/s, 在低弹性模量材料 (如聚氨酯橡胶材料) 模型中的传播速度可大大降低. 要记录具有移动速度的干涉条纹, 需要解决以下三个主要技术问题: ① 记录方法; ② 光源; ③ 光源闪光时间、加载时刻与需要记录时刻之间的同步控制.

1936 年 Tuzi 和 Nisida[57] 采用条影照相机记录了每秒 5000 幅的瞬态干涉条纹图. 1967 年 Allison[58] 采用频闪光源观察了循环荷载下的动态条纹. 1929 年 Cranz 和 Schardin[59] 提出了多火花照相系统, 它采用多个闪光光源和对应数目的照相镜头分别记录了连续几个时刻的瞬态干涉条纹图. 1972 年 C.E.Taylor[60] 采用红宝石激光器记录了瞬态干涉条纹图.

14.2 动态光弹性法

北京科学仪器厂生产的 WZDD-1 型 Cranz-Schardin 多火花照相机 (俗称沙丁照相机) 的光学系统见图 14.1 所示, 它采用按 4×4 方阵排列的小尺寸电火花光源,

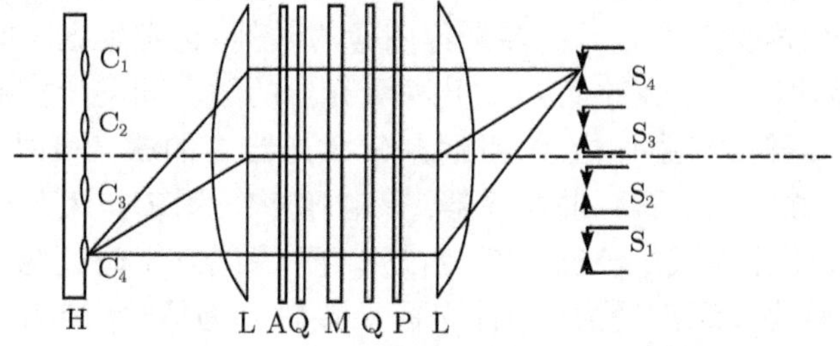

图 14.1 多火花 (4×4) 照相机光路图

S: 电火花光源; M: 模型; L: 透镜 A: 检偏镜; P: 起偏镜;

C: 成像小透镜; Q: 四分之一波片; H: 照相底片

例如从电火花电极 S_4 出射的光经光学元件和模型, 通过成像小透镜 C_4 将物体的像记录在照相底板 H 上. 多个电火花电极 $S_1, S_2, \cdots, S_{16}$ 按预选的时间间隔逐次闪光, 通过成像小透镜 $C_1, C_2, \cdots, C_{16}$ 分别将对应闪光光源 $S_1, S_2, \cdots, S_{16}$ 的物像记录在照相底板的不同位置上, 于是经历一段时间历程的 16 幅动态光弹性图像被记录下来. 电火花闪光的脉冲宽度为 400~500ns(对应脉冲光峰值 1/3 的时间间隔). 脉冲光之间的时间间隔可调. 幅率可以调至 $2\sim80\times10^4$ 幅/秒. 带孔直杆在轴向撞击压力作用下由多火花照相机记录的 16 幅等差线条纹图见图 14.2 所示. 根据等差线条纹级次可以求得自由边界主应力值.

图 14.2 带孔直杆轴向撞击压力作用下的等差线条纹图

14.3 脉冲激光干涉法

红宝石脉冲激光器输出脉冲光的波长为 694.3nm, 脉冲光宽度为 30~50ns (对应脉冲光峰值 1/3 的时间间隔), 利用这种时间短暂的脉冲光源, 可以记录相当幅率为 250×10^6 幅/秒的高速瞬态图像. 利用红宝石脉冲激光器做光源, 可以记录动态干涉图像, 所以脉冲激光器在动态全息、散斑干涉、云纹干涉、电子散斑干涉和数字散斑相关法中有重要的应用价值.

1. 脉冲激光输出时间、加载时刻与瞬态图像记录时刻的同步控制方法

红宝石双脉冲激光器的工作时序见图 14.3 所示, 0 点是计时零点, T_1 为激光器放大极氙灯的点燃时刻, T_2 为激光器振荡极氙灯的点燃时刻, Q_1 为激光器 Q 开关第一次开通的时刻, 即输出第一个光脉冲的时刻, K 为物体受到撞击力作用的时刻. 实验时按照物体受撞击力后需要采集图像的时刻, 选定延迟时间 Δt, 则脉冲激光器按此时刻输出第二次脉冲光 Q_2. 脉冲激光器的触发和同步控制系统见图 14.4 所示, 当撞击锤 2 接触模型 5 之前遮断氦–氖激光器 1 的激光束时, 光–电触发器 3 产生电脉冲信号触发红宝石脉冲激光器, 该电脉冲作为图 14.3 时序控制的计时零点 0(此为外触发工作模式), 经过 OT_1, T_1T_2 时间后, 在 Q_1 时刻脉冲激光器输出第一次脉冲光, 此时物体还没受力. 当撞击锤 2 接触到物体时, 接触触发器 4 把短路信号转变成电脉冲输入给脉冲激光器, 此时刻为图 14.3 中的 K 点, 根据实验要求, 在红宝石脉冲激光器电控板上预选延迟时间 Δt 值, 则经过 KQ_2 时间间隔, 脉冲激光器在 Q_2 时刻输出第二个脉冲光. 脉冲光通过分束镜 7 则可分成两路光波, 分别

做物光和参考光. 在此指出, 图 14.3 中从计时零点 0 到撞击锤接触到物体时的时间间隔通过频率计可以测量出来.

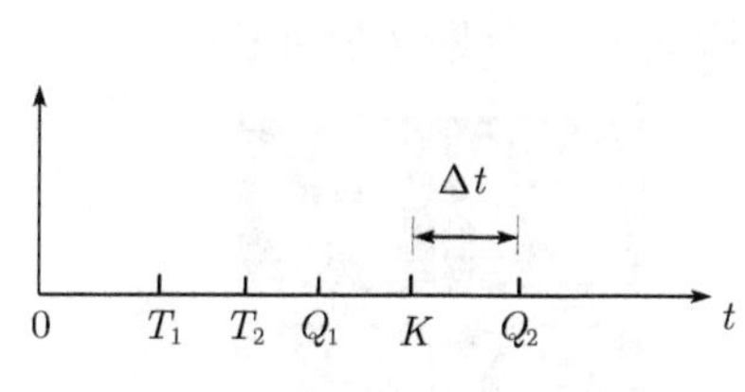

图 14.3 时序控制

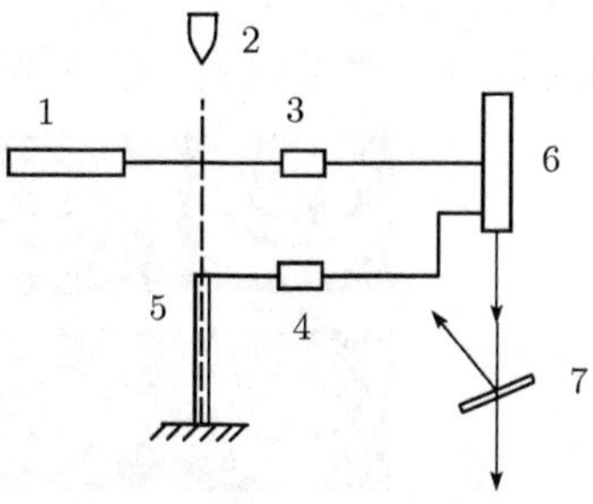

图 14.4 触发和同步控制系统

1: 氦氖激光器; 2: 撞击锤; 3: 光–电触发器; 4: 接触触发器; 5: 模型; 6: 红宝石脉冲激光器; 7: 分束镜

2. 动态法拉第旋光法分离主应力

动态问题中法拉第旋光法分离主应力等和线、等差线的工作原理与第 9 章中静态法拉第旋光法相同. 其动态光路布置见图 14.5 所示, 法拉第旋光器后部放置一个分光镜 BS, 它除反射一部分光在全息干板 H_1 上记录等和线信息外, 同时还透射一部分光在全息干板 H_2 上记录等差线信息. 模型受载前和后两次曝光在全息干板 H_1 上记录等和线, 模型受载后仅做第二次曝光在全息干板 H_2 上记录了等差线.

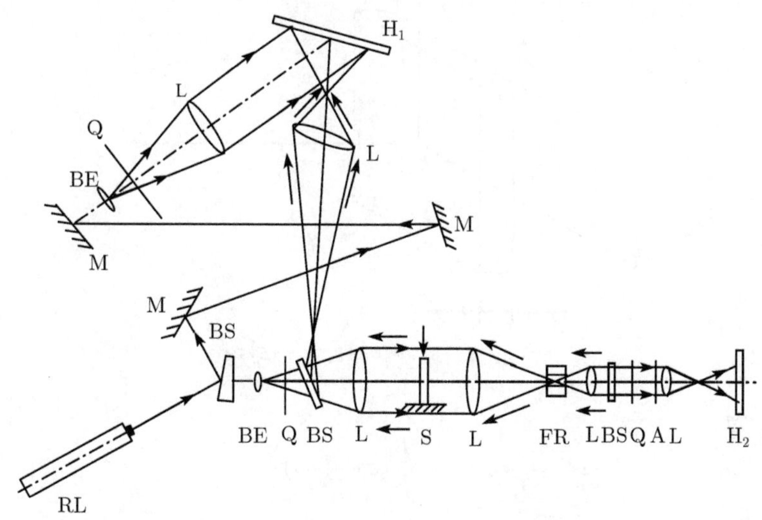

图 14.5 动态法拉第旋光法光路布置

RL: 红宝石脉冲激光器; S: 模型; BS: 分光镜; FR: 法拉第旋光器; BE: 扩束镜; A: 分析镜; Q: 1/4 波片; M: 全反镜; H_1,H_2: 全息干板; L: 透镜

实例: 针对带圆孔矩形板的平面应力模型进行了撞击实验, 在矩形板上边缘的中央施加了铅垂方向的撞击力. 在全息干板 H_1 和 H_2 处分别记录下同一时刻的等和线和等差线, 图 14.6(a) 和 (b) 分别表示出撞击载荷后延迟 30μs, 40μs, 50μs, 60μs 的等和线与等差线条纹图. 有关模型应力分析的方法参见文献 [61].

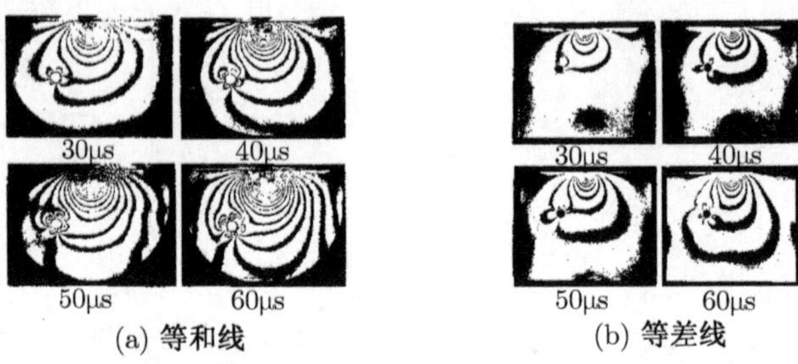

图 14.6 撞击后 30μs, 40μs, 50μs 和 60μs 等和线和等差线条纹图

3. 动态反射全息与透射光弹性法分离主应力

对于平面应力模型, 见图 14.7 所示, 模型表面任一点的 y 向位移:

$$v = \frac{1}{2}\varepsilon_y t, \tag{14.1}$$

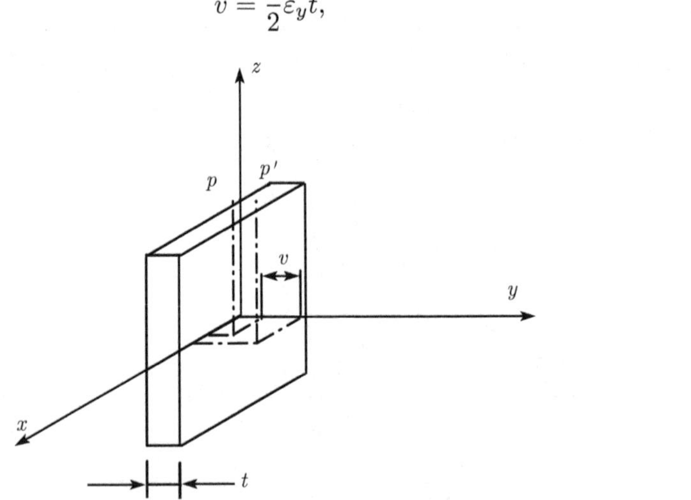

图 14.7 模型表面点 v 向位移

而应变 ε_y 为

$$\varepsilon_y = -\frac{\mu}{E}(\sigma_1 + \sigma_2), \tag{14.2}$$

将 (14.1) 式代入 (14.2) 式得

$$\sigma_1 + \sigma_2 = -\frac{2E}{t\mu}v, \tag{14.3}$$

式中, E 和 μ 为模型材料动态弹性模量和泊松系数, t 为模型厚度.

由此可知, 如测得模型表面点的离面位移 v, 则可应用 (14.3) 式得到该点的主应力和.

反射全息与透射光弹性法分离主应力的光路布置见图 14.8 所示. 试件前表面真空镀膜, 反射率为 50%. 应用两次曝光法在全息干板 H_1 处得到反射全息干涉的全息图, 经再现后得到光强分布[62]：

$$I = c\left\{1+\cos 2\pi\left[-\frac{\mu t}{\lambda E}(\sigma_1+\sigma_2)\cos\beta\right]\right\}. \tag{14.4}$$

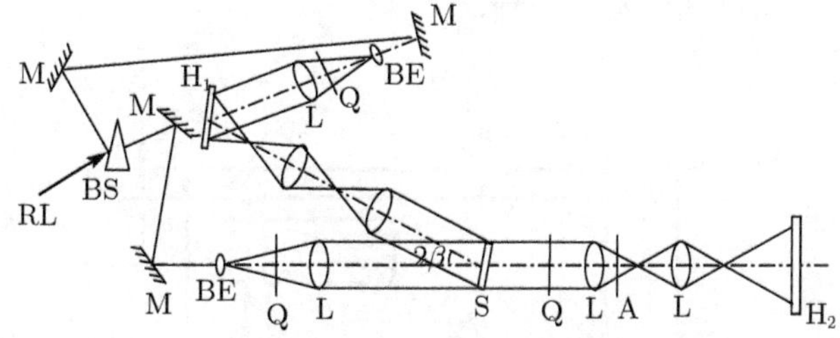

图 14.8　反射全息与透射光弹法光路布置

RL: 红宝石脉冲激光器; S: 模型; BS: 分光镜; A: 分析镜; BE: 扩束镜; M: 全反镜;

Q: 1/4 波片; H_1, H_2: 全息干板; L: 透镜

当

$$\cos 2\pi\left[-\frac{\mu t}{\lambda E}(\sigma_1+\sigma_2)\cos\beta\right] = \cos 2\pi[Np] = -1 \quad \left(Np = \pm\frac{1}{2}, \pm\frac{3}{2}, \pm\frac{5}{2}, \cdots\right) \tag{14.5}$$

时, $I=0$, 呈现明场下暗条纹.

(14.5) 式中,

$$N_p = -\frac{\mu t}{\lambda E}(\sigma_1+\sigma_2)\cos\beta, \tag{14.6}$$

称为等和线条纹级次.

在 (14.6) 式中, 设

$$\frac{\lambda E}{\mu} = f_{pd}, \tag{14.7}$$

称为动载下的等和线材料条纹值. 将 (14.7) 式代入 (14.6) 式得

$$\sigma_1+\sigma_2 = -\frac{N_p f_{pd}}{t\cos\beta}. \tag{14.8}$$

对应加载下的曝光, 在全息干板 H_2 处, 从透射式光弹性得到等差线分布：

$$\sigma_1-\sigma_2 = \frac{N f_{\sigma d}}{t}, \tag{14.9}$$

式中, N 为等差线条纹级次, $f_{\sigma d}$ 是动载下等差线材料条纹值.

动载和静载下的等差线和等和线材料条纹值不相等. 对于承受轴向撞击载荷的直杆, 根据光电法[63] 可测得动载下等差线和等和线材料条纹值 f_{pd} 和 $f_{\sigma d}$.

实例: 带矩形孔的矩形板平面应力模型, 见图 14.9 所示, 铅垂方向的撞击载荷施加在矩形板上边缘偏左方. 模型受载前和后两次曝光在全息干板 H_1 上记录等和线, 模型受载后仅做第二次曝光在全息干板 H_2 上记录了等差线. 图 14.10(a) 和 (b) 分别表示出撞击后延迟 20μs, 30μs, 40μs, 50μs, 60μs 和 70μs 的等和线和等差线条纹图. 根据 (14.8) 和 (14.9) 式求得模型 ab 截面上主应力和沿矩形孔周边上切向主应力分布曲线见图 14.11 和 14.12 所示.

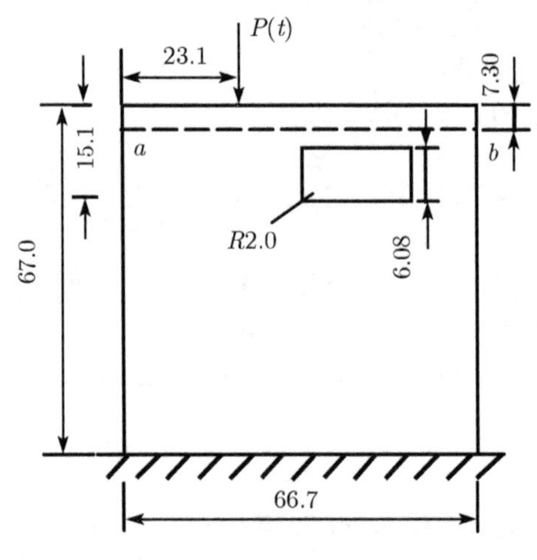

图 14.9 模型形状与尺寸

图 14.10 撞击载荷后 20μs, 30μs, 40μs, 50μs, 60μs 和 70μs 的等和线和等差线条纹图

4. 动态云纹干涉法测量应变场

在撞击载荷下, 同时记录 u 和 v 位移场的云纹干涉法光路布置见图 14.13 所示, 在 YOZ 和 XOZ 平面内分别采用对称光路形成 X 和 Y 方向正交栅. 如果全

反镜 M_1 和 M_2 移出光路, 则形成 Y 方向栅线, 如全反镜 M_1 和 M_2 放入光路, 则形成 X 方向栅线. 当全反镜 M_1 和 M_2 用半反半透分光镜置换时, 则会同时形成 X 和 Y 方向正交栅.

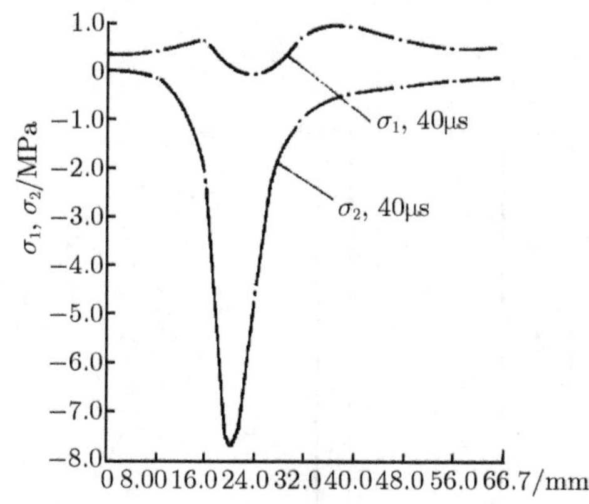

图 14.11 撞击后 40μs ab 截面上主应力分布曲线

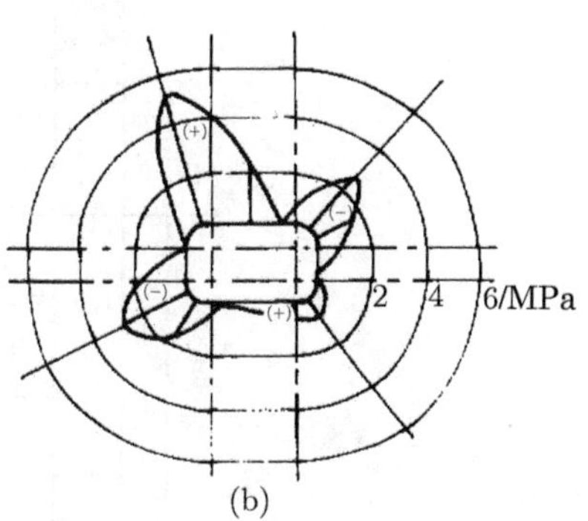

图 14.12 撞击后 40μs 矩形孔周边切向主应力分布曲线

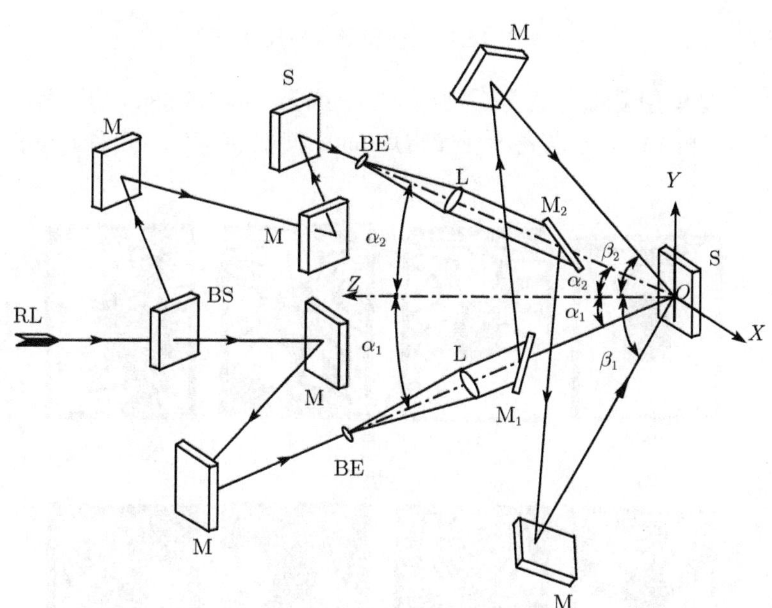

图 14.13 同时记录 u 和 v 位移场云纹干涉法光路图

RL: 红宝石脉冲激光器; M, M1, M2: 全反镜; BS: 分光镜; S: 模型; BE: 扩束镜; L: 透镜

实例: 平面应力模型形状与尺寸见图 14.14 所示, 将 II 型全息胶片粘贴到模型表面上, 经过模型受载前和后的两次曝光, 将全息胶片从模型表面剥离, 通过显影

和定影处理, 使用白光再现, 即可分别在 XOZ 和 YOZ 平面内观察到 u 和 v 场云纹干涉图. 本实验 x 和 y 方向栅线的频率为 $f_x = 675$ 线/mm 和 $f_y = 672$ 线/mm.

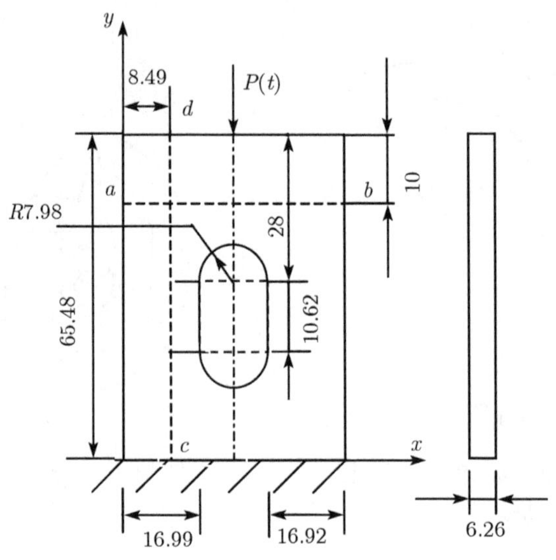

图 14.14　模型形状与尺寸

图 14.15 是模型受撞击载荷后延迟 23μs, 33μs, 43μs 和 53μs 的 u 和 v 场云纹干涉图. 图 14.16 和 14.17 分别表示受撞击后 53μs 模型 ab 和 cd 截面上位移 u 和 v 分布[64].

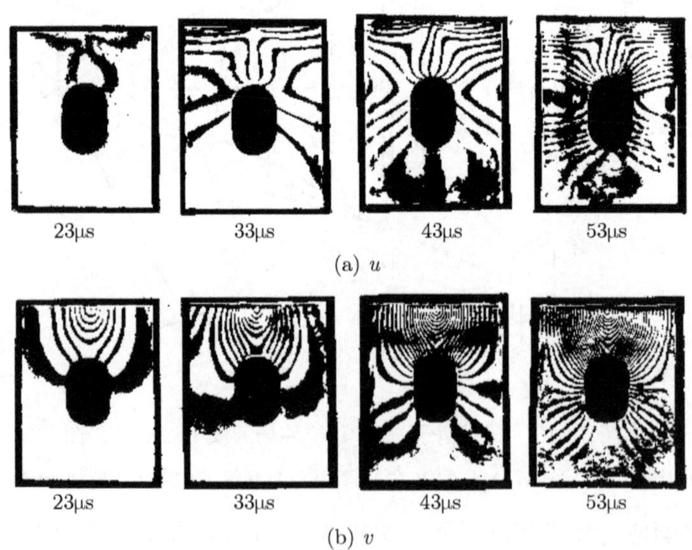

图 14.15　撞击后 23μs, 33μs, 43μs 和 53μs 的云纹干涉图

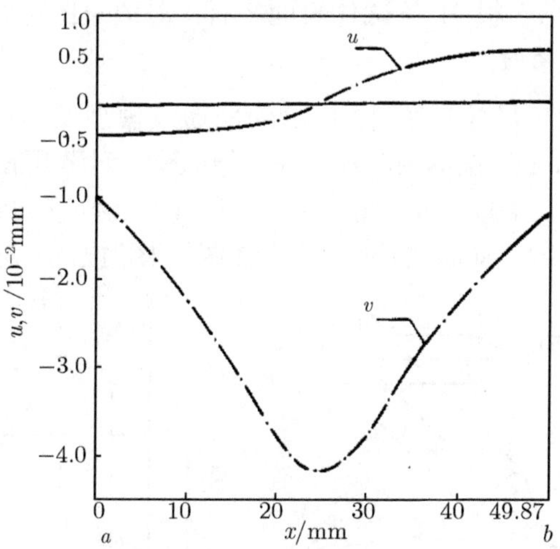

图 14.16 撞击载荷后 53μs ab 截面上位移 u 和 v 的分布

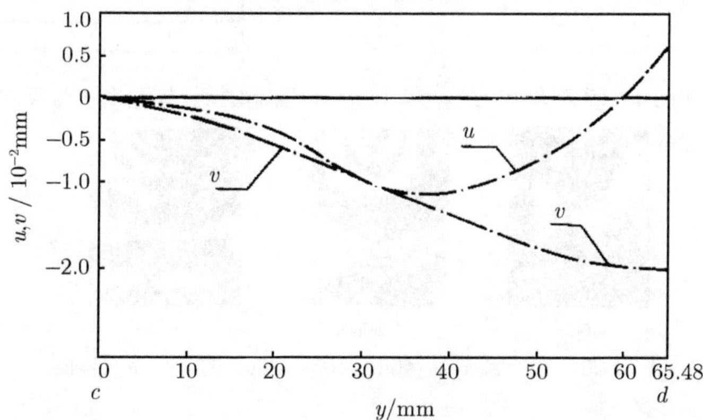

图 14.17 撞击载荷后 53μs cd 截面上位移 u 和 v 的分布

根据 ab 和 cd 截面上 u 和 v 分布曲线, 即可求得 ab 和 cd 汇交点的 $\dfrac{\partial u}{\partial x}, \dfrac{\partial v}{\partial x}$ 和 $\dfrac{\partial u}{\partial y}, \dfrac{\partial v}{\partial y}$ 值. 则该点的应变为

$$\left.\begin{aligned} \varepsilon_x &= \frac{\partial u}{\partial x}, \\ \varepsilon_y &= \frac{\partial v}{\partial y}, \\ \gamma_{xy} &= \frac{\partial u}{\partial y} + \frac{\partial v}{\partial x}. \end{aligned}\right\} \tag{14.10}$$

5. 动态散斑干涉法

在撞击载荷下, 散斑干涉法记录散斑图的光路布置见图 14.18 所示. 为了得到

正视的散斑图, 使全息干板 H 与试件表面平行. 对散斑图进行逐点分析及全场分析可得到模型面内位移解.

实例: 模型形状与尺寸见图 14.19 所示, 通过模型变形前和后的两次曝光法记录到撞击后延迟 40μs, 50μs 和 80μs 的散斑图. 对散斑图进行全场分析可得到模型受撞击后 40μs, 50μs 和 80μs 的 V_y 和 V_z 等位移曲线. 图 14.20 表示撞击载荷后 40μs, 50μs 和 80μs 的 V_z 等位移图. 图 14.21 表示撞击后延迟 80μs

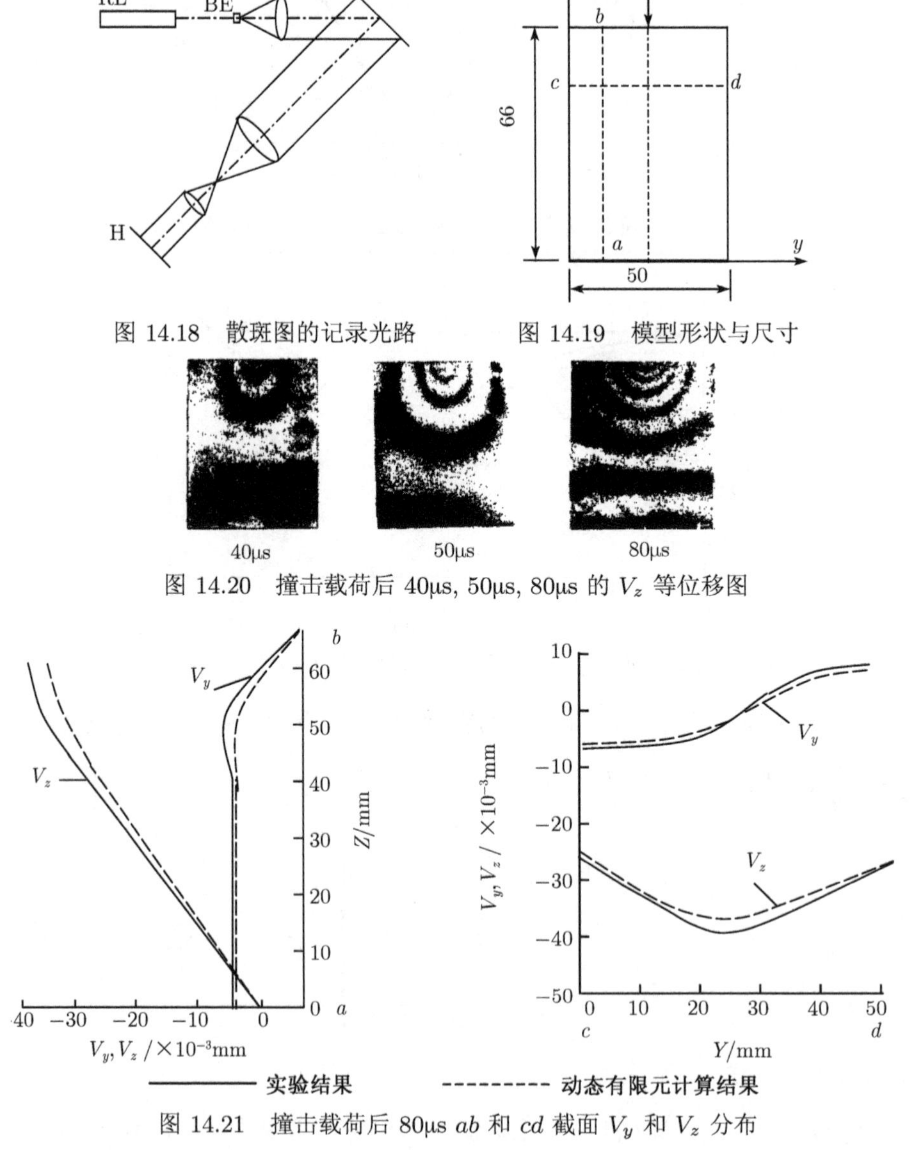

图 14.18 散斑图的记录光路

图 14.19 模型形状与尺寸

图 14.20 撞击载荷后 40μs, 50μs, 80μs 的 V_z 等位移图

图 14.21 撞击载荷后 80μs ab 和 cd 截面 V_y 和 V_z 分布

ab 和 cd 截面上 V_y 和 V_z 等位移分布曲线[65].

6. 动态电子散斑干涉法

在光力学方法研究中, 通常都是在暗室中进行试验, 使用全息干板记录干涉图像. Cookson 等[66] 首次采用脉冲激光器, 利用摄像机, 通过磁带记录手段把摄像机靶面上的光强信息记录下来, 从而得到物体在振动时的电子散斑条纹图. Preater[67,68] 也用磁带记录方式, 用电子散斑干涉测试了旋转物体的面内位移. 由摄像机输入的物体变形后的散斑图像通过电子手段不断与磁带记录仪中变形前的散斑图像进行比较与处理, 从而在显示器上能观察到电子散斑干涉条纹. 由于磁带记录仪有机械误差和磁头摩擦对电路的干扰, 会引起信号的畸变, 从而导致条纹分辨率的下降. 本书介绍一种新的瞬态光学图像的采集技术, 由于要采集时间 30~50ns 的瞬时脉冲激光信号 (相当于 250 万次/s 高速照相机才能记录到的图像信息), 这就需要在加载装置、图像采集系统和脉冲激光器之间有很好的同步控制精度. 由 CCD 摄像机记录的物体受撞击前、后的散斑场, 通过图像采集卡以数字形式存储在帧存体中, 从而实现了撞击载荷下的数字散斑干涉, 并使条纹质量大大提高.

(1) 瞬态图像采集系统

撞击载荷下光力学的瞬态图像采集系统[69] 是由红宝石脉冲激光器, 撞击加载装置、通用数字图像采集系统、一些触发和同步电路、精密延时装置及计算机接口电路等组成, 见图 14.22 所示, 考虑到模型受到撞击前和后要分别进行图像采集, 所以脉冲激光器的工作模式是不同的. 当采集物体受撞击前的图像时, 红宝石脉冲激光器采用本机触发工作模式, 让它仅发射第一次脉冲光. 当脉冲光照射模型表面的瞬时, 它同时通过分束镜 8 也照射一个光电触发器 11, 它产生的脉冲信号通过精密延时器 12 和计算机接口电路 13 控制图像采集卡 14 的工作, 从而采集到瞬态光学图像. 当物体受撞击时, 脉冲激光器选用外触发工作模式, 当撞击锤 2 遮断氦–氖激光器 1 激光束时, 光–电触发器 3 产生电脉冲信号触发红宝石脉冲激光器, 由于红宝石脉冲激光器在外触发工作模式, 所以第一个脉冲光 Q_1 不发射, 当撞击锤 2 接触到模型 5 时, 接触触发器 4 产生一个电脉冲, 它根据红宝石脉冲激光器电控板上预选的延迟时间 Δt, 发射出第二个脉冲光, 当此脉冲光照射模型表面的瞬间, 同时也照射一个光电触发器 11, 与前同理, 也用此电脉冲信号控制瞬态散斑场的采集.

(2) **实例 1: 平面应力矩形板模型受冲击载荷时面内位移测量**

模型的形状和尺寸见图 14.23 所示, 厚度为 6mm. 测量面内位移 u 的光路布置见图 14.22 所示, 红宝石脉冲激光分束后, 以对称的角度 α=30° 照射试件表面, CCD 摄像机从模型表面的法线方向采集物面的散斑场. 模型受冲击前采集到模型的散斑场, 受冲击后分别采集到时间延迟为 40μs 和 50μs 的散斑场, 采用数字图像相减模式得到对应撞击后延迟 40μs 和 50μs 的电子散斑条纹图见图 14.24 所示. 它是 u 场的等位移线, 模型 A-A 和 B-B 截面上位移 u 的分布见图 14.25 所示[69].

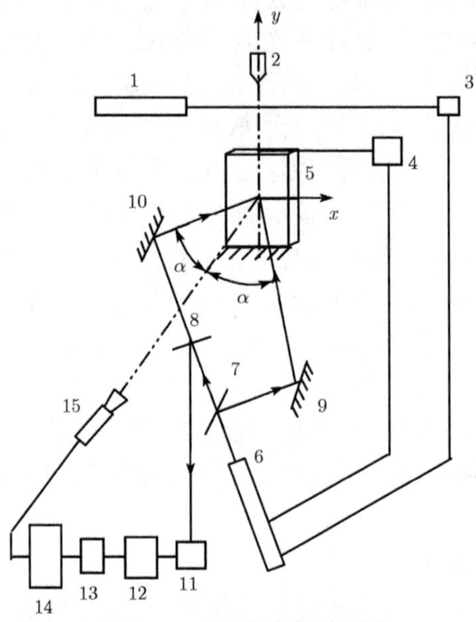

图 14.22　触发和同步系统

1: 氦氖激光器; 2: 撞击锤; 3,11: 光电触发器; 4: 接触触发器; 5: 模型; 6: 红宝石脉冲激光器; 7, 8: 分束镜; 9, 10: 全反镜; 12: 精密延时器; 13: 计算机接口; 14: 图像采集卡; 15: CCD 摄像机

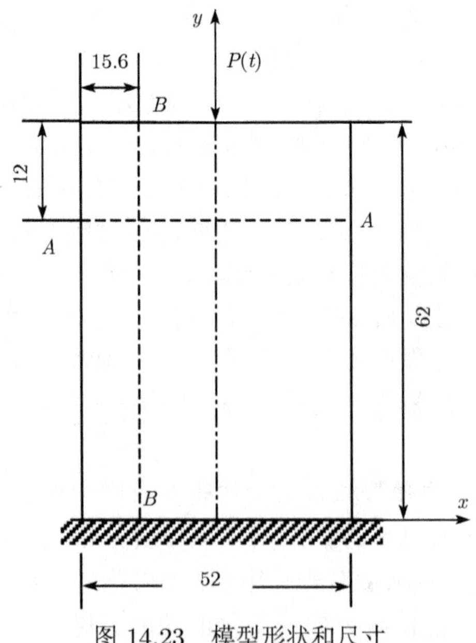

图 14.23　模型形状和尺寸

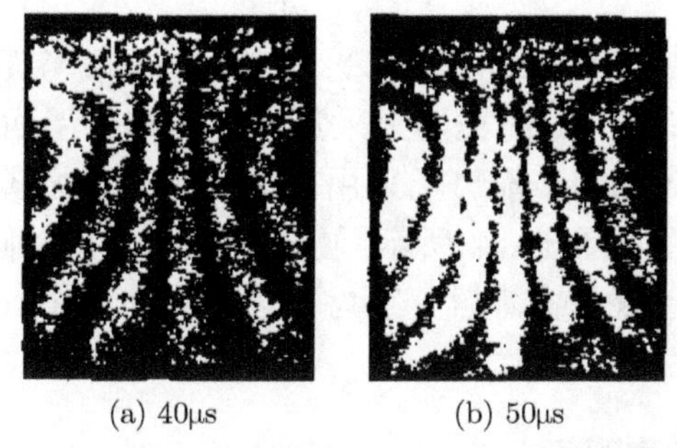

图 14.24 冲击后 40μs 和 50μs 的电子散斑条纹图

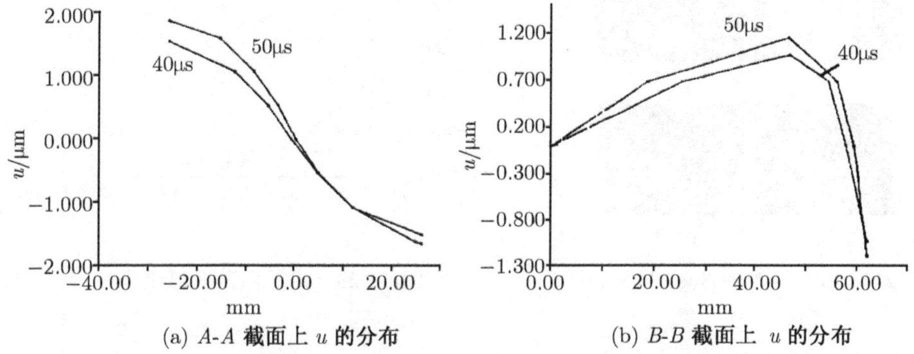

(a) A-A 截面上 u 的分布　　(b) B-B 截面上 u 的分布

图 14.25 撞击载荷后 40μs 和 50μs A-A 和 B-B 截面上 u 的分布

(3) **实例 2: 周边固定圆薄板受冲击载荷时离面位移的测量**

厚度为 4.5mm, 直径 50mm 的钢质模型, 其周边固定, 在其中心处受法向冲击载荷. 测量离面位移 w 的光路布置见图 14.26 所示, 红宝石脉冲激光从分束镜 7

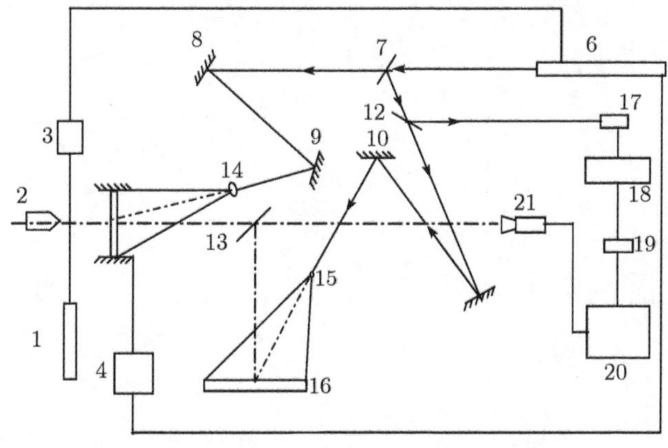

图 14.26 离面位移测量的光路布置

1: 氦氖激光器; 2: 撞击锤; 3, 17: 光电触发器; 4: 接触触发器; 5: 模型; 6: 红宝石脉冲激光器; 7, 12, 13: 分束镜; 8, 9, 10, 11: 全反镜; 14, 15: 扩束镜; 16: 参考面; 18: 精密延时器; 19: 计算机接口; 20: 图像采集卡; 21: CCD 摄像机

分为两束光, 其中一束光照射到物面 5, 另一束照射到参考面 16, 然后通过半反半透镜 13, 在 CCD 摄像机 21 的靶面上采集到物面和参考面所形成的散斑场. 模型受冲击前和后采集到的两个散斑场采用数字图像相减模式得到对应撞击后不同时刻的电子散斑条纹图见图 14.27 所示. 由于圆板的变形对圆心是对称的, 沿径向截面离面位移 W 对应撞击载荷后分别为 3μs, 4μs, 5μs 和 6μs 的分布见图 14.28 所示[70].

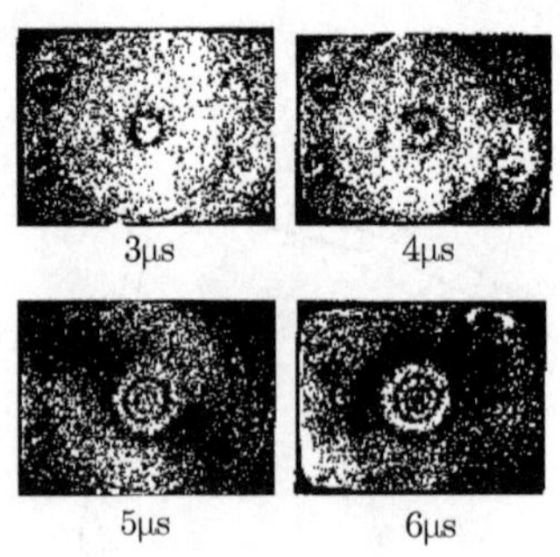

图 14.27 冲击后 3μs, 4μs, 5μs, 6μs 的电子散斑条纹图

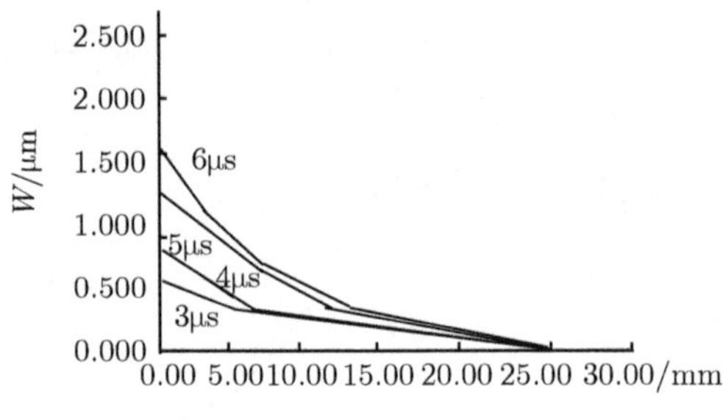

图 14.28 沿径向截面离面位移 W 分布

附录A　光 学 基 础

A.1　光矢量的振动方程

光是一种物质, 它是电磁波的一种, 其具有二重性, 即波动性和粒子性. 用光的波动性可以解释光的偏振、干涉和衍射现象. 用光的粒子性可以解释光电效应的现象. 光力学中的光学现象用光的波动性来解释.

光波的运动形式与水面波是相似的, 以水面波为例, 将一块石子投入平静的湖中, 在投石处的水分子开始振动, 它离开原来静止平衡的位置做上下起伏的振动, 见图 A.1 所示, 同时, 它依次带动了周围的水分子也跟着它做上下振动, 但水分子并没有沿着水面向周围传播流动. 在此强调指出：投石处周围水分子起始振动的时间依次迟于石子处的水分子, 于是水面波就形成了, 水面波的传播方向垂直于水分子的振动方向, 这种波称为横波. 图 A.1 的波形就是某一时刻诸多水分子振动位置的联线.

光波的运动形式和水面波相似, 但水面波属于机械波, 光波属于电磁波. 光波上的每一点相当于水分子, 但振动的是其电场和磁场的振动. 见图 A.2 所示, 电场振动的方向在 y 轴上, 以矢量 $\boldsymbol{E}$ 表示电场振动. 磁场振动的方向在 z 轴上, 以矢量 $\boldsymbol{H}$ 表示磁场振动. 这两个振动矢量互相垂直, 都与电磁波的传播方向 x 轴相垂直. 所以光波也是一种横波.

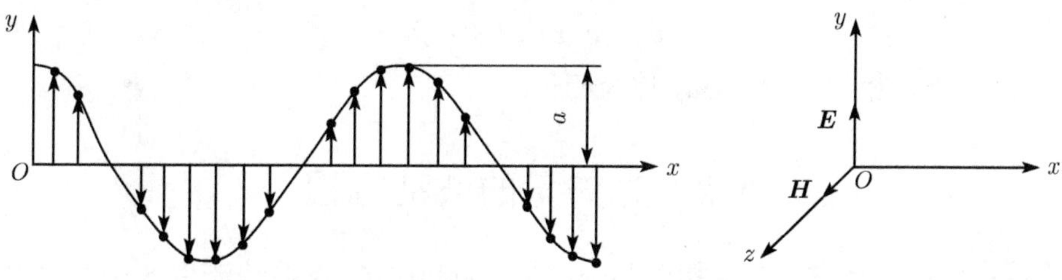

图 A.1　某一时刻水分子 O 及其周围临近水分子的振动位置

图 A.2　电场与磁场振动矢量

实验指出, 光波中产生感光作用的是电场振动, 因此, 在光力学中只考虑电场振动. 把电场振动称为光振动, 电场矢量称为光矢量.

描述光振动特性的几个物理量为

振幅 a—— 光矢量达到的最大值;

频率 f—— 光矢量每秒钟内完成全振动的次数;

周期 T—— 光矢量完成一次全振动的时间 ($T = 1/f$);

光矢量按简谐运动规律进行振动, 光矢量的振动方程表示为

$$E = a\sin\omega t, \tag{A.1}$$

式中, E 为光矢量, t 为时间, ω 为圆频率. 见图 A.3 所示, 简谐振动规律用质点沿半径为 a(即振幅) 以等角速度 ω 逆时针方向做圆周运动的铅垂投影来描述. 质点从零时刻 (即 $t = 0$) 沿圆周逆时针旋转经过一系列点 1, 2, 3, 4, 5, 6, 0$\cdots\cdots$, 对应各质点位置在 y 轴方向的投影即为光矢量 E 的对应值. 质点从 0 点旋转一周, 光矢量 E 完成一次全振动, 对应所经历的时间称为周期 T, 在这段时间内质点旋转 2π 弧度. 圆频率 ω 为每秒质点旋转的弧度值, 即

$$\omega = 2\pi f = 2\pi/T. \tag{A.2}$$

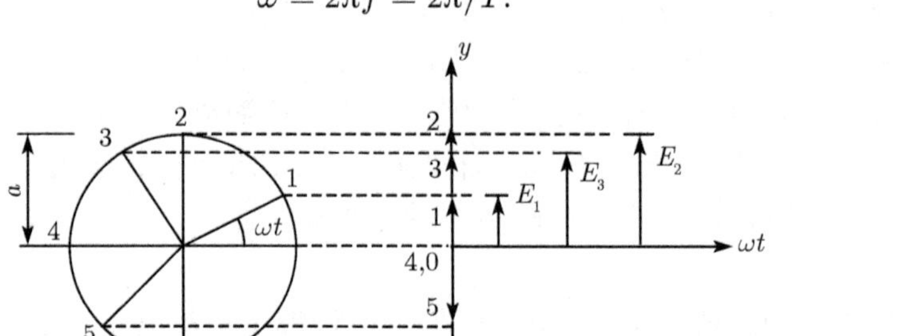

图 A.3　光矢量振动规律的描述

在一般情况下, 当 $t = 0$ 时对应光矢量 E 不一定为零, 那么, 光矢量振动方程的一般表达式为

$$E = a\sin(\omega t + \alpha_0). \tag{A.3}$$

式中, α_0 称为初相位, $(\omega t + \alpha_0)$ 称为相位.

A.2　光矢量的波动方程

见图 A.4 所示, 与 O 点相距为 x_1 点的振动比 O 点振动滞后 x_1/v 时间间隔 (v 为光波沿 x 轴方向的传播速度).

设 O 点光矢量振动方程:

$$E_0 = a\sin(\omega t + \alpha_0),$$

则 1 和 2 点光矢量振动方程为

$$E_1 = a\sin\left[\omega\left(t - \frac{x_1}{v}\right) + \alpha_0\right],$$

$$E_2 = a\sin\left[\omega\left(t-\frac{x_2}{v}\right)+\alpha_0\right].$$

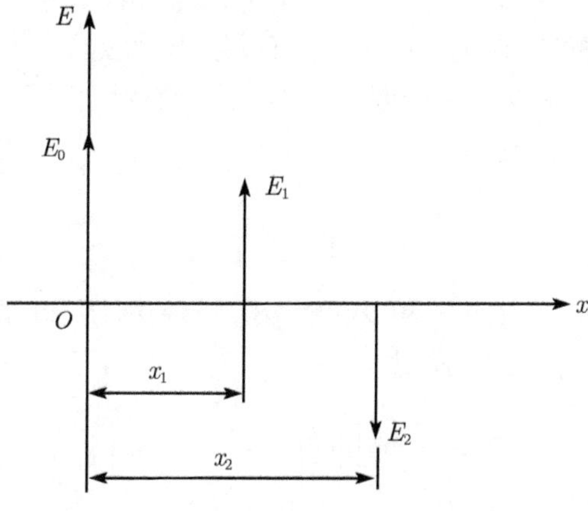

图 A.4　与 O 点相距 x 点的振动矢量

于是, 对于与 O 点相距为任意点 x 的光矢量为

$$E = a\sin\left[\omega\left(t-\frac{x}{v}\right)+\alpha_0\right], \tag{A.4}$$

该式称为光的波动方程.

从该式可以看出, 如果令 x 等于某常数 K, 将其代入 (A.4) 式得

$$E = a\sin\left[\omega\left(t-\frac{K}{v}\right)+\alpha_0\right], \tag{A.5}$$

(A.5) 式表达了与 O 点相距为 $x=K$ 点光矢量的振动方程. 如果令 t 等于某时刻 t_K, 将其代入 (A.4) 式得

$$E = a\sin\left[\omega\left(t_K-\frac{x}{v}\right)+\alpha_0\right], \tag{A.6}$$

(A.6) 式表达了在 $t=t_K$ 时刻, 与 O 点相距为 x 的任一点光矢量的大小, 把光矢量端点连接起来就是光波传播过程中的瞬态波形, 见图 A.5 所示.

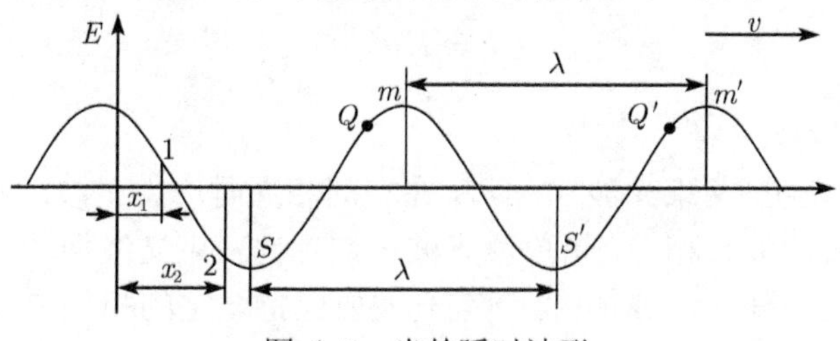

图 A.5　光的瞬时波形

在光波波形上位置相当的点, 如 S 与 S', m 与 m', Q 与 Q' 等称为同相位点, 两相邻同相位点的距离 λ 称为波长, 波长单位以埃 (Å) 表示 (Å10^{-8}cm $= 0.1$nm).

当时间 t 逐渐增加时, 根据 (A.6) 式, 可以绘出对应的多个瞬态光波波形, 表示出光波的传播, 当 O 点完成一次全振动 (即经过一个周期时间), 则光波波形前进一个波长, 于是, 光波的传播速度

$$v = f\lambda = \frac{\lambda}{T}. \tag{A.7}$$

在光波波形上两个任意点 1 和 2 的距离称为光程差, 以 $R = x_2 - x_1$ 表示. 对应 1 和 2 点的光矢量由 (A.4) 式得

$$E_2 = a\sin\left[\omega\left(t - \frac{x_2}{v}\right) + \alpha_0\right],$$

$$E_1 = a\sin\left[\omega\left(t - \frac{x_1}{v}\right) + \alpha_0\right],$$

1, 2 两点光矢量振动时的相位差 α 由以上两式得

$$\begin{aligned}\alpha &= \left[\omega\left(t - \frac{x_2}{v}\right) + \alpha_0\right] - \left[\omega(t - \frac{x_1}{v}) + \alpha_0\right] \\ &= \frac{\omega}{v}(x_2 - x_1) \\ &= \frac{2\pi f}{f\lambda}(x_2 - x_1) \\ &= \frac{2\pi}{\lambda}R, \qquad (A.8)\end{aligned}$$

(A.8) 式表示出光程差与相位差的关系.

A.3　光 的 干 涉

视觉对光的明暗感觉决定于光的强度 I, 它与光波振幅 a 的平方成正比, 即

$$I = Ka^2, \tag{A.9}$$

式中, K 是比例常数.

实验和理论证明, 两束光波 A 和 B 在空间相遇时产生干涉的条件为

(1) 两束光波的波长相等 (指单色光波); 或者说两束光波振动频率相等;

(2) 两束光波在任一点叠加时, 两束光波要保持一定的相位差;

(3) 两束光波在任一点叠加时, 两束光波振动方向重合.

满足这些条件的两束光称为相干光.

下面研究一种最简单的情况：两束光波 A 和 B 位于同一平面上、其干涉结果分成三种情况.

第 (1) 种情况：见图 A.6(a) 所示, 光波 A, B 相位相同, 或相位差为 2π 的整倍数, 光波 A 与 B 的波峰相重合, 合成光波 C 的振幅 a 等于光波 A, B 的振幅之和 $(a_1 + a_2)$, 则光波 C 的光强

$$I_C = K(a_1 + a_2)^2, \tag{A.10}$$

所以合成后的光强增加.

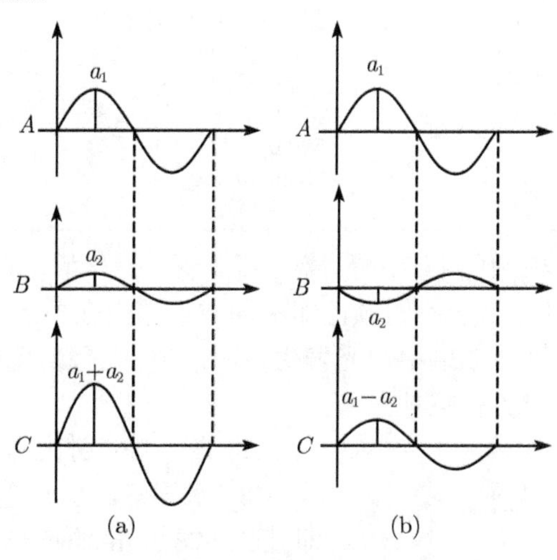

图 A.6 光波干涉

第 (2) 种情况：见图 A.6(b) 所示, 光波 A, B 相位差为 π 的整倍数, 光波 A, B 的波峰和波谷相对应, 合成光波 C 的振幅 a 等于光波 A, B 的振幅之差 $(a_1 - a_2)$, 则光波 C 的光强

$$I_C = K(a_1 - a_2)^2, \tag{A.11}$$

所以合成后的光强减小.

第 (3) 种情况：光波 A 与 B 的相位关系介于以上两种情况之间, A, B 两光波具有恒定的相位差, 则合成光波 C 的振幅等于 $(a_1 + a_2)$ 和 $(a_1 - a_2)$ 之间的某个值.

于是, 把 A, B 两束光波在空间相遇时合成后产生光强变化的现象称为光波的干涉.

A.4 白光和单色光

光的颜色是由光波的频率决定的, 而光波的频率取决于光源. 当光通过不同介质时其频率不变, 但其光速和波长都改变. 光的颜色通常由光在真空中的波长来划

分, 人眼睛是特殊的电磁波接收器, 它可接收波长 $\lambda = 400 \sim 800\text{nm}$ 的可见光区域, 波长与颜色的对应关系见表 A.1 所示.

表 A.1 各种颜色光的波长范围

光的颜色	在真空中的波长范围/nm	波长平均值/nm
紫外光 (非可见光)	<400.0	
紫	400.0~430.0	410.0
蓝	430.0~480.0	455.0
青	480.0~500.0	490.0
绿	500.0~530.0	515.0
黄绿	530.0~570.0	550.0
黄	570.0~590.0	580.0
橙	590.0~630.0	610.0
红	630.0~800.0	715.0
红外光 (非可见光)	>800.0	

白光中包含有七种颜色 (红、橙、黄、绿、青、蓝、紫) 光. 如图 A.7 所示, 当白光射入玻璃三棱镜后, 由于不同颜色即不同波长的光在玻璃介质中的传播速度不等, 或说折射率不等, 则在玻璃中白光发生色散, 分成七种颜色的单色光, 形成色带.

光弹性实验中常用的有三种光源:

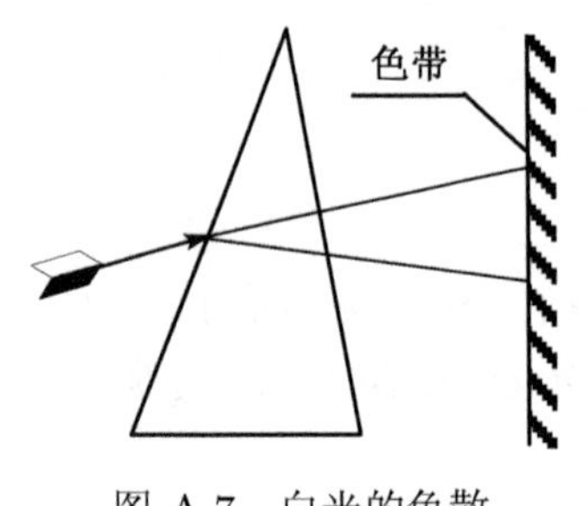

图 A.7 白光的色散

(1) 白炽灯: 射出白光.

(2) 水银灯: 射出包含有三种波长的光, 即波长 578.0nm 的黄光、546.1nm 的绿光和 436.0nm 的紫光. 让水银光通过绿色滤光片, 可将黄色和紫色光滤去, 从而得到接近于绿色的单色光.

(3) 钠光灯: 射出波长为 589.3nm 的单色黄光.

全息、激光散斑和云纹干涉实验中常用的有三种光源:

(1) 氦氖激光器: 射出波长为 632.8nm 的单色红光.

(2) 氩离子激光器: 可以输出不同波长 (或说不同颜色) 的单色光供选择. 其中常用的是 488.0nm 的单色蓝光和 514.5nm 的单色绿光.

(3) 红宝石激光器: 射出波长为 694.3nm 的单色红光.

A.5 自然光和平面偏振光

1. 自然光

无论是白光或是单色光光源, 其射出的光矢量 E 的振动方向随时间是变化的,见图 A.8 所示. 这种光称为自然光.

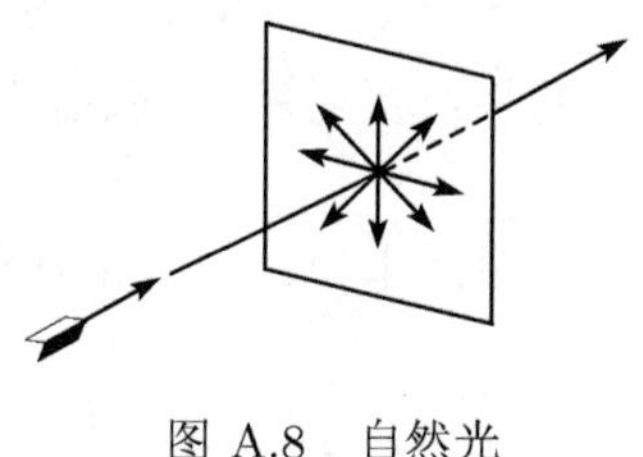

图 A.8 自然光

2. 平面偏振光

使自然光通过起偏器, 起偏器的作用能使光矢量 E 的振动方向只保留在一个特定的方向上, 见图 A.9 所示, 光矢量的振动方向称为偏振轴, 偏振轴是一个方向, 并非一条线, 凡与偏振轴平行的方向都是偏振轴. 起偏器可以用尼克尔棱镜或人造偏振片制成. 起偏器俗称偏振镜. 平面偏振光也称为直线偏振光. 由外腔式氦氖激光器射出的激光是平面偏振光.

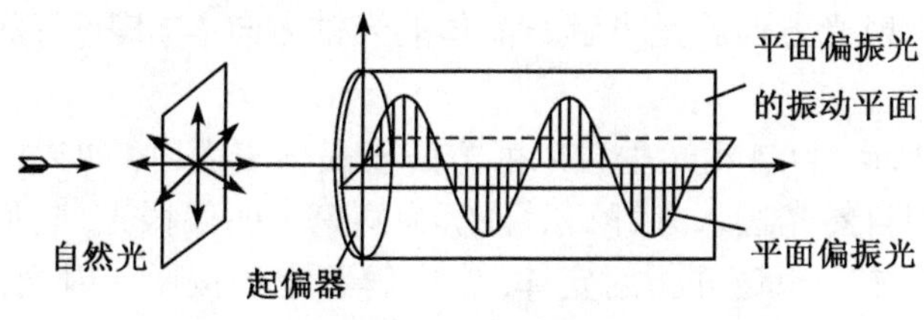

图 A.9 平面偏振光

A.6 光的双折射

1. 光的折射和材料的折射率

见图 A.10 所示, 由物理和晶体光学实验得知, 对于各向同性材料而言, 当自然光从①介质射入②介质后, 光的折射遵守折射定律, 入射角正弦与折射角正弦之比为常数 n_{21}, 并等于光线在①和②介质中传播速度 v_1 和 v_2 之比.

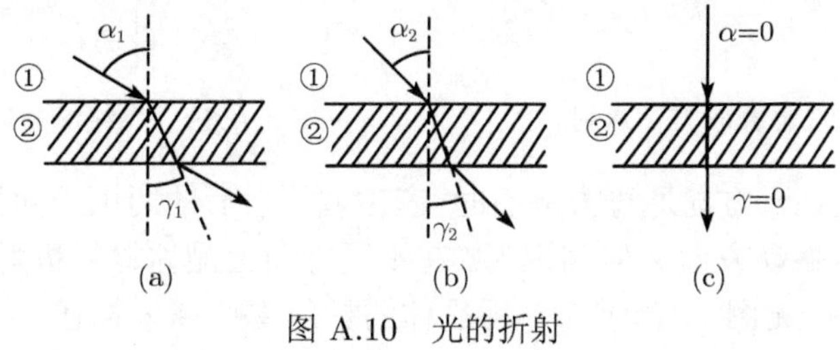

图 A.10 光的折射

$$n_{21} = \frac{\sin \alpha_1}{\sin \gamma_1} = \frac{\sin \alpha_2}{\sin \gamma_2} = \frac{v_1}{v_2}. \tag{A.12}$$

式中 n_{21} 称为介质 2 对介质 1 的相对折射率, 当入射光垂直入射玻璃表面时, 则折射光仍按入射光方向传播.

如果光线从真空中射入某介质, 则 (A.12) 式的比值称为该介质的绝对折射率或简称该介质的折射率:

$$n = \frac{c}{v}, \tag{A.13}$$

式中, c 为光在真空中的传播速度, v 为光线在该介质中的传播速度.

2. 光的双折射

见图 A.11 所示, 当自然光入射各向异性晶体材料时, 如方解石 ($NaCO_3$, 又称冰洲石), 情形就不同了. 当自然光垂直入射方解石晶体表面时 (AB 平面和 CD 平面平行), 如果这块试样是从方解石中 "特定方位" 截取的, 则入射光进入方解石后不改变方向, 从方解石出射的光仍按入射前的方向传播, 还是自然光, 在投影幕上有亮点 O. 此时入射光方向就是方解石晶体的光轴方向 (与其平行的方向都是光轴方向).

见图 A.12 所示, 当自然光垂直入射方解石晶体表面时, 如果此方向不是方解石的光轴方向, 则自然光进入方解石后分解为两束平面偏振光, 它们的光矢量振动方向相互垂直, 其中一束遵守折射定律, 在方解石中仍按原入射光方向传播, 它从方解石射出后在投影幕上出现亮点 o, 这束光称为寻常光或 o 光. 另一束平面偏振光不遵守折射定律, 射入方解石后偏离原入射光方向, 从方解石射出后仍与原入射光方向平行, 在投影幕上出现亮点 e, 这束光称为非寻常光或 e 光. 在方解石中 o 光和 e 光的传播速度是不等的, 由 (A.13) 式可知, 在这两个方向上方解石材料具有不同的折射率. 把一束光入射到晶体材料中分解为两束光的现象称为光的双折射.

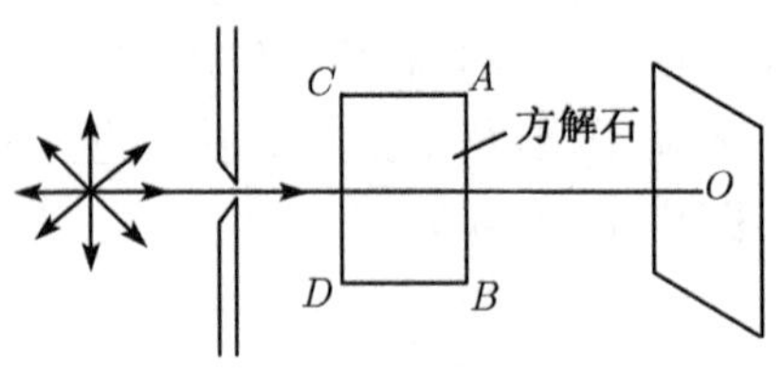

图 A.11 光线沿晶体光轴方向入射

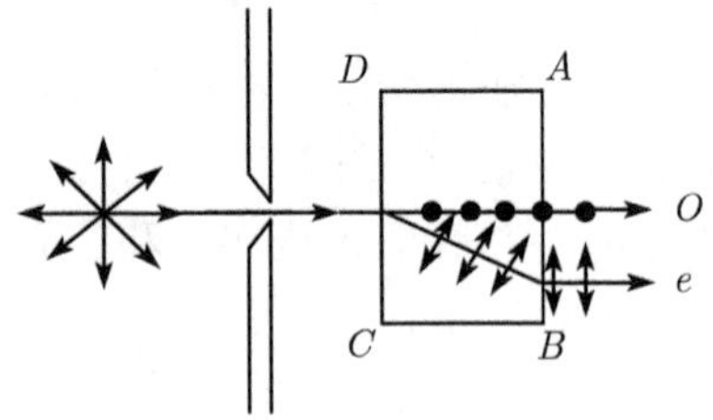

图 A.12 光线沿晶体非光轴方向入射

当自然光从某一方向通过方解石时, 产生双折射后的两束平面偏振光的传播方向和对应光矢量振动方向如何判定呢? 在不同方向上晶体材料折射率如何决定呢? 由晶体光学得知, 见图 A.13 所示, 用晶体的折射率椭球来描述, 当自然光沿 y 轴

(设其为光轴方向) 通过方解石时, 过坐标原点 o 作垂至于 y 轴的平面截椭球为一个圆截面, 说明自然光通过方解石后不产生双折射, 对应此种情况下, 方解石折射率 $n_0 = 1.6583$. 当自然光沿 x 轴方向通过方解石时, 过坐标原点 o 作垂至于 x 轴的平面截椭球为一个椭圆, 椭球的长轴在 z 轴的方向, 短轴在 y 轴方向, 由于长、短轴长度不等, 即折射率 n_e 和 n_o 不等, 则说明该自然光产生双折射. 满足折射定律的一束平面偏振光的振动平面在 xoz 平面上, 其光矢量的振动方向沿 z 轴, 此方向上晶体的折射率为 n_o, 它们的传播速度由 (A.13) 式得知 $v = c/n_o$, 另一束不满足折射定律的平面偏振光的振动平面在 yox 平面上, 其光矢量的振动方向在 y 轴方向上, 此方向上晶体的折射率为 n_e, 它的传播速度由 (A.13) 式得知 $v_e = c/n_e$. 因此, 这两束平面偏振光通过晶体时产生速度差, 也就是说产生了光程差 (或相位差).

当自然光沿任意方向 R 通过方解石时, 见图 A.13 所示, 同理, 过坐标原点 o 作垂直于入射光线方向的平面截椭球为一个椭圆, 椭圆的长、短轴不等, 于是产生双折射. 其中一束平面偏振光为寻常光 o, 另一束平面偏振光为非寻常光 e, 它的折射率可以由方解石的折射率椭球求出. 对方解石晶体而言 $n_o > n_e$(即非寻常光速度大于寻常光), 称之为正晶体. 对石英晶体而言 $n_o < n_e$(即非寻常光速度小于寻常光), 称之为负晶体. 这两种晶体都只有一个光轴, 所以都属于单轴晶体.

云母晶体具有两个光轴, 见图 A.14 所示, 称为双轴晶体, 椭球的三个半轴不等, $n_1 > n_2 > n_3$ 称为主折射率. 光轴方向在 xoz 平面内, 与 z 轴对称的两个方向, 当自然光沿光轴方向通过云母晶体时, 过坐标原点 o 作垂直于光轴的平面截椭球为一个圆, 则不产生双折射, 当自然光沿任意方向通过云母晶体时, 则产生双折射.

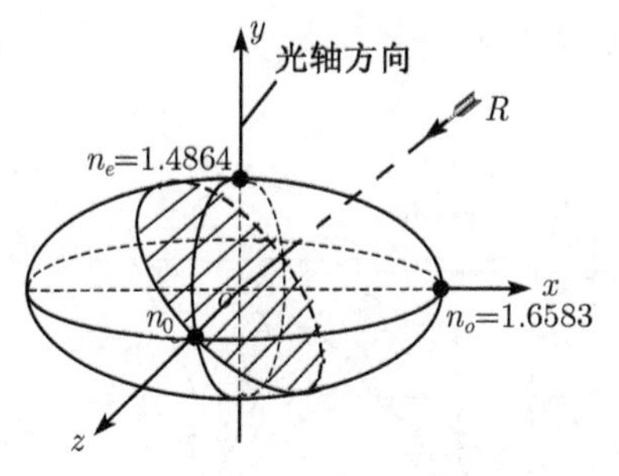

图 A.13 方解石折射率椭球

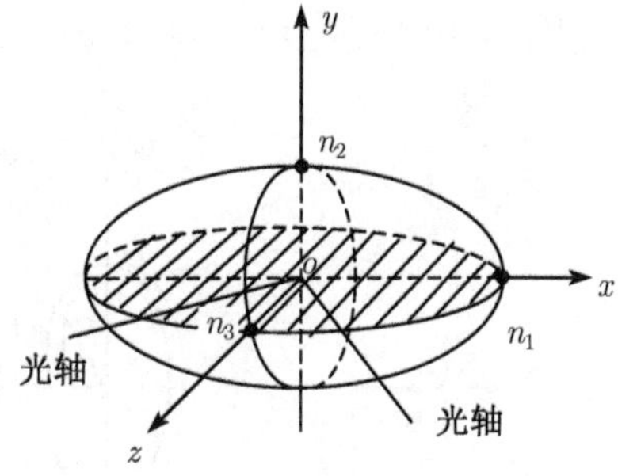

图 A.14 云母折射率椭球

A.7 四分之一波片

从单轴或双轴晶体上与光轴平行的方向截取一薄晶片, 如图 A.13, A.14 和图 A.15 所示, 当单色自然光 (或偏振轴与薄晶片光轴斜交的平面偏振光) 垂直投射到薄晶片后, 则光线在薄晶片内沿折射率椭球的长、短轴方向分解为两束平面偏振光, 它们在薄晶片中的传播速度不等, 于是这两列平面偏振光产生光程差 (或相位差). 如果选择合适的晶片厚度, 则可使其光程差为四分之一入射光的波长, 于是, 称这种薄晶片为四分之一波片.

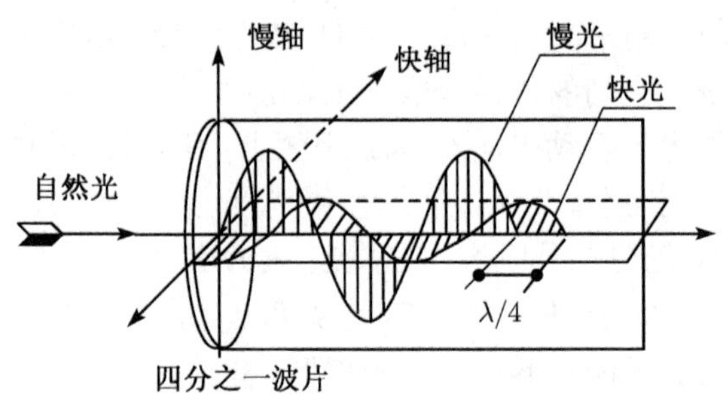

图 A.15　四分之一波片

习惯上称速度较快的那列平面偏振光光矢量的振动方向为四分之一波片的快轴. 另一列速度较慢的平面偏振光光矢量的振动方向为慢轴.

四分之一波片通常使用双轴晶体的云母或经过轴向拉伸的有机玻璃材料制成.

A.8　圆 偏 振 光

见图 A.16 所示, 单色自然光通过偏振镜后变为平面偏振光.

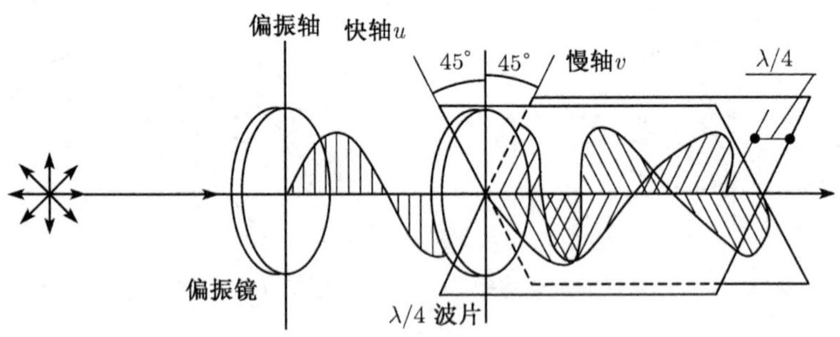

图 A.16　圆偏振光

$$E_p = a\sin\omega t, \tag{A.14}$$

当其垂直入射四分之一波片时, 如果平面偏振光方向与四分之一波片快、慢轴的夹角各为 45°, 则沿四分之一波片快轴 u 和慢轴 v 出射的两束平面偏振光振动方

程分别为

$$\left.\begin{aligned} E_u &= \frac{\sqrt{2}}{2} a \sin \omega t \cos 45^\circ, \\ E_v &= \frac{\sqrt{2}}{2} a \sin \omega t \sin 45^\circ. \end{aligned}\right\} \tag{A.15}$$

这两束平面偏振光在四分之一波片中产生了四分之一波长的光程差, 由 (A.8) 式知其对应的相位差为 $\frac{\pi}{2}$, 于是, 从四分之一波片射出的两束平面偏振光的振动方程分别为

$$\left.\begin{aligned} E'_u &= \frac{\sqrt{2}}{2} a \sin\left(\omega t + \frac{\pi}{2}\right), \\ E'_v &= \frac{\sqrt{2}}{2} a \sin \omega t. \end{aligned}\right\} \tag{A.16}$$

将这两束平面偏振光合成后光波光矢量运动轨迹方程式为

$$E'^2_u + E'^2_v = \left(\frac{\sqrt{2}}{2} a\right)^2,$$

上式是一个圆的方程, 其半径为 $(\sqrt{2}/2)a$, 它说明平面偏振光 E 经过四分之一波片后, 虽然分解为两束平面偏振光, 但两者合成后光波的光矢量是一个常数, 为 $(\sqrt{2}/2)a$, 在此指出, 该光矢量从四分之一波片射出以后, 既在前进, 又在旋转, 究竟是逆时针还是顺时针呢? 见图 A.17 所示, 从光源朝向四分之一波片看去, 设 u' 为快轴, v' 为慢轴, 则对应快、慢轴方向两束平面偏振光的振动方程分别为

$$u' = a \sin\left(\omega t + \frac{\pi}{2}\right),$$

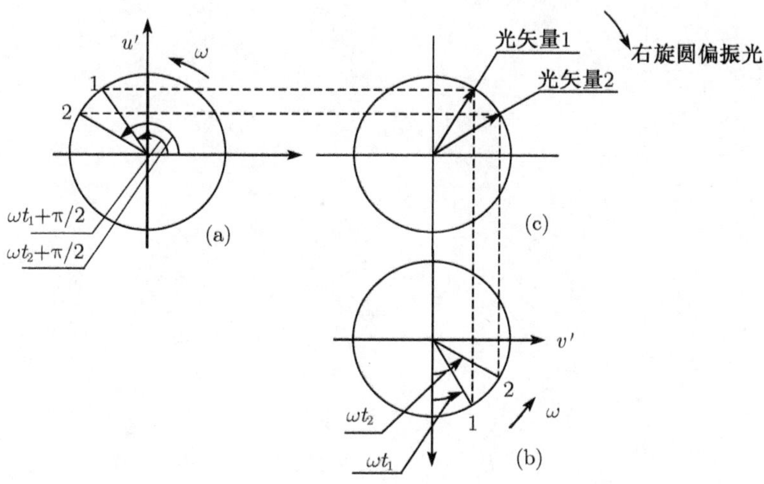

图 A.17 判断圆偏振光旋转方向的图解法

$$v' = a\sin\omega t,$$

其中, 图 A.17(a) 和 (b) 分别表示沿四分之一波片快和慢轴方向光波振动的分量, 图 A.17(c) 表示合成后的光矢量, 随时间 $t_1, t_2, \cdots$ 的增加, 光矢量 1, 2, $\cdots$ 顺时针旋转, 称之为右旋偏振光. 反之, 此 u' 为慢轴, v' 为快轴, 则合成光波光矢量逆时针旋转, 称为左旋圆偏振光.

合成光波从四分之一波片射出以后, 合成光波光矢量随时间增加向前传播, 同时光矢量的方向还有旋转, 见图 A.18 所示.

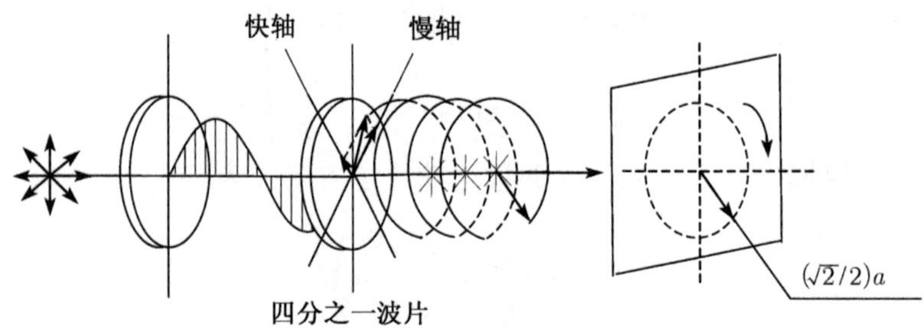

图 A.18 圆偏振光矢量的旋转

附录B　Jones 向量和 Jones 矩阵

B.1　概　　述

描述偏振光在光学元件中的传播，有多种数学表示法. 本章介绍的是矩阵表示法，它是美国物理学家 R.Ctar.Jones 从 1941 年开始提出的研究偏振光光学的方法. 其实质是把各种偏振光以 2×1 列矩阵表示，称为 Jones 向量. 把各种光学元件的效应以 2×2 方阵表示，称为 Jones 矩阵. 它比一般方法推导简便、直接性强、不用图示就可显示出所用光学元件及其配置情况等. 因此，在光学分析和光弹性中得到广泛应用.

B.2　用 Jones 向量表示各种偏振光

任一平面偏振光、圆偏振光都可认为是椭圆偏振光的一种特殊形式，因此我们首先研究椭圆偏振光的 Jones 向量.

1. 椭圆偏振光

在与光线垂直的平面上，选定直角坐标系 xoy，见图 B.1 所示. 那么沿 z 轴传播的任一束椭圆偏振光，可用 xoz 和 yoz 两个坐标面上的两个平面偏振光光矢量表达式表示

$$\left.\begin{aligned} E_x' &= A_x\cos(\omega t+\alpha_x),\\ E_y' &= A_y\cos(\omega t+\alpha_y),\end{aligned}\right\} \tag{B.1}$$

式中, A_x 和 A_y 为两个平面偏振光的振幅，α_x 和 α_y 为其相位.

下面证明 (B.1) 式表示的就是椭圆偏振光. 由 (B.1) 式得

$$\frac{E_x'}{A_x}=\cos\omega t\cos\alpha_x-\sin\omega t\sin\alpha_x, \tag{a}$$

$$\frac{E_y'}{A_y}=\cos\omega t\cos\alpha_y-\sin\omega t\sin\alpha_y, \tag{b}$$

对 (a) 和 (b) 式做如下运算：(a)$\times\sin\alpha_y$ $-$ (b)$\times\sin\alpha_x$, (a)$\times\cos\alpha_y$ $-$ (b)$\times\cos\alpha_x$ 得

$$\frac{E_x'}{A_x}\sin\alpha_y-\frac{E_y'}{A_y}\sin\alpha_x=\cos\omega t\sin(\alpha_y-\alpha_x), \tag{c}$$

$$\frac{E'_x}{A_x}\cos\alpha_y - \frac{E'_y}{A_y}\cos\alpha_x = \sin\omega t\sin(\alpha_y - \alpha_x), \tag{d}$$

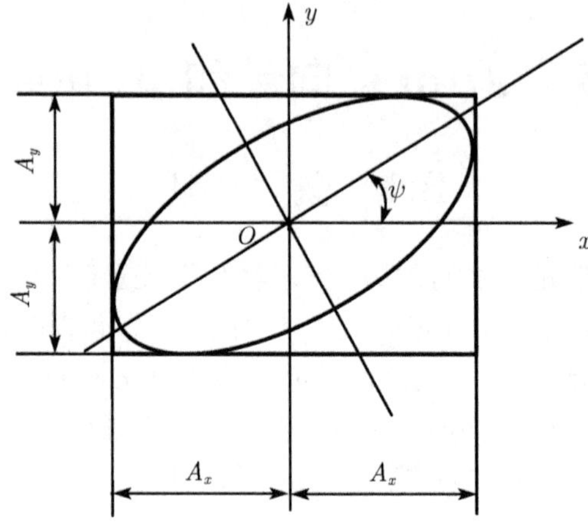

图 B.1　椭圆偏振光

将 $(c)^2+(d)^2$ 得

$$\left(\frac{E'_x}{A_x}\right)^2 + \left(\frac{E'_y}{A_y}\right)^2 - \frac{2E'_xE'_y}{A_xA_y}\cos\alpha = \sin^2\alpha, \tag{B.2}$$

式中, 相位差 $\alpha = \alpha_y - \alpha_x$.

显然，由解析几何知 (B.2) 式为椭圆方程，所以 (B.1) 式表达的是椭圆偏振光，椭圆长轴与 x 轴的夹角为

$$\psi = \frac{1}{2}\arctan\left[\frac{2A_xA_y\cos\alpha}{\mathrm{A}_x^2 - A_y^2}\right], \tag{B.3}$$

E'_x 和 E'_y 两束平面偏振光光矢量的复数表达式为

$$\left.\begin{aligned} E''_x &= A_x\mathrm{e}^{\mathrm{i}(\omega t+\alpha_x)}, \\ E''_y &= A_y\mathrm{e}^{\mathrm{i}(\omega t+\alpha_y)}, \end{aligned}\right\} \tag{B.4}$$

式中的实部分别是两束平面偏振光光矢量 E'_x 和 E'_y 的 (B.1) 式. (B.4) 式中的时间因子 $\mathrm{e}^{\mathrm{i}\omega t}$ 对振幅和光强无影响, 故 (B.1) 式椭圆偏振光的复振幅表达式可写为

$$\left.\begin{aligned} E_x &= A_x\mathrm{e}^{\mathrm{i}\alpha_x}, \\ E_y &= A_y\mathrm{e}^{\mathrm{i}\alpha_y}, \end{aligned}\right\} \tag{B.5}$$

于是, 椭圆偏振光可用它的光矢量的两个分量的复振幅构成一个矩阵来表示

$$\boldsymbol{E} = \begin{bmatrix} A_x\mathrm{e}^{\mathrm{i}\alpha_x} \\ A_y\mathrm{e}^{\mathrm{i}\alpha_y} \end{bmatrix}, \tag{B.6a}$$

这一矩阵称为 Jones 向量

椭圆偏振光的光强利用椭圆偏振光 Jones 向量 (B.6a) 式经简单运算便可得出

$$\boldsymbol{I}=\boldsymbol{E}^*\cdot\boldsymbol{E}=[A_x\mathrm{e}^{-\mathrm{i}\alpha_x},\ A_y\mathrm{e}^{-\mathrm{i}\alpha_y}]\begin{bmatrix}A_x\mathrm{e}^{\mathrm{i}\alpha_x}\\A_y\mathrm{e}^{\mathrm{i}\alpha_y}\end{bmatrix}=A_x^2+A_y^2,$$

式中, $\boldsymbol{E}^*$ 为 $\boldsymbol{E}$ 的厄米特矩阵 (转置共轭矩阵).

在光弹性和全息光弹性中, 研究的往往是光强的相对变化, 为简化运算, 常把表示偏振光的矩阵归一化, 即用一常数去乘 Jones 向量的两个分量, 使其光强 I 化为 1. 经过这样处理的 Jones 向量称为归一化的 Jones 向量或标准化的 Jones 向量. 显而易见, 归一化常数是 $\sqrt{A_x^2+A_y^2}$. 所以椭圆偏振光的一般归一化 Jones 向量为

$$\boldsymbol{E}=\frac{1}{\sqrt{A_x^2+A_y^2}}\begin{bmatrix}A_x\mathrm{e}^{\mathrm{i}\alpha_x}\\A_y\mathrm{e}^{\mathrm{i}\alpha_y}\end{bmatrix},\tag{B.6b}$$

或

$$\boldsymbol{E}=\begin{bmatrix}\cos\theta\ \mathrm{e}^{\mathrm{i}\alpha_x}\\\sin\theta\ \mathrm{e}^{\mathrm{i}\alpha_y}\end{bmatrix},\tag{B.6c}$$

式中, $\theta=|\arctan(A_y/A_x)|$.

设相位差 $\alpha=\alpha_y-\alpha_x$, 则 (B.6c) 可写为

$$\boldsymbol{E}=\begin{bmatrix}\cos\theta\mathrm{e}^{-\frac{\mathrm{i}\alpha}{2}}\\\sin\theta\mathrm{e}^{\frac{\mathrm{i}\alpha}{2}}\end{bmatrix},\tag{B.6d}$$

将 (B.6a) 式约去因子 $\mathrm{e}^{\mathrm{i}\alpha_x}$ 或 $\mathrm{e}^{-\mathrm{i}\alpha_y}$, 可表示为

$$\boldsymbol{E}=\begin{bmatrix}A_x\\A_y\mathrm{e}^{\mathrm{i}(\alpha_y-\alpha_x)}\end{bmatrix}=\begin{bmatrix}A_x\\A_y\mathrm{e}^{\mathrm{i}\alpha}\end{bmatrix},\tag{B.6e}$$

或

$$\boldsymbol{E}=\begin{bmatrix}A_x\mathrm{e}^{-\mathrm{i}\alpha}\\A_y\end{bmatrix}.\tag{B.6f}$$

(B.6a)~(B.6f) 式都是椭圆偏振光的 Jones 向量, 要注意它们的区别, 在具体运算中选用适当的表达式, 可使运算简便.

2. 圆偏振光

见图 B.2(a) 所示, 从光源向四分之一波片看出, 沿 OP 方向振动的平面偏振光通过 $\lambda/4$ 波片, 设 y 方向为 $\lambda/4$ 波片的快轴, x 轴方向为慢轴, 快、慢轴与 OP

方向夹角为 45°, 沿 y 轴和 x 轴两个平面偏振光的相位差 $\alpha=\alpha_y-\alpha_x=\dfrac{\pi}{2}$, 见图 B.2(b) 所示, 从旋转矢量合成的图解法可以看出, 这两个平面偏振光合成为右旋圆偏振光.

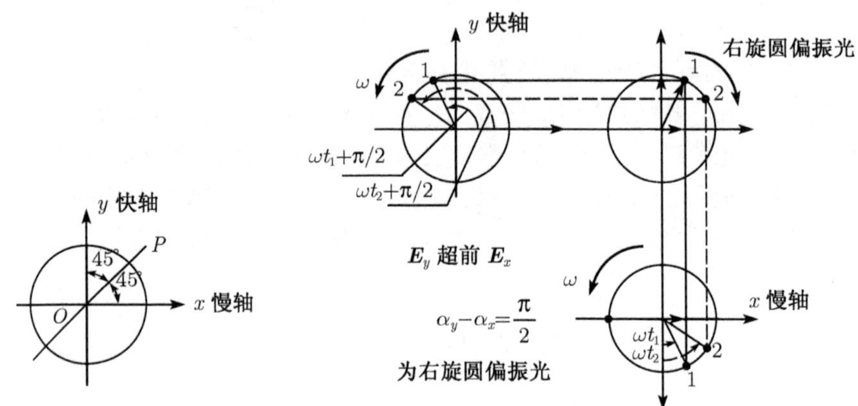

图 B.2　判断圆偏振光旋转方向的方法

由 (B.6b) 式得右旋圆偏振光的归一化 Jones 向量为

$$\boldsymbol{E}_{右}=\frac{1}{\sqrt{2}A}\begin{bmatrix}A\mathrm{e}^{-\mathrm{i}\frac{\pi}{2}}\\A\end{bmatrix}=\frac{1}{\sqrt{2}}\begin{bmatrix}-\mathrm{i}\\1\end{bmatrix}. \tag{B.7}$$

若 y 轴方向为 $\lambda/4$ 片的慢轴, x 轴方向为快轴, $\alpha=\alpha_y-\alpha_x=-\dfrac{\pi}{2}$, 根据图 B.2(b) 表述的图解法原理可知, $\boldsymbol{E}$ 为左旋圆偏振光, 其归一化 Jones 向量为

$$\boldsymbol{E}_{左}=\frac{1}{\sqrt{2}A}\begin{bmatrix}A\mathrm{e}^{\mathrm{i}\frac{\pi}{2}}\\A\end{bmatrix}=\frac{1}{\sqrt{2}}\begin{bmatrix}\mathrm{i}\\1\end{bmatrix}. \tag{B.8}$$

还应当指出, 当设 $\alpha=\alpha_y-\alpha_x=\dfrac{\pi}{2}$ 时, 右旋圆偏振光的归一化向量还可由式 (B.6b) 和 (B.6e) 式表示为

$$\boldsymbol{E}_{右}=\frac{1}{\sqrt{2}A}\begin{bmatrix}A\\A\mathrm{e}^{\mathrm{i}\frac{\pi}{2}}\end{bmatrix}=\frac{1}{\sqrt{2}}\begin{bmatrix}1\\\mathrm{i}\end{bmatrix}, \tag{B.9}$$

而左旋圆偏振光的归一化向量还可表示为

$$\boldsymbol{E}_{左}=\frac{1}{\sqrt{2}A}\begin{bmatrix}A\\A\mathrm{e}^{-\mathrm{i}\frac{\pi}{2}}\end{bmatrix}=\frac{1}{\sqrt{2}}\begin{bmatrix}1\\-\mathrm{i}\end{bmatrix}. \tag{B.10}$$

另外, $\mathrm{e}^{-\mathrm{i}\frac{\pi}{4}}=\cos\dfrac{\pi}{4}-\mathrm{i}\sin\dfrac{\pi}{4}=\dfrac{1-\mathrm{i}}{\sqrt{2}}$, 若将式 (B.9) 和 (B.10) 各乘以 $\mathrm{e}^{-\mathrm{i}\frac{\pi}{4}}$, 则得到归

一化的右、左旋圆偏光的 Jones 向量的另一种表达:

$$\boldsymbol{E}_{右}=\frac{1-\mathrm{i}}{\sqrt{2}}\cdot\frac{1}{\sqrt{2}}\begin{bmatrix}1\\ \mathrm{i}\end{bmatrix}=\frac{1-\mathrm{i}}{2}\begin{bmatrix}1\\ \mathrm{i}\end{bmatrix}=\frac{1-\mathrm{i}}{2}(\mathrm{i})\begin{bmatrix}-\mathrm{i}\\ 1\end{bmatrix}=\frac{1+\mathrm{i}}{2}\begin{bmatrix}-\mathrm{i}\\ 1\end{bmatrix},\tag{B.11}$$

$$\boldsymbol{E}_{左}=\frac{1-\mathrm{i}}{\sqrt{2}}\cdot\frac{1}{\sqrt{2}}\begin{bmatrix}1\\ -\mathrm{i}\end{bmatrix}=\frac{1-\mathrm{i}}{2}(-\mathrm{i})\begin{bmatrix}\mathrm{i}\\ -1\end{bmatrix}=\frac{1-\mathrm{i}}{2}\begin{bmatrix}\mathrm{i}\\ 1\end{bmatrix}.\tag{B.12}$$

也可将 (B.11), (B.12) 式化为

$$\boldsymbol{E}_{右}=\frac{1+\mathrm{i}}{2}\begin{bmatrix}-\mathrm{i}\\ 1\end{bmatrix}=\frac{1+\mathrm{i}}{2}(-\mathrm{i})\begin{bmatrix}1\\ \mathrm{i}\end{bmatrix}=\frac{1-\mathrm{i}}{2}\begin{bmatrix}1\\ \mathrm{i}\end{bmatrix},\tag{B.13}$$

$$\boldsymbol{E}_{左}=\frac{1-\mathrm{i}}{2}\begin{bmatrix}\mathrm{i}\\ 1\end{bmatrix}=\frac{1-\mathrm{i}}{2}(\mathrm{i})\begin{bmatrix}1\\ -\mathrm{i}\end{bmatrix}=\frac{1+\mathrm{i}}{2}\begin{bmatrix}1\\ -\mathrm{i}\end{bmatrix}.\tag{B.14}$$

在此指出, 使用公式时, 应当选用同一组左、右旋圆偏振光的表达式进行计算, 不要混淆.

3. 平面偏振光

由 (B.6b) 和 (B.6f) 式可知, 光矢量沿 x 轴, 振幅为 A 的平面偏振光, $E_x=A$, $E_y=0$, $\alpha=0$, 归一化的 Jones 向量为

$$\boldsymbol{E}_x=\frac{1}{A}\begin{bmatrix}A\\ 0\end{bmatrix}=\begin{bmatrix}1\\ 0\end{bmatrix}.\tag{B.15}$$

同理, 光矢量沿 y 轴, 振幅为 A 的平面偏振光的 Jones 向量为

$$\boldsymbol{E}_y=\frac{1}{A}\begin{bmatrix}0\\ A\end{bmatrix}=\begin{bmatrix}0\\ 1\end{bmatrix}.\tag{B.16}$$

光矢量 $\boldsymbol{E}_\theta$ 与 x 轴成 θ 角, 振幅为 A 的平面偏振光, 见图 B.3 所示, 由于 $A_x=A\cos\theta$, $A_y=A\sin\theta$, $\alpha=0$, $A_x^2+A_y^2=A^2$, 其归一化的 Jones 向量由 (B.6b) 和 (B.6f) 式得

$$\boldsymbol{E}_\theta=\frac{1}{A}\begin{bmatrix}A\cos\theta\\ A\sin\theta\end{bmatrix}=\begin{bmatrix}\cos\theta\\ \sin\theta\end{bmatrix},\tag{B.17}$$

与其垂直的平面偏振光为

$$\boldsymbol{E}'_\theta=\begin{bmatrix}-\sin\theta\\ \cos\theta\end{bmatrix}.\tag{B.18}$$

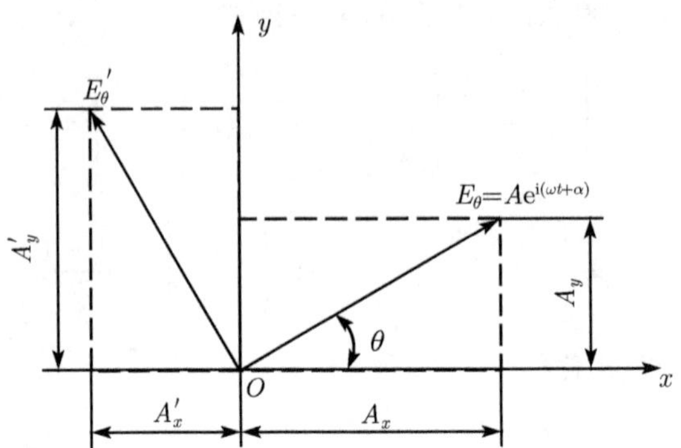

图 B.3　与 x 轴成 θ 角, 振幅为 A 的平面偏振光 E_θ 及与其正交的平面偏振光 E_θ'

用同样方法, 可以求得其他任一方向平面偏振光的 Jones 向量. 常用偏振光的表达式列于表 B.1 中, 供计算时使用.

下面介绍两相干光合成后的 Jones 向量.

两相干光的 Jones 向量分别为

$$\boldsymbol{E}_1 = \begin{bmatrix} E_{1x} \\ E_{1y} \end{bmatrix},$$

$$\boldsymbol{E}_2 = \begin{bmatrix} E_{2x} \\ E_{2y} \end{bmatrix},$$

则两光波合成的 Jones 向量:

$$\boldsymbol{E} = \boldsymbol{E}_1 + \boldsymbol{E}_2 = \begin{bmatrix} E_{1x} \\ E_{1y} \end{bmatrix} + \begin{bmatrix} E_{2x} \\ E_{2y} \end{bmatrix} = \begin{bmatrix} E_{1x} + E_{2x} \\ E_{1y} + E_{2y} \end{bmatrix}. \tag{B.19}$$

同理, 也可以把一个光波的 Jones 向量, 分解为两矢量之和. 例如,

$$\boldsymbol{E} = \begin{bmatrix} A \\ B \end{bmatrix} = A\begin{bmatrix} 1 \\ 0 \end{bmatrix} + B\begin{bmatrix} 0 \\ 1 \end{bmatrix}, \tag{B.20}$$

这是两个正交的平面偏振光.

也可以把一个光波的 Jones 向量分解为两正交的圆偏振光:

$$\boldsymbol{E} = \begin{bmatrix} A \\ B \end{bmatrix} = \frac{1}{2}(A + B\mathrm{i})\begin{bmatrix} 1 \\ -\mathrm{i} \end{bmatrix} + \frac{1}{2}(A - B\mathrm{i})\begin{bmatrix} 1 \\ \mathrm{i} \end{bmatrix}. \tag{B.21}$$

若两偏振光的 Jones 向量 $\boldsymbol{E}_1$, $\boldsymbol{E}_2$ 满足: $\boldsymbol{I} = \boldsymbol{E}_1^* \cdot \boldsymbol{E}_2 = 0$, 或 $\boldsymbol{I} = \boldsymbol{E}_2^* \cdot \boldsymbol{E}_1 = 0$, 则称为正交型偏振光. 例如,

$$\boldsymbol{I} = \boldsymbol{E}_{右}^* \cdot \boldsymbol{E}_{左} = \frac{1}{\sqrt{2}}[\mathrm{i},\ 1]\,\frac{1}{\sqrt{2}}\begin{bmatrix} \mathrm{i} \\ 1 \end{bmatrix} = \frac{1}{2}(-1+1) = 0, \tag{B.22}$$

所以左、右旋圆偏振光为正交型圆偏振光. 式中, E_1^* 和 E_2^* 分别是 E_1 和 E_2 的转置共轭矩阵.

表 B.1 Jones 向量

	基本要求	Jones 向量	归一化 Jones 向量
椭圆偏振光	光矢量 $\boldsymbol{E}=E_x\boldsymbol{i}+E_y\boldsymbol{j}$ $E_x=A_x\mathrm{e}^{\mathrm{i}\alpha_x}$ $E_y=A_y\mathrm{e}^{\mathrm{i}\alpha_y}$ $\alpha=\alpha_y-\alpha_x$	$\begin{bmatrix} A_x\mathrm{e}^{\mathrm{i}\alpha_x} \\ A_y\mathrm{e}^{\mathrm{i}\alpha_y} \end{bmatrix}$	$\begin{bmatrix} \cos\theta\mathrm{e}^{-\mathrm{i}(\frac{\alpha}{2})} \\ \sin\theta\mathrm{e}^{\mathrm{i}(\frac{\alpha}{2})} \end{bmatrix}$
圆偏振光	右旋 $A_x=A_y=A$ $\alpha=\alpha_y-\alpha_x=\pi/2$ E_x 滞后 $E_y\pi/2$	$\begin{bmatrix} A\mathrm{e}^{\mathrm{i}(\alpha_x-\frac{\pi}{2})} \\ A\mathrm{e}^{\mathrm{i}\alpha_x} \end{bmatrix}$	$\frac{1}{\sqrt{2}}\begin{bmatrix} -\mathrm{i} \\ 1 \end{bmatrix}$ 或 $\frac{1-\mathrm{i}}{2}\begin{bmatrix} 1 \\ \mathrm{i} \end{bmatrix}$
	左旋 $A_x=A_y=A$ $\alpha=\alpha_y-\alpha_x=-\pi/2$ E_x 超前 $E_y\pi/2$	$\begin{bmatrix} A\mathrm{e}^{\mathrm{i}(\alpha_x+\frac{\pi}{2})} \\ A\mathrm{e}^{\mathrm{i}\alpha_x} \end{bmatrix}$	$\frac{1}{\sqrt{2}}\begin{bmatrix} \mathrm{i} \\ 1 \end{bmatrix}$ 或 $\frac{1+\mathrm{i}}{2}\begin{bmatrix} 1 \\ -\mathrm{i} \end{bmatrix}$
	右旋 $A_x=A_y=A$ $\alpha=\alpha_y-\alpha_x=\pi/2$ E_y 超前 $E_x\pi/2$	$\begin{bmatrix} A\mathrm{e}^{\mathrm{i}\alpha_x} \\ A\mathrm{e}^{\mathrm{i}(\alpha_x+\frac{\pi}{2})} \end{bmatrix}$	$\frac{1}{\sqrt{2}}\begin{bmatrix} 1 \\ \mathrm{i} \end{bmatrix}$ 或 $\frac{1+\mathrm{i}}{2}\begin{bmatrix} -\mathrm{i} \\ 1 \end{bmatrix}$
	左旋 $A_x=A_y=A$ $\alpha=\alpha_y-\alpha_x=-\pi/2$ E_y 滞后 $E_x\pi/2$	$\begin{bmatrix} A\mathrm{e}^{\mathrm{i}\alpha_x} \\ A\mathrm{e}^{\mathrm{i}(\alpha_x-\frac{\pi}{2})} \end{bmatrix}$	$\frac{1}{\sqrt{2}}\begin{bmatrix} 1 \\ -\mathrm{i} \end{bmatrix}$ 或 $\frac{1-\mathrm{i}}{2}\begin{bmatrix} \mathrm{i} \\ 1 \end{bmatrix}$
平面偏振光	偏振轴与 x 轴成 $\pm\theta$ 角 $\alpha=0$	$\begin{bmatrix} A_x\mathrm{e}^{\mathrm{i}\alpha_x} \\ A_y\mathrm{e}^{\mathrm{i}\alpha_y} \end{bmatrix}$	$\begin{bmatrix} \cos\theta \\ \pm\sin\theta \end{bmatrix}$
	水平偏振光 $\theta=0, A_y=0, \alpha=0$	$\begin{bmatrix} A_x\mathrm{e}^{\mathrm{i}\alpha_x} \\ 0 \end{bmatrix}$	$\begin{bmatrix} 1 \\ 0 \end{bmatrix}$
	垂直偏振光 $\theta=\frac{\pi}{2}, A_x=0, \alpha=0$	$\begin{bmatrix} 0 \\ A_y\mathrm{e}^{\mathrm{i}\alpha_y} \end{bmatrix}$	$\begin{bmatrix} 0 \\ 1 \end{bmatrix}$
	偏振光与 x 轴成 $\pm 45°$ 角		$\frac{1}{\sqrt{2}}\begin{bmatrix} 1 \\ \pm 1 \end{bmatrix}$

B.3 用 Jones 矩阵表示各种光学器件

设一光波的 Jones 向量为

$$\boldsymbol{E}=\begin{bmatrix} A_x\mathrm{e}^{\mathrm{i}\alpha_x} \\ A_y\mathrm{e}^{\mathrm{i}\alpha_y} \end{bmatrix}. \tag{e}$$

它通过一个光学元件 (如偏振片、双折射介质、波片、旋光器等) 后, 设出射光波的

Jones 向量为

$$\boldsymbol{E}' = \begin{bmatrix} A'_x \mathrm{e}^{\mathrm{i}\alpha'_x} \\ A'_y \mathrm{e}^{\mathrm{i}\alpha'_y} \end{bmatrix}. \tag{f}$$

通过实验证实, 出射光波分量可由入射光波分量的线性组合来表示, 即

$$\left.\begin{aligned} A'_x \mathrm{e}^{\mathrm{i}\alpha'_x} &= a_{11} A_x \mathrm{e}^{\mathrm{i}\alpha_x} + a_{12} A_y \mathrm{e}^{\mathrm{i}\alpha_y}, \\ A'_y \mathrm{e}^{\mathrm{i}\alpha'_y} &= a_{21} A_x \mathrm{e}^{\mathrm{i}\alpha_x} + a_{22} A_y \mathrm{e}^{\mathrm{i}\alpha_y}. \end{aligned}\right\} \tag{g}$$

把 (g) 和 (e) 式代入 (f) 式得

$$\boldsymbol{E}' = \begin{bmatrix} a_{11} & a_{12} \\ a_{21} & a_{22} \end{bmatrix} \begin{bmatrix} A_x \mathrm{e}^{\mathrm{i}\alpha_x} \\ A_y \mathrm{e}^{\mathrm{i}\alpha_y} \end{bmatrix} = \boldsymbol{J} \cdot \boldsymbol{E}, \tag{B.23}$$

式中, $\boldsymbol{J} = \begin{bmatrix} a_{11} & a_{12} \\ a_{21} & a_{22} \end{bmatrix}$ 是代表该光学元件性质或效应的矩阵, 称为 Jones 矩阵. 一个入射光波通过光学元件的结果, 就是此光学元件的 Jones 矩阵对入射光向量作用的结果.

1. 偏振片的 Jones 矩阵

现在考察$\boldsymbol{E} = \begin{bmatrix} A_x \mathrm{e}^{\mathrm{i}\alpha_x} \\ A_y \mathrm{e}^{\mathrm{i}\alpha_y} \end{bmatrix}$ 表示的偏振光, 见图 B.4 所示, 它沿 z 轴通过偏振片的情况, 偏振片的偏振轴 P 与 x 轴成 θ 角, 将偏振光光向量 E 的分量投射到 P 轴上, 通过偏振片后的光波向量为

$$E'_P = A_x \mathrm{e}^{\mathrm{i}\alpha_x} \cos\theta + A_y \mathrm{e}^{\mathrm{i}\alpha_y} \sin\theta, \tag{h}$$

而偏振光光向量分量投影到 n 轴上的光波向量被偏振片所阻挡, 则 $E'_n = 0$.

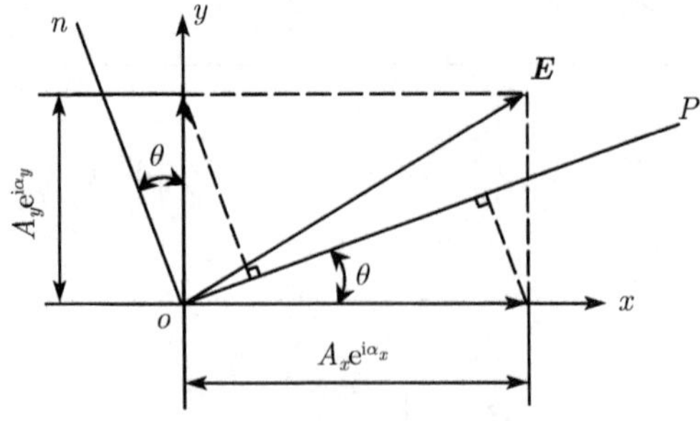

图 B.4 $\boldsymbol{E}$ 通过偏振轴为 P 的偏振片

将 $\boldsymbol{E}'_P$ 向量表示在 x 和 y 轴上, 则

$$\left.\begin{aligned} A'_x\mathrm{e}^{\mathrm{i}\alpha'_x} &= E'_P\cos\theta = A_x\mathrm{e}^{\mathrm{i}\alpha_x}\cos^2\theta + A_y\mathrm{e}^{\mathrm{i}\alpha_y}\cos\theta\sin\theta, \\ A'_y\mathrm{e}^{\mathrm{i}\alpha'_y} &= E'_P\sin\theta = A_x\mathrm{e}^{\mathrm{i}\alpha_x}\cos\theta\sin\theta + A_y\mathrm{e}^{\mathrm{i}\alpha_y}\sin^2\theta, \end{aligned}\right\} \tag{i}$$

(i) 式可表示为

$$\boldsymbol{E}' = \begin{bmatrix} A'_x\mathrm{e}^{\mathrm{i}\alpha'_x} \\ A'_y\mathrm{e}^{\mathrm{i}\alpha'_y} \end{bmatrix} = \begin{bmatrix} \cos^2\theta & \cos\theta\sin\theta \\ \cos\theta\sin\theta & \sin^2\theta \end{bmatrix}\boldsymbol{E}, \tag{B.24}$$

由此可知偏振片的 Jones 矩阵为

$$\boldsymbol{P}_\theta = \begin{bmatrix} \cos^2\theta & \cos\theta\sin\theta \\ \cos\theta\sin\theta & \sin^2\theta \end{bmatrix}. \tag{B.25}$$

将不同的 θ 值代入式 (B.24) 可求得偏振轴与 x 轴夹角为任一 θ 值的 Jones 矩阵. 如偏振轴处于水平或垂直位置, 则对应偏振片的 Jones 矩阵, 便是把 $\theta = 0°$ 和 $\theta = 90°$ 分别代入式 (B.25) 所得的 Jones 矩阵

$$\boldsymbol{P}_0 = \begin{bmatrix} 1 & 0 \\ 0 & 0 \end{bmatrix}, \tag{B.26}$$

$$\boldsymbol{P}_{90} = \begin{bmatrix} 0 & 0 \\ 0 & 1 \end{bmatrix}. \tag{B.27}$$

2. 双折射介质的 Jones 矩阵

对于光通过双折射介质的情况, 除了考虑光向量 E 在双折射介质主折射率 f, s 上投影外, 还要考虑两者产生的相位差, 如图 B.5 所示, 两个主折射率轴 f, s 与 x, y 轴分别成 θ 角, 快轴 f 方向上光的相位要比慢轴 s 上光的相位超前 α.

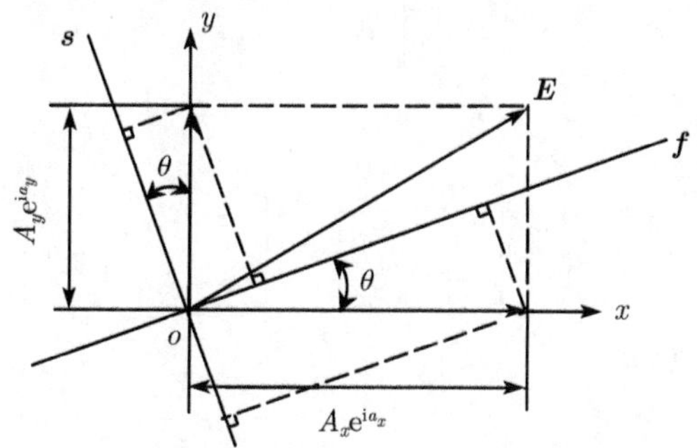

图 B.5 E 通过双折射介质

光向量 $\boldsymbol{E}$ 在 f 轴和 s 轴上的投影为

$$\left.\begin{aligned}E_f &= A_x e^{i\alpha_x}\cos\theta + A_y e^{i\alpha_y}\sin\theta,\\ E_s &= -A_x e^{i\alpha_x}\sin\theta + A_y e^{i\alpha_y}\cos\theta,\end{aligned}\right\}\tag{j}$$

经过双折射介质以后, 光向量的这两个分量间产生相位差 α, 则

$$\left.\begin{aligned}E'_f &= E_f e^{i\alpha},\\ E'_s &= E_s,\end{aligned}\right\}\tag{k}$$

把 E'_f, E'_s 向 x, y 轴上投影得

$$\left.\begin{aligned}A'_x e^{i\alpha'_x} &= E'_f\cos\theta - E'_s\sin\theta\\ &= (e^{i\alpha}\cos^2\theta + \sin^2\theta)A_x e^{i\alpha_x} + (e^{i\alpha}-1)\sin\theta\cos\theta A_y e^{i\alpha_y},\\ A'_y e^{i\alpha'_y} &= E'_f\sin\theta + E'_s\cos\theta\\ &= (e^{i\alpha}-1)\sin\theta\cos\theta A_x e^{i\alpha_x} + (e^{i\alpha}\sin^2\theta + \cos^2\theta)A_y e^{i\alpha_y},\end{aligned}\right\}\tag{l}$$

此式可写成为

$$\boldsymbol{E}' = \begin{bmatrix} e^{i\alpha}\cos^2\theta + \sin^2\theta & (e^{i\alpha}-1)\sin\theta\cos\theta \\ (e^{i\alpha}-1)\sin\theta\cos\theta & e^{i\alpha}\sin^2\theta + \cos^2\theta \end{bmatrix}\boldsymbol{E}.\tag{B.28}$$

显然, 双折射介质的 Jones 矩阵为

$$\boldsymbol{J}_\theta = \begin{bmatrix} e^{i\alpha}\cos^2\theta + \sin^2\theta & (e^{i\alpha}-1)\sin\theta\cos\theta \\ (e^{i\alpha}-1)\sin\theta\cos\theta & e^{i\alpha}\sin^2\theta + \cos^2\theta \end{bmatrix},\tag{B.29}$$

当 $\theta = 0$, 即快轴与 x 轴重合时, 由 (B.29) 式得此情况下双折射介质的 Jones 矩阵:

$$\boldsymbol{J}_0 = \begin{bmatrix} e^{i\alpha} & 0 \\ 0 & 1 \end{bmatrix}.\tag{B.30}$$

于是 (B.29) 式可写为

$$\boldsymbol{J}_\theta = \begin{bmatrix} c & -s \\ s & c \end{bmatrix}\begin{bmatrix} e^{i\alpha} & 0 \\ 0 & 1 \end{bmatrix}\begin{bmatrix} c & s \\ -s & c \end{bmatrix} = \begin{bmatrix} c & -s \\ s & c \end{bmatrix}\boldsymbol{J}_0\begin{bmatrix} c & s \\ -s & c \end{bmatrix},\tag{B.31}$$

式中, c 为 $\cos\theta$, s 为 $\sin\theta$.

(B.31) 式还可写为

$$\boldsymbol{J}_\theta = \begin{bmatrix} c & -s \\ s & c \end{bmatrix}\begin{bmatrix} e^{i\alpha_1} & 0 \\ 0 & e^{i\alpha_2} \end{bmatrix}\begin{bmatrix} c & s \\ -s & c \end{bmatrix},\tag{B.32}$$

式中 $\alpha_1 - \alpha_2 = \alpha$, α_1, α_2 分别为沿快、慢轴的相位.

偏振片的 Jones 矩阵由 (B.25) 式知道, 当 $\theta = 0$ 时, 偏振片的 Jones 矩阵

$$\boldsymbol{J}_0 = \begin{bmatrix} 1 & 0 \\ 0 & 0 \end{bmatrix}, \tag{B.33}$$

于是 (B.25) 式可写为

$$\boldsymbol{J}_\theta = \begin{bmatrix} c & -s \\ s & c \end{bmatrix} \begin{bmatrix} 1 & 0 \\ 0 & 0 \end{bmatrix} \begin{bmatrix} c & s \\ -s & c \end{bmatrix} = \begin{bmatrix} c & -s \\ s & c \end{bmatrix} \boldsymbol{J}_0 \begin{bmatrix} c & s \\ -s & c \end{bmatrix}, \tag{B.34a}$$

(B.34a) 式还可写为

$$\boldsymbol{J}_\theta = \widetilde{\boldsymbol{R}}_{(\theta)} \boldsymbol{J}_0 \boldsymbol{R}_{(\theta)}, \tag{B.34b}$$

式中, $\boldsymbol{R}_{(\theta)} = \begin{bmatrix} c & s \\ -s & c \end{bmatrix}$ 称为旋转矩阵, $\widetilde{\boldsymbol{R}}_{(\theta)} = \begin{bmatrix} c & -s \\ s & c \end{bmatrix}$ 称为旋转矩阵的转置矩阵, 即 $\boldsymbol{R}_{(\theta)}$ 的逆变换.

由 (B.29) 式可方便地写出各种元件的 Jones 矩阵. 例如, 快轴与 x 轴成 45° 的 $\dfrac{1}{4}$ 波片的 Jones 矩阵, 把 $\theta = 45°$, $\alpha = \dfrac{\pi}{2}$, 代入 (B.29) 式得

$$\begin{aligned} Q_{45^\circ} &= \begin{bmatrix} \mathrm{e}^{\mathrm{i}\frac{\pi}{2}} \cos^2 45^\circ + \sin^2 45^\circ & (\mathrm{e}^{\mathrm{i}\frac{\pi}{2}} - 1) \sin 45^\circ \cos 45^\circ \\ (\mathrm{e}^{\mathrm{i}\frac{\pi}{2}} - 1) \sin 45^\circ \cos 45^\circ & \mathrm{e}^{\mathrm{i}\frac{\pi}{2}} \sin^2 45^\circ + \cos^2 45^\circ \end{bmatrix} \\ &= \begin{bmatrix} \dfrac{\mathrm{i}}{2} + \dfrac{1}{2} & (\mathrm{i} - 1)\dfrac{1}{2} \\ (\mathrm{i} - 1)\dfrac{1}{2} & \dfrac{\mathrm{i}}{2} + \dfrac{1}{2} \end{bmatrix} = \frac{1 + \mathrm{i}}{2} \begin{bmatrix} 1 & \mathrm{i} \\ \mathrm{i} & 1 \end{bmatrix}. \end{aligned} \tag{B.35}$$

同理, 可得快轴与 x 轴成 −45° 的 $\dfrac{1}{4}$ 波片的 Jones 矩阵为

$$Q_{-45^\circ} = \frac{1 + \mathrm{i}}{2} \begin{bmatrix} 1 & -\mathrm{i} \\ -\mathrm{i} & 1 \end{bmatrix}. \tag{B.36}$$

在此指出, 若相位差 α 在快、慢轴上的分配不同, 例如快轴方向相位为 $\dfrac{\pi}{4}$, 慢轴方向相位为 $-\dfrac{\pi}{4}$(快、慢轴方向相位差仍为 $\dfrac{\pi}{2}$), 则由 (B.32) 式得到的 Jones 矩阵表达式将随之改变, 快轴与 x 轴成 45° 的 Jones 矩阵为

$$\theta_{45^\circ} = \begin{bmatrix} \cos 45^\circ & -\sin 45^\circ \\ \sin 45^\circ & \cos 45^\circ \end{bmatrix} \begin{bmatrix} \mathrm{e}^{\mathrm{i}\frac{\pi}{4}} & 0 \\ 0 & \mathrm{e}^{-\mathrm{i}\frac{\pi}{4}} \end{bmatrix} \begin{bmatrix} \cos 45^\circ & \sin 45^\circ \\ -\sin 45^\circ & \cos 45^\circ \end{bmatrix}$$

$$=\frac{1}{2}\begin{bmatrix}1 & -1\\ 1 & 1\end{bmatrix}\begin{bmatrix}\mathrm{e}^{\mathrm{i}\frac{\pi}{4}} & 0\\ 0 & \mathrm{e}^{-\mathrm{i}\frac{\pi}{4}}\end{bmatrix}\begin{bmatrix}1 & 1\\ -1 & 1\end{bmatrix}=\frac{1}{\sqrt{2}}\begin{bmatrix}1 & \mathrm{i}\\ \mathrm{i} & 1\end{bmatrix}. \tag{B.37}$$

同理, 可得快轴与 x 轴成 $-45°$ 的 $\frac{1}{4}$ 波片的 Jones 矩阵为

$$\theta_{\pm 45°}=\frac{1}{\sqrt{2}}\begin{bmatrix}1 & -\mathrm{i}\\ -\mathrm{i} & 1\end{bmatrix}. \tag{B.38}$$

各种波片和受力模型, 均可视为双折射介质, 因此其 Jones 矩阵的表达式也就都可写出了. 表 B.2 列举了常用主要光学元件的 Jones 矩阵.

表 B.2 主要光学元件的 Jones 矩阵

光学元件	表示符号	放置状态	Jones 矩阵
偏振类	P_θ	偏振轴与 x 轴成 θ 角的偏振片	$\begin{bmatrix}c^2 & sc\\ sc & s^2\end{bmatrix}$
	$P_0, P_{90°}$	水平或垂直偏振片	$P_0=\begin{bmatrix}1 & 0\\ 0 & 0\end{bmatrix}$, $P_{90}=\begin{bmatrix}0 & 0\\ 0 & 1\end{bmatrix}$
	$P_{\pm 45°}$	与 x 轴成 $\pm 45°$ 的偏振片	$\theta_{\pm 45°}=\frac{1}{2}\begin{bmatrix}1 & \pm 1\\ \pm 1 & 1\end{bmatrix}$
双折射类	J_θ	一般双折射介质, 快轴与 x 轴成 θ 角, 相位差 α	$\begin{bmatrix}\mathrm{e}^{\mathrm{i}\alpha}c^2+s^2 & (\mathrm{e}^{\mathrm{i}\alpha}-1)sc\\ (\mathrm{e}^{\mathrm{i}\alpha}-1)sc & \mathrm{e}^{\mathrm{i}\alpha}s^2+c^2\end{bmatrix}$
	J_0	受力模型快轴方向与 x 轴重合 $\theta=0$	$\begin{bmatrix}\mathrm{e}^{\mathrm{i}\alpha} & 0\\ 0 & 1\end{bmatrix}$
	Q_θ	$\lambda/4$ 波片快轴与 x 轴成 θ 角 $\alpha=\pi/2$	$\begin{bmatrix}\mathrm{i}c^2+s^2 & (\mathrm{i}-1)sc\\ (\mathrm{i}-1)sc & \mathrm{i}s^2+c^2\end{bmatrix}$
	Q_0, Q_{90}	$\lambda/4$ 波片快轴与 x 轴成 $0°$ 或 $90°$ $\alpha=\pi/2$	$Q_0=\begin{bmatrix}\mathrm{i} & 0\\ 0 & 1\end{bmatrix}$ $Q_{90}=\begin{bmatrix}1 & 0\\ 0 & \mathrm{i}\end{bmatrix}$
	$Q_{\pm 45°}$	$\lambda/4$ 波片快轴与 x 轴成 $\pm 45°$ $\alpha=\pi/2$	$\frac{\mathrm{i}+1}{2}\begin{bmatrix}1 & \pm\mathrm{i}\\ \pm\mathrm{i} & 1\end{bmatrix}$ 或 $\frac{1}{\sqrt{2}}\begin{bmatrix}1 & \pm\mathrm{i}\\ \pm\mathrm{i} & 1\end{bmatrix}$
	H_θ	$\lambda/2$ 波片快轴与 x 轴成 θ 角 $\alpha=\pi$	$\begin{bmatrix}\cos 2\theta & \sin 2\theta\\ \sin 2\theta & -\cos 2\theta\end{bmatrix}$
	H_0, H_{90}	$\lambda/2$ 波片快轴与 x 轴成 $0°$ 或 $90°$ $\alpha=\pi$	$\begin{bmatrix}1 & 0\\ 0 & -1\end{bmatrix}$

续表

光学元件	表示符号	放置状态	Jones 矩阵
双折射类	$H_{\pm 45°}$	$\lambda/2$ 片快轴与 x 轴成 $\pm 45°$ $\alpha = \pi$	$\begin{bmatrix} 0 & 1 \\ 1 & 0 \end{bmatrix}$
	R_{90}	90° 旋光器	$\begin{bmatrix} 0 & 1 \\ -1 & 0 \end{bmatrix}$
		均匀介质	$\begin{bmatrix} 1 & 0 \\ 0 & 1 \end{bmatrix}$

B.4 Jones 向量和矩阵在光弹性中的应用

在光弹性原理有关光强公式的推导过程中, 以往通常应用三角函数公式进行繁琐的推导[4], 现在应用 Jones 向量和 Jones 矩阵原理对光弹性有关光强公式的推导过程要简便得多, 请参看第 1 章的 1.3 节和 1.4 节, 在此不做重复推导.

参考文献

[1] Coker E G, Filon L N G. A treatise on photo-elasticity. Cambridge: Cambridge University Press, 1931.

[2] Froch M M. Photoelasticity. John Wiley, 1941, I, 1948, II.

[3] Jessop H T, Harris F C. Photoelasticity principles and methods. Cleaver-Hume Press, 1950.

[4] 天津大学材料力学教研室光弹组. 光弹性原理及测试技术. 北京: 科学出版社, 1980.

[5] 佟景伟, 杨槐堂. 光弹性材料的光学–力学性能测定方法的建议. 上海力学, 1982, 1.

[6] Katsuhiko I. New model materials for photoelasticity and photoplasticity. Experimental Mechanics, 1962, 2: 12.

[7] 佟景伟, 李鸿琦, 等. 发动机典型零件的光弹性应力分析. 一九七九年全国第二届实验应力分析学术交流研究报告.

[8] 过二郎, 西田正孝, 河田孝三. 光弹性实验法. 日刊工业新闻社, 1965.

[9] 佟景伟, 伍洪泽. 实验应力分析. 长沙: 湖南科学技术出版社, 1983.

[10] O′Regan. New method for determining strain on the surface of a body with photoelastic coatings. Experimental Mechanics, 1965, 5: 8.

[11] Zandman F, Redner S, Dally J W. Photoelastic coatings. Society for Experimental Stress Analysis, 1977.

[12] Instructions for molding and contouring photoelastic sheets. Vishay Bulletin IB: 310.

[13] Kuske A, Robertson G. Photoelastic stress analysis. New York: John Wiley & Son, 1974.

[14] Pericles S, Theocaris D Sc, D Appl Sc. Moiré fringes in strain analysis. Pergamon Press, 1969.

[15] Kobayashi A S. Handbook on experimental mechanics. Prentice-Hall, 1987.

[16] 清华大学和西安交通大学. 实验应力分析. 北京: 机械工业出版社, 1981.

[17] Monch E. Similarity and model laws on photoelastic experiments. Experimental Mecganucs, 1964, 5: 4.

[18] Gabor D. A new microscopic principle. Nature, 1948: 161.

[19] Gabor D. Microscopy by reconstructed wavefronts. Proc. Royal Society A, 1949: 197.

[20] Gabor D. Microscopy by reconstructed wavefronts. II, Proc. Phys. Society B, 1951: 64.

[21] Leith E, Upatnieks J. Reconstructed wavefronts and communication theory. J. Opt. Soc. Am., 1962, 52: 1123-1128.

[22] Leith E, Upatnieks J. Wavefront reconstruction with continuous-tone objects. J. Opt. Soc. Am., 1963, 53: 1377-1381.

[23] Leith E, Upatnieks J. Wavefront reconstruction with diffused illumination and three-dimensional objects. J. Opt. Soc. Am., 1964, 54: 1295-1301.

[24] Burch J M. The application of lasers in production engineering. Prod. Eng., 1965, 44.

[25] Collier R J, Doherty E T, Pennington K S. Application of moiré techniques to holography. Appl. Phys. Lett., 1965.

[26] Stetson K A, Powell R L. Hologram interferometry. J. Opt. Soc. Am., 1965, 1570A: 55.

[27] Haines K A, Hildebrand B P. Surface-deformation measurement using the wavefront reconstruction technique. Appl. Opt., 1966, 5.

[28] Powell R L, Stetson K A. Interferometric vibration analysis by wavefront reconstruction. J. Opt. Soc. Am., 1965, 5: 12.

[29] Fourney M E. Application of holography to photoelasticity. Exp. Mech., 1968, 1: 8.

[30] Archbold E, Burch J M, Ennos A E. Recording of in-plane surface displacement by double exposure speckle photography. Opt. Actu., 1970, 17.

[31] Leendertz J A. Interferometric displacement measurement on scattering surface utilizing speckle effect. J. Phys. E. Sci. Instrum., 1970, 3.

[32] Hung Y Y, Hu C P, Taylor C E. Speckle-shearing interferometric camera-a tool for measurement of derivatives of surface displacement. Proc. SPIE, 1973, 41.

[33] Butters J N, Leendertz J A. A double exposure technique for speckle pattern interferometry. J. Phys. E Sci. Instrum, 1971, 4.

[34] Butters J N, Leendertz J A. Holographic and video techniques applied to engineering measurements. Measurement and Control, 1971, 4.

[35] 张东升, 佟景伟, 李鸿琦. 面内和离面位移场的电子散斑 (ESPI) 自动检测技术研究. 实验力学, 1995, 10: 4.

[36] 倪旭东. 数字散斑自动测试技术的研究. 天津: 天津大学硕士学位论文, 1995.

[37] Yamaguchi I. A laser-speckle strain gauge. Journal of Physics E: Scientific Instruments, 1981, 14.

[38] Peter W H, Ranson W F. Digital imaging technique in experimental stress analysis. Opt. Eng., 1982, 21(3).

[39] Chu T C, Ranson W F, Sutton M A, et al. Applications of digital image-crrelation technique to experimental mechanics. Exp. Mech., 1985, 25: 232-244.

[40] Bruck H A, McNeill S R, Sutton M A, et al. Digital image correlation using newton-raphson method of partial differential correction. Exp. Mech., 1989, 29: 261-267.

[41] 熊洪允, 应用数学基础. 天津: 天津大学出版社.

[42] 李岳生, 齐东旭. 样条函数方法. 北京: 科学出版社, 1979.

[43] 冯康. 数值计算方法. 北京: 国防工业出版社, 1978.

[44] Boone P M. Surface deformation measurements using deformation following holograms. nouvelle reaue dóptique appliquée, 1970, 1: 2.

[45] Sciammarella, Chirico G Di, Chiang T Y. Moiré-holographic technique for three dimensional stress analysis. Journal of Applied Mechanics, 1970, 3.

[46] Post D. Optical interference for deformation measurement-classical: Holographic and Moiré Interferometry in mechanics of Non-Destructive Testing. NY: Stinchcomb Plenum Press, 1980.

[47] 戴福隆, 傅承诵. 云纹干涉法的波前干涉理论及其发展// 中国力学学会第四届全国实验力学学术会议论文集, 1984.

[48] 王庆有. CCD 应用技术. 天津: 天津大学出版社, 2000.

[49] 刘富强, 钱建生, 曹国清. 多媒体图像技术及应用. 北京: 人民邮电出版社, 2000.

[50] 赵荣椿. 数字图像处理导论. 西安: 西北工业大学出版社, 2000.

[51] 李新友. 计算机图像综合技术. 北京: 机械工业出版社, 1997.

[52] Castleman K R. 数字图像处理. 朱志刚, 石定机, 等, 译. 北京: 电子工业出版社, 1998: 476-479.

[53] 吕凤军. 数字图像处理编程入门. 北京: 清华大学出版社, 1999: 1-19.

[54] 章毓晋. 图像处理与分析. 北京: 清华大学出版社, 1999.

[55] 严玉龙, 王厚枢. 全息测振干涉图的自动分析与处理. 航空学报, 1991, 12(11): A621-A628.

[56] 马建波. C 语言图像处理程序集. 北京: 海洋出版社, 1992.

[57] Tuzi, Nisida M. Photo-elastic study of stress due to impact. Phil, Mag., 1936, XXI.

[58] Allison I M. Inst. Phy. and Physical Soc. Stress Analysis Group conference. London: University College, 1967, 4.

[59] Cranz C, Schardin H. Kinematographic auf ruhendem film und mit extrem hoher bildfrequenz. Zeits. F. Physik, 1929, 56.

[60] Holloway D C, Ranson W T, Taylor C E. A neoteric interferometer for use in holographic photoelasticity. Experimental Mechanics, 1972, 12: 10.

[61] Chia Y C, Tong J W, Tou C T. A study of dynamic holographic photoelasticity using ruby laser. Transactions of the CSME, 1984, 8: 3.

[62] Tong J W, Li H Q. Dynamic stress analysis using simultaneously holo-interferometry and photoelasticity. Optics and Laser in Engineering, 1985, 6.

[63] 李鸿琦, 杨乃霆, 等. 光弹性材料动态性质的测定. 天津大学学报, 1984, 增 2.

[64] Tong J W, Li H Q. Frozen strain moiré used in the analysis of impact loading. Optics and Lasers in Engineering, 1988, 9.

[65] Tong J W, An Y. A study of stress propagation under impact loading using double exposure speckle photography and finite element analysis. Optics and Lasers in Engineering, 1990, 12.

[66] Cookson T J. Pulsed laser in electronic speckle pattern interferometry. Opt. and Laser Tech., 1978, 10: 3.

[67] Preater R W T. Electronic speckle pattern interferometry for rotating structures using a pulsed laser. SPIE, 1983: 398.

[68] Preater R W T. Analysis of rotating component strains using electronic speckle pattern interferometry. SPIE, 1984: 473.

[69] Tong J W, Li H Q, Li L A. Study on in-plane displacement measurement under impact loading using digital speckle pattern interferometry. Opt. Eng., 1996, 35: 4.
[70] 佟景伟, 张东升, 李鸿琦. 撞击载荷下数字电子散斑离面位移的测试研究. 力学学报, 1996, 28: 4.
[71] 大连工学院数理力学系光测组. 光弹性实验. 北京: 国防工业出版社, 1978.
[72] 张如一, 陆耀桢. 实验应力分析. 北京: 机械工业出版社, 1981.
[73] 伍小平. 实验应力分析 (光测部分). 合肥: 中国科学技术大学近代力学系, 1981.
[74] 肖永谦, 段自力. 光弹性矩阵原理和方法. 武汉: 华中理工大学出版社, 1990.
[75] 戴福隆. 现代光测力学. 北京: 科学出版社, 1990.
[76] 赵清澄. 光测力学教程. 北京: 高等教育出版社, 1996.
[77] 金观昌. 计算机辅助光学测量. 北京: 清华大学出版社, 1997.